Материалы II международной научно-практической конференции

Актуальные направления фундаментальных и прикладных исследований

10-11 октября 2013 г.

Москва

УДК 4+37+51+53+54+55+57+91+61+159.9+316+62+101+330

ББК 72

ISBN: 978-1493650668

В сборнике представлены материалы докладов II международной научно-практической конференции " Актуальные направления фундаментальных и прикладных исследований "

Все статьи представлены в авторской редакции.

© Авторы научных статей

Содержание

Архитектура

Агишева С.Т.
СОВРЕМЕННОЕ РАЗВИТИЕ ИСТОРИЧЕСКИХ ГОРОДСКИХ ЛАНДШАФТОВ 1

Биологические науки

Баубекова Д.Г.
ОСОБЕННОСТИ ФУНГИЦИДНОЙ АКТИВНОСТИ МИКРООРГАНИЗМОВ РОДА *BACILLUS* 4

Резанов А.А., Резанов А.Г.
НОВЫЙ ИНДЕКС ДЛЯ ОЦЕНКИ СТЕПЕНИ СИНАНТРОПИЗАЦИИ У ПТИЦ: ЭКОЛОГО-ПОВЕДЕНЧЕСКОЕ ОБОСНОВАНИЕ 7

Лапшина Л.М.
НЕКОТОРЫЕ ОСОБЕННОСТИ МОЗГОВОГО КРОВООБРАЩЕНИЯ МЛАДШИХ ШКОЛЬНИКОВ С НАРУШЕНИЕМ ИНТЕЛЛЕКТА 13

Географические науки

Ивус Г.П., Семергей-Чумаченко А.Б., Хоменко Г.В., Гурская Л.М.
ФОРМИРОВАНИЕ НОЧНЫХ ЗАДЕРЖИВАЮЩИХ СЛОЕВ НАД ЮГО-ЗАПАДОМ УКРАИНЫ В 2001-2010 гг. 16

Геолого-минералогические науки

Мещерякова О.Ю.
ПРИЧИНЫ ФОРМИРОВАНИЯ НЕФТЯНОГО ЗАГРЯЗНЕНИЯ ГИДРОСФЕРЫ В РАЙОНЕ ПОЛАЗНЕНСКОГО МЕСТОРОЖДЕНИЯ НЕФТИ 19

Искусствоведение

Недосекина А.Г.
ТРАНСФОРМАЦИЯ ДУХОВНОЙ МУЗЫКИ В ЭПОХУ ПОСТМОДЕРНИЗМА НА МАТЕРИАЛЕ «MISATANGO» АРГЕНТИНСКОГО КОМПОЗИТОРА МАРТИНА ПАЛМЕРИ 22

Исторические науки

Геза А.В.
ВИКТОР МИХАЙЛОВИЧ ГЛУШКОВ – ПИОНЕР КИБЕРНЕТИКИ 31

Содержание

Медицинские науки

Мотанова Л.Н.
НОВЫЕ ВОЗМОЖНОСТИ ДИАГНОСТИКИ ЛАТЕНТНОЙ ТУБЕРКУЛЕЗНОЙ ИНФЕКЦИИ У ДЕТЕЙ С ПОМОЩЬЮ ВНУТРИКОЖНОЙ ПРОБЫ С ДИАСКИНТЕСТОМ 34

Сущук Е.А., Колесникова И.Ю., Ивахненко И.В., Краюшкин С.И.
ОСОБЕННОСТИ ИЗУЧЕНИЯ КАЧЕСТВА ЖИЗНИ, СВЯЗАННОГО СО ЗДОРОВЬЕМ, У БОЛЬНЫХ ХРОНИЧЕСКИМИ ЗАБОЛЕВАНИЯМИ 38

Реушева С.В., Эверт Л.С., Паничева Е.С.
БОЛИ В СПИНЕ У ДЕТЕЙ И ПОДРОСТКОВ 41

Колосова Е.Ю.
ГЛЮКОКОРТИКОИДЫ В МЕСТНОЙ ТЕРАПИИ ТЯЖЕЛОПРОТЕКАЮЩИХ ФОРМ КРАСНОГО ПЛОСКОГО ЛИШАЯ СЛИЗИСТОЙ ОБОЛОЧКИ ПОЛОСТИ РТА 44

Гладчук В. Е.
ДИФФЕРЕНЦИРОВАННЫЙ ПОДХОД К ТАКТИКЕ ЛЕЧЕНИЯ МИКОЗОВ СТОП У ГОРНЯКОВ УГОЛЬНЫХ ШАХТ 48

Коленко Ю.Г.
СТОМАТОЛОГИЧЕСКИЙ СТАТУС ПАЦИЕНТОВ СО ЗЛОКАЧЕСТВЕННЫМИ НОВООБРАЗОВАНИЯМИ ОБЛАСТИ ГОЛОВЫ И ШЕИ 51

Сидельников П.В.
ОБОСНОВАНИЕ ПРИМЕНЕНИЯ ИММУНОМОДУЛИРУЮЩЕЙ ТЕРАПИИ ПОСЛЕ ПАРОДОНТОЛОГИЧЕСКИХ ОПЕРАЦИЙ 55

Гороть И.В., Ткаченко М.Н., Поперека Г.М.
УЛЬТРАСТРУКТУРНАЯ ОРГАНИЗАЦИЯ ВОРОТНОЙ ВЕНЫ В УСЛОВИЯХ ДЕЙСТВИЯ НИЗКИХ ДОЗ РАДИАЦИИ 59

Борисенко А.В., Григ Н.И.
ДИАГНОСТИКА ХРОНИОСЕПТИЧЕСКОГО СОСТОЯНИЯ ОРГАНИЗМА НА ЭТАПАХ КОМПЛЕКСНОГО ЛЕЧЕНИЯ БОЛЬНЫХ ГЕНЕРАЛИЗОВАННЫМ ПАРОДОНТИТОМ 62

Педагогические науки

Нигматуллина И.А., Николаева О.В.
ИНФОРМАЦИОННЫЕ КОМПЬЮТЕРНЫЕ ТЕХНОЛОГИИ КАК ЭФФЕКТИВНОЕ СРЕДСТВО ИНТЕРАКТИВНОГО ОБУЧЕНИЯ ДЕТЕЙ МЛАДШЕГО ШКОЛЬНОГО ВОЗРАСТА С РЕЧЕВЫМИ НАРУШЕНИЯМИ 65

Зенова Е.С.
РАЗВИТИЕ ТВОРЧЕСКОГО МЫШЛЕНИЯ КАК ОДИН ИЗ ВАЖНЕЙШИХ АСПЕКТОВ СОВРЕМЕННОГО ОБРАЗОВАНИЯ 68

Содержание

Меркулова Е.С., Шереметьева Е.В.
МОДЕЛЬ ПСИХОЛОГО – ПЕДАГОГИЧЕСКОГО СОПРОВОЖДЕНИЯ ДЕТЕЙ МЛАДШЕГО ШКОЛЬНОГО ВОЗРАСТА С ФОНЕТИКО-ФОНЕМАТИЧЕСКИМ НЕДОРАЗВИТИЕМ РЕЧИ В УСЛОВИЯХ ОБЩЕОБРАЗОВАТЕЛЬНОЙ ШКОЛЫ 71

Базикова А.С., Шереметьева Е.В.
КОРРЕКЦИЯ ПРОИЗВОЛЬНЫЙ ДВИЖЕНИЯ И ДЕЙСТВИЯ МЛАДШЕГО ШКОЛЬНОГО ВОЗРАСТА С ДИЗАРТРИЕЙ.. 77

Фарафонова И.В.
ПРИНЦИП МЕТАПРЕДМЕТНОСТИ КАК УСЛОВИЕ ДОСТИЖЕНИЯ ВЫСОКОГО КАЧЕСТВА ОБРАЗОВАНИЯ МЛАДШИХ ШКОЛЬНИКОВ 84

Устьянцева К.А., Лапшина Л.М.
ОСОБЕННОСТИ ЗРИТЕЛЬНОЙ ПАМЯТИ МЛАДШИХ ШКОЛЬНИКОВ С НАРУШЕНИЕМ ИНТЕЛЛЕКТА 90

Горовая В.И., Кузнецов Д.А.
К ВОПРОСУ О ВОСПИТАНИИ ДЕТЕЙ И МОЛОДЕЖИ В СОВРЕМЕННЫХ УСЛОВИЯХ 93

Горовая В.И., Фетисова О.Ю.
НОВАТОРСКИЙ ПЕДАГОГИЧЕСКИЙ ОПЫТ КАК ИСТОЧНИК ФОРМИРОВАНИЯ ИССЛЕДОВАТЕЛЬСКИХ КОМПЕТЕНЦИЙ СТУДЕНТОВ МАГИСТРАТУРЫ 96

Кочеров Ю.Н.
САМООБРАЗОВАНИЕ КАК МЕХАНИЗМ ЛИЧНОСТНОГО И ПРОФЕССИОНАЛЬНОГО РАЗВИТИЯ 100

Пименова И.Б.
СОВРЕМЕННОЕ СОСТОЯНИЕ ПРОБЛЕМЫ ПО ОСУЩЕСТВЛЕНИЮ ПЕДАГОГИЧЕСКОГО СОПРОВОЖДЕНИЯ ДЕТЕЙ С ОГРАНИЧЕННЫМИ ВОЗМОЖНОСТЯМИ ЗДОРОВЬЯ В УСЛОВИЯХ НАДОМНОГО ОБУЧЕНИЯ 103

Ковалева А.А., Карасова Е.А.
КОРРЕКЦИЯ ЗВУКОПРОИЗНОШЕНИЯ У ДЕТЕЙ СТАРШЕГО ДОШКОЛЬНОГО ВОЗРАСТА С МИНИМАЛЬНЫМИ ДИЗАРТРИЧЕСКИМИ РАССТРОЙСТВАМИ ПОСРЕДСТВОМ ЛОГОРИТМИКИ 107

Лапшина Л.М., Оськина Н.Н.
ОРГАНИЗАЦИЯ ДЕЯТЕЛЬНОСТИ СЛУЖБЫ ПСИХОЛОГО-МЕДИКО-ПЕДАГОГИЧЕСКОГО СОПРОВОЖДЕНИЯ В МБСКОУ СКОШ № 36 III-IV ВИДА 110

Яремчук В.В.
УКРАИНОВЕДЕНИЕ/НАРОДОВЕДЕНИЕ КОНЦА XX ВЕКА 113

Содержание

Бурова Н.И.
МЕТОДИЧЕСКИЕ КОМПЕТЕНЦИИ ТЬЮТОРА СПЕЦИАЛЬНОЙ (КОРРЕКЦИОННОЙ) ОБРАЗОВАТЕЛЬНОЙ ОРГАНИЗАЦИИ 116

Психологические науки

Былим Т.А., Плугина М.И.
ФАКТОРЫ ВЛИЯЮЩИЕ НА ВОЗНИКНОВЕНИЕ НАРУШЕНИЙ ПИЩЕВОГО ПОВЕДЕНИЯ 119

Мушенок Н.И., Сагадатов И.М.
ЗНАЧЕНИЕ ТРЕНИНГОВОЙ РАБОТЫ В ФОРМИРОВАНИИ ПРОФЕССИОНАЛЬНОГО САМОСОЗНАНИЯ 125

Емельянова Е.В.
К ВОПРОСУ О СТРУКТУРЕ МАТЕМАТИЧЕСКИХ СПОСОБНОСТЕЙ У ШКОЛЬНИКОВ В ПРОЦЕССЕ ОБУЧЕНИЯ 128

Социологические науки

Аверина Е.А.
ОБ АКТУАЛЬНОСТИ ИССЛЕДОВАНИЯ РЕГИОНАЛЬНОЙ СОЦИАЛЬНОЙ ПОЛИТИКИ В ОБЛАСТИ ЗАЩИТЫ ИНВАЛИДОВ 132

Аргунова В.Н., Нурутдинова А.Н.
НОВЫЕ ОБЩЕСТВЕННЫЕ ИНИЦИАТИВЫ В УСЛОВИЯХ ИНСТИТУАЛИЗАЦИИ ГРАЖДАНСКОГО ОБЩЕСТВА В РОССИИ 135

Романова Н.П., Романова И.В.
ЖЕНСКОЕ ОДИНОЧЕСТВО КАК АКТУАЛЬНАЯ ПРОБЛЕМА СОВРЕМЕННОСТИ 144

Данченко-Морозова Л.В.
СТАНОВЛЕНИЕ СОЦИАЛЬНОГО ГОСУДАРСТВА: ТЕНДЕНЦИИ РАЗВИТИЯ В СОВРЕМЕННОЙ РОССИИ 149

Лебедева Л.Г.
КРИЗИС СОВРЕМЕННОЙ СЕМЬИ В ДИАЛЕКТИЧЕСКОЙ ПРЕЕМСТВЕННОСТИ ПОКОЛЕНИЙ 152

Технические науки

Журавлев А.В., Бородкина А.В., Нестеров Д.А.
МОДЕЛИРОВАНИЕ ТЕПЛОМАССООБМЕНА ПРИ СУШКЕ ДИСПЕРСНОГО МАТЕРИАЛА В АППАРАТЕ СО ВЗВЕШЕННО-ЗАКРУЧЕННЫМ СЛОЕМ 155

Красных А.А., Казаковцев В.В.
ВЫБОР ОПТИМАЛЬНОГО МЕСТА РАСПОЛОЖЕНИЯ КАСОЧНЫХ СИГНАЛИЗАТОРОВ НАПРЯЖЕНИЯ 161

Содержание

Чернядьева В.В., Смолий В.В.
ОСОБЕННОСТИ МНОГОКРИТЕРИАЛЬНОГО ВЫБОРА В ЗАДАЧАХ ПРОЕКТИРОВАНИЯ ЭЛЕКТРОННЫХ УСТРОЙСТВ 164

Физико-математические науки

Бурдинский А.А.
ЭМПИРИЧЕСКАЯ ФУНКЦИЯ РАСПРЕДЕЛЕНИЯ И ВЗВЕШЕННЫЙ МЕТОД НАИМЕНЬШИХ КВАДРАТОВ В ОЦЕНИВАНИИ ПАРАМЕТРОВ ПОЛОЖЕНИЯ И МАСШТАБА 167

Хусаинова Г.В., Хусаинов Д.З.
ПРОСТЕЙШЕЕ ВЫРОЖДЕННОЕ СОЛИТОННОЕ РЕШЕНИЕ МОДИФИЦИРОВАННОГО УРАВНЕНИЯ КОРТЕВЕГА-ДЕ ФРИЗА 170

Филологические науки

Гатауллина Л.Р.
КОНЦЕПТ «РОДНОЙ ЯЗЫК» КАК ОБЪЕКТ «СУЩЕСТВОВАНИЯ» 175

Трофимова С.М.
ФИЛОСОФИЯ ЖИЗНИ И СМЕРТИ В ВОЕННОЙ ПРОЗЕ НАБИ ДАУЛИ (РОМАН «РАЗРУШЕННЫЙ БАСТИОН» И ПОВЕСТЬ «МЕЖДУ ЖИЗНЬЮ И СМЕРТЬЮ») 178

Философские науки

Nathan M. Solodukho
SITUATIONAL APPROACH IN XX-XXI CENTURIES..185

Химические науки

Ускова И.К., Булгакова О.Н., Попова А.В.
ВОЛЬТАМПЕРОМЕТРИЧЕСКОЕ ОПРЕДЕЛЕНИЯ ФЕНОЛА 189

Каюкова Г.П., Абдрафикова И.М., Успенский Б.В.
ГЕОХИМИЧЕСКИЕ АСПЕКТЫ ФОРМИРОВАНИЯ УГЛЕВОДОРОДНОГО СОСТАВА АСФАЛЬТИТОВ: СПИРИДОНОВСКОГО МЕСТОРОЖДЕНИЯ (ТАТАРСТАН) И БИТУМНОГО ОЗЕРА ПИЧ-ЛЕЙК (ТРИНИДАД И ТОБАГО) 192

Экономические науки

Фадеева И.С.
ПОЛОЖИТЕЛЬНЫЕ ЭФФЕКТЫ НЕКОТОРЫХ ФОРМ ТЕРРИТОРИАЛЬНОЙ ОРГАНИЗАЦИИ ПРОМЫШЛЕННОГО ПРОИЗВОДСТВА...202

Полтарыхин А.Л., Полтарыхина Г.Б.
ОСНОВНЫЕ АСПЕКТЫ ФОРМИРОВАНИЯ ПРОДУКТОВОГО КЛАСТЕРА 209

Буравчиков Г.Н.
ПРОБЛЕМЫ СИСТЕМНОГО ПОДХОДА В МЕНЕДЖМЕНТЕ 212

Содержание

Юридические науки

Захарян О.А.
ПРОФИЛАКТИКА ЭКОНОМИЧЕСКОЙ ПРЕСТУПНОСТИ 216

Пастушкова Л.Н.
РЕАЛИЗАЦИЯ ПРИНЦИПА ПРЕЗУМЦИИ НЕВИНОВНОСТИ ПРИ РАССЛЕДОВАНИИ НАЛОГОВЫХ ПЕРСТУПЛЕНИЙ 219

Егизарова С.В.
ПРОБЛЕМЫ КОМПЕНСАЦИИ МОРАЛЬНОГО ВРЕДА В СЛУЧАЯХ НЕНАДЛЕЖАЩЕГО ОКАЗАНИЯ МЕДИЦИНСКИХ УСЛУГ 222

УДК 72.01

Агишева С.Т.
аспирантка кафедры Проектирование Зданий,
Казанский государственный архитектурно-строительный университет,
e-mail: agisheva@mail.ru

СОВРЕМЕННОЕ РАЗВИТИЕ ИСТОРИЧЕСКИХ ГОРОДСКИХ ЛАНДШАФТОВ

Любому пространству, в том числе и городскому, характерны такие свойства как развитие, изменение и историчность. Город не может существовать вне времени и быть неизменяемой единицей. Он является системой наслоения эпох, изменений социальных и культурных парадигм. Это объясняется разнообразием и уникальностью городского ландшафта, который формируется из ценностей прошлого (объекты культурного наследия), настоящего (ценная застройка) и будущего (объекты, претендующие на звание ценной застройки или объектов культурного наследия). Управление изменениями в этом случае должно основываться не просто на изменении физического состояния городского ландшафта, а на непрерывном культурном процессе «прошлое-настоящее-будущее», охватывающем материальные и нематериальные ценности.

Вопросами развития и изучения городского пространства интересуются исследователи в различных областях наук. Например, в ЮНЕСКО вопросами изучения «городов» занимаются несколько секторов – это (1) сектор естественных наук (концепции биосферы и ее интерпретации в городских условиях), (2) сектор социальных и гуманитарных наук (изучение городских территорий, управление городом и участие населения в этом процессе) и (3) сектор культуры (программы «Творческие города» и «Города всемирного наследия»). Конечная цель всех реформ и осуществляемых программ в настоящее время – это упорядочение различных видов деятельности с целью создания единой программы ЮНЕСКО, посвященной городскому пространству [1, 193].

Поэтому на сегодняшний день в основе устойчивого развития лежит концепция *«исторических городских ландшафтов»*. Данная концепция не нова. Новым является осознание ее принципиальной важности сегодня. Данная концепция, основанная на сохранении городов и культурных ландшафтов, ориентирована на ограждение ценностей в условиях естественного развития и сегодняшней эпохи урбанизации, связанных с природными элементами, духовным наследием, с их подлинностью и целостностью.

Со временем произошел переход от «исторический района / города» к более всеобъемлющему определению «исторический городской

Архитектура

ландшафт». Поэтому были организованы многочисленные совещания экспертов по всему миру, а также и в штабах ЮНЕСКО в период с 2005 по 2011 гг., где обсуждалось содержание и области применения данного термина. Одним из важных этапов в развитии теоретической и практической базы по поводу охраны и развитию исторической городской среды стала Рекомендация ЮНЕСКО 2011 г. об исторических городских ландшафтах. Однако понятие «исторический городской ландшафт» до сих пор не имеет четкого определения. Оно базируется на принятой ЮНЕСКО в 1976 г. «Рекомендации о сохранении и современной роли исторических ансамблей», где формулировалось понятие в отношении «исторических и архитектурных районов» как «любая совокупность зданий, сооружений и открытых пространств» [1, 193-199]. Впервые определение «исторический городской ландшафт» введено в Венском меморандуме (2005 г.) в п.7 и является расширенным понятием «исторический район / город»: «…любая совокупность зданий, сооружений и открытых пространств в их природном и экологическом контексте, включая места археологических и палеонтологических раскопок, составляющие человеческие поселения в городской или сельской местности, целостность и ценность которых признаны с археологической, архитектурной, предысторической, исторической, эстетической или социально-культурной или экологической точек зрения. Подобные ландшафты сформировали современное общество и представляют большую ценность для понимания нами истоков нашего современного бытия» [2]. Данное определение отличается от традиционной терминологии, используемой специалистами в области изучения городов. Таким образом, исторический город следует рассматривать не только как объект зрительного восприятия, а как историческую пространственную среду, которая связана с определенным опытом и традициями.

На международной конференции стран Восточной и Центральной Европы «Управление и сохранение исторических центров городов, внесенных в Список Всемирного наследия» (г. Санкт-Петербург, 2007 г.) многие ученые говорили о проблемах развития исторических городов, об изменениях функционального значения их исторических частей, масштабности и дизайне новых зданий, утрате подлинности и целостности. В развернувшейся дискуссии д-р Кристофер Йонг, из департамента Английского Наследия, говорил об отсутствии согласованной точки зрения на то, как исторические города должны развиваться и изменяться, а также о необходимости четкого и ясного понимания значения термина «исторический городской ландшафт», который является концентрированным выражением выдающейся универсальной ценности объекта. Такой же точки зрения придерживался профессор Бруно Габриэлли из Генуэзского университета в Италии, который утверждал о «кризисе закономерности» в теории и практике планирования градостроительства и необходимости нового подхода, который иначе позиционирует градостроительное планирование, делает его частью непрерывного процесса, акцентирует внимание на качестве, охватывает материальные и нематериальные аспекты, усиливает роль почитаемых мест (genius loci), а также вопросами экологии и окружающей среды. Он описал город как «ландшафт внутри ландшафта» и иллюстрировал комплексный подход к сохранению и эволюции ландшафтов, сотворенных человеком и природой – облагороженных ландшафтов на примере г. Урбино (включенный в список ЮНЕСКО в 1998 г.) и г. Ассиси (включен в 2000 г.) [3]. В перечисленных городах современное вмешательство следовало морфологическим дисциплинам и терминологии исторических городов, т.е. ландшафтный подход, использованный в Урбино и Ассиси, успешно применяется по отношению к идентификации, защите и сохранению исторических городов в условиях современной урбанизации.

В результате ученые пришли к пониманию того, что новая терминология ландшафта по отношению к крупным и малым историческим городам может выйти из узких рамок архитектурного подхода и перейти к более широкому «ландшафтному» восприятию. Эксперты выявили, что «исторический городской ландшафт» является неологизмом, который объединяет в себе три общепринятых понятия – «история», «город», «ландшафт». Суть данной концепции заключается в рассмотрении современного города через призму ландшафта, который является основой для формирования города.

Таким образом, подход, ориентированный на «исторический городской ландшафт» является попыткой решения проблемы сохранения городского наследия способами, отражающими многообразие культурных традиций различных сообществ, и преодолеть барьер между сохранением наследия и развитием.

Литература:

1. Бандарин Ф., ван Оерс Р. Исторический городской ландшафт: Управление наследием в эпоху урбанизма. – Казань: Издательство «Отечество», 2013. – С. 193-199.

2. Венский Меморандум «Всемирное наследие и современная архитектура – Управление историческим городским ландшафтом» // UNESCO.ORG: официальный сайт организации UNESCO. URL: http://whc.unesco.org/uploads/activities/documents/activity-48-3.doc (дата обращения: 8.10.2013).

3. Конференция стран Восточной и Центральной Европы «Управление и сохранение исторических центров городов, внесенных в Список Всемирного Наследия» // RUDOCS.EXDAT.COM: информационный портал. URL: http://rudocs.exdat.com/docs/index-273390.html (дата обращения: 3.10.2013).

Баубекова Д.Г.
аспирант ФГБОУ ВПО «Астраханский государственный технический университет» кафедры «Прикладная биология и микробиология», ведущий инженер Научно-исследовательской лаборатории микробиологического мониторинга
suslig.zenia@mail.ru

ОСОБЕННОСТИ ФУНГИЦИДНОЙ АКТИВНОСТИ МИКРООРГАНИЗМОВ РОДА *BACILLUS*

В настоящее время представители рода *Bacillus* являются перспективными агентами биологического контроля фитопатогенов. Антагонизм бактерий рода *Bacillus* в отношении фитопатогенных грибов может осуществляться за счет продукции ферментов, лизирующих клеточные стенки грибов, или за счет синтеза антибиотических веществ. В антагонизме бактерий рода *Bacillus* наиболее изучена роль антибиотических веществ, тогда как меньшее значение уделяется внеклеточным миколитическим ферментам – хитиназам, несмотря на то, что эти ферменты широко распространены у бактерий рода *Bacillus* [1, 18].

Наличие выраженной фунгицидной активности у представителей рода *Bacillus* делает их важными объектами биотехнологии и промышленной микробиологии. Использование этих микроорганизмов в качестве продуцентов антибиотических веществ или миколитических ферментов является одним из перспективных направлений в промышленной микробиологии и биотехнологии, связанной с созданием эффективных фунгицидных препаратов.

Целью исследования являлось изучение фунгицидных свойств микроорганизмов рода *Bacillus*, выделенных из почв Астраханской области. Изучены фунгицидная, хитинолитическая и миколитическая активности исследуемых штаммов микроорганизмов.

В качестве объектов исследований выбраны 4 бактериальных штамма, выделенные из почв Астраханской области, которые по совокупности исследуемых признаков определены как *Bacillus subtilis* 1, *Bacillus subtilis* 2, *Bacillus subtilis* 3, *Bacillus megaterium*.

Для исследования фунгицидных свойств использовали тест–культуры фитопатогенных грибов: *Alternaria sp.* 1, *Alternaria sp.* 2, *Alternaria tenuissima*, *Bipolaris sp.* 2, *Bipolaris sp.* 4, *Cladosporium sp.*, *Fusarium graminearum*, *Fusarium sporotrichoides*, *Fusarium culmorum*, *Phytium ultimum*. Фунгицидную активность исследуемых штаммов микроорганизмов определяли с помощью метода диффузии в агар с использованием лунок [2,40].

Для определения антибиотической активности использовали методы штрихования и метод «агаровых блочков» [2,34]. В качестве тест–культур использовали – *Bacillus atrophaeus, Bacillus cereus, Bacillus firmus, Pseudomonas aeruginosa, Staphylococcus sp., Staph. xylosus.* Хитинолитическую активность изучали путем высева исследуемых штаммов микроорганизмов на плотные и жидкие среды с содержанием хитина и без его внесения [3, 222].

Миколитическую активность исследуемых штаммов определяли суспендированием мицелия тест–культур фитопатогенных грибов: *Fusarium graminearum, Alternaria tennuisima, Bipolaris sp.* 2, *Cladosporium sp.* в смеси раствора NaCl и натрий–фосфатного буфера [4, 637].

В ходе экспериментальных исследований установлено, что все бактериальные штаммы проявили фунгицидную активность по отношению к тест–культурам, которые являются возбудителями различных заболеваний растений. Данная активность выражалась в образовании зон ингибирования роста тест–культур. При этом установлено, что *Bacillus subtilis* 1 проявляет максимальные фунгицидные свойства. В зоне воздействия исследуемых штаммов наблюдалось активное спороношение и видоизменения мицелия – интенсивное разветвление, сильная вакуолизация и образование сферопластов.

Фунгицидный эффект представителей рода *Bacillus* может быть обусловлен синтезом антибиотиков или миколитических ферментов – хитиназ. В ходе эксперимента определено, что исследуемые штаммы не проявляют антибиотическую активность, так как характерных для антибиотического воздействия зон ингибирования роста тест–культур не наблюдалось. Поэтому был поставлен эксперимент на определение хитинолитической активности исследуемых штаммов микроорганизмов.

В результате эксперимента все исследуемые штаммы проявили хитинолитическую активность, так как на плотной и в жидкой средах с внесением хитина наблюдался интенсивный рост всех исследуемых штаммов, в то время как на средах без внесения хитина рост штаммов не наблюдался. Наибольшую хитинолитическую активность в жидкой минеральной среде с внесением хитина проявлял штамм *Bacillus subtilis* 1. Данный штамм наиболее активно разрушал хитин в среде, что проявлялось в расслоении частичек и в образовании из них хлопьевидной массы. В контроле (пробирке без внесения исследуемых штаммов) разрушение частичек хитина не наблюдалось. Таким образом, можно предположить, что фунгицидный эффект исследуемых штаммов микроорганизмов может быть обусловлен синтезом ферментов хитиназ.

В результате исследования миколитической активности исследуемых культур установлено, что исследуемые штаммы оказывают миколитическое действие на тест–объекты, которое проявлялось в набухании и ослизнении мицелия фитопатогенных грибов и распадении в последующем мицелия на волокна. При микроскопировании обнаружены видоизменения мицелия – образование сферопластов, сильная септированность гиф на всех этапах инкубирования. В контроле видоизменения мицелия не наблюдались. Наибольшую миколитическую активность проявлял штамм *Bacillus subtilis* 1, который наиболее активно воздействовал на мицелий тест–объектов.

Таким образом, в результате исследований установлено, что наиболее ярко выраженными фунгицидными свойствами обладает штамм *Bacillus subtilis* 1. Данный штамм является наиболее перспективным для разработки фунгицидного биопрепарата.

Список литературы:

1. Мелентьев, А. И. Аэробные спорообразующие бактерии *Bacillus Cohn* в агроэкосистемах. – М. : Наука, 2007. – 147 с.
2. Методы выделения, исследования и определения антибиотической активности микроорганизмов, обладающих антагонистическими свойствами / И.С. Дзержинская. – Астрахань : Изд–во АГТУ, 2005. – 76 с.
3. Дзержинская, И.С. Питательные среды для выделения и культивирования микроорганизмов: учеб. пособие / И.С. Дзержинская. – Астрахань : Изд–во АГТУ, 2008. – 348 с.
4. Мелентьев, А.И. Роль хитиназы в проявлении антигрибной активности штаммов *Bacillus* sp. 739 / А.И. Мелентьев, Г.Э. Актуганов // Микробиология. – 2001. – Т. 70. – № 5. – С. 636–641.

Резанов А.А.
доцент, к.б.н.
Резанов А.Г.
профессор, д.б.н.
Московский городской педагогический университет,
Институт естественных наук
Andreznv@mail.ru; RezanovAG@mail.ru; RezanovAG@ins.mgpu.ru

НОВЫЙ ИНДЕКС ДЛЯ ОЦЕНКИ СТЕПЕНИ СИНАНТРОПИЗАЦИИ У ПТИЦ: ЭКОЛОГО-ПОВЕДЕНЧЕСКОЕ ОБОСНОВАНИЕ

Синантропизация рассматривается как явление и процесс приспособления животных к существованию в соседстве с человеком в условиях преобразованной им окружающей среды. Особый интерес представляют города, где степень подобных преобразований является достаточно высокой. По-видимому, уже в древних городах начался процесс урбанизации популяций птиц.

Синантропизация, как правило, ведёт к «расщеплению» видовых популяций на «дикие» и «синантроптные, или городские», что хорошо известно для целого ряда видов птиц: *Columba livia, Apus apus, Hirundo rustica, Delichon urbica, Turdus merula, Motacilla alba* и мн. др. Так, урбанизация чёрного дрозда (*Turdus merula*) в Европе началась в середине 19 века [1,353]. Со временем здесь сложились своеобразные «городские» популяции этого вида, отличающиеся от «диких» («лесных») популяций определёнными поведенческими и экологическими характеристиками.

Популяции различных видов птиц, проникая в антропогенный ландшафт, вырабатывали, на базе природного эколого-поведенческого стереотипа, комплекс приспособлений (адаптаций) к успешному существованию в новой для них окружающей среде и таким образом приобретали те или иные черты синантропности. Это, прежде всего, выражалось в переходе к гнездованию на постройках и сооружениях человека [7,108; 13,233; 15,7 и др.], в использовании в пищу кормов антропогенного происхождения, в использовании антропогенных инноваций кормового поведения и пр. На определённом уровне расхождения такие популяционные группировки стали отличаться от природных целым рядом черт поведения и экологии, т.е. в пределах вида сформировались так называемые «городские» популяции [2,25; 16,80; 17,190; 3,457; 12,66 и др.].

Рассматривая явление синантропизации птиц, необходимо чётко представлять, на основе каких критериев оно выделяется. Становится очевидным, что классифицировать птиц-синантропов на «видовой» основе не корректно, поскольку в пределах одного и того же так называемого синантропного вида встречаются как синантропные, так и естественные популяции. Более того, в пределах крупных синантропных популяций встречаются внутрипопуляционные группировки с различной степенью синантропизации. В частности, такие группировки можно выделить у галок (*Corvus monedula*), гнездящихся в Коломенском [8,170].

В большинстве работ явление синантропизации (и урбанизации, как частного случая) у животных оценивается на уровне «да – нет» или «больше – меньше». Но известны и более дробные классификации. Так, Т. Сандакова и Ц.З. Доржиев [14,468] выделили 4 большие категории: 1) асинантропов; 2) псевдосинантропов – соответствует урбофобам; 3) полусинантропов; 4) настоящих синантропов – соответствует урбофилам. В зависимости от доли участия (склонности к синантропизации) популяций птиц в этих категориях, каждая из категорий поделена на более мелкие подразделения.

Мы считаем, что основными критериями синантропизации птиц являются следующие: 1) гнездование на/в постройках и сооружениях человека или использование их в качестве отдыха, убежищ и т.п.; 2) использование в пищу кормов антропогенного происхождения, фактора подкормки и т.п.; 3) использование (особенно в зимнее время) окружающей среды, изменённой человеком; например, зимовка на подогретых водах. В значительной степени для всего этого необходима определённая степень антропотолерантности, которая играет ключевую и в какой-то степени базовую роль в процессе синантропизации [5,432]. Выделены следующие основные категории синантропов – гнездовые, трофические и полные [6,217]. Отмеченные категории могут иметь чётко выраженную географическую специфику. Например, европейская городская ласточка является практически облигатным гнездовым синантропом, а центральноазиатская стала гнездиться на постройках человека лишь в отдельных районах.

Основываясь на данных о широте ареалов (включая результаты интродукций), мы также выделили 5 «географических» категорий синантропов [9,212; 10,49]. Показано, что урбанизация ландшафта ведёт к росту доли синантропов-космополитов, но географические регионы сохраняют специфику синантропного «ядра» [7,109;].

Наряду с качественными оценками синантропизации птиц, есть немногочисленные разработки, позволяющие оценивать степень синантропизации популяций птиц на количественном уровне. В частности, Е.Л. Лыков [4,210] на примере птиц города Калининграда разработал и апробировал количественную оценку степени синантропизации (S), основанную на соотношении числа гнездящихся пар в квадратах с соответствующей степенью урбанизации территории. Неудобство предложенного индекса синантропизации, на наш взгляд, заключается в том, что он превышает единицу. Кроме того, число гнездящихся в квадратах пар может определяться не только их склонностью к синантропизации, но также и общей численностью местной популяции. Мы считаем, что рассматривать в качестве традиционного критерия синантропизации нахождение определённых популяций птиц в пределах антропогенного, в том числе урбанизированного ландшафта не совсем корректно, поскольку сам по себе факт нахождения птиц в селитебном ландшафте никак не свидетельствует об их синантропности. Здесь более важно знание характера использования птицами рассматриваемого местообитания. Для адекватной оценки явления синантропизации у популяций птиц необходимо выделить качественные критерии и уже в их формате использовать бальный подход.

Предложенный нами [12,67; 11,125] метод оценки индекса синантропизации учитывает не только экологические показатели, но и такой поведенческий показатель, как толерантность птиц к антропогенному фактору [5,432]. Выделенные критерии синантропизаци (гнездовой, трофический и топический) были взяты за основу и ранжированы на условные категории по порядковым номерам (от 1 до 6) с учётом возрастания степени антропотолерантности. Каждая категория тоже учитывается в баллах в зависимости от степени выраженности явления (0 – не выражено; 1 – наблюдается эпизодически; 2 – выражено (обычно)). Показатели наибольших по порядковому номеру категорий поглощают показатели предыдущих (с меньшим номером) категорий соответствующего критерия. Суммарный балл категории складывается из её порядкового номера и балла её выраженности. Например, категория 6 гнездового критерия с баллом выраженности 2 рассчитывается так: 6 + 2 = 8. В итоге, максимальный балл по каждому критерию = 8. В целом, по сумме всех 3-х критериев максимальный балл = 24.

На основе общепринятых оценок предложено рассматривать в качестве основных следующие критерии:

1. Гнездовой критерий (гнездовая антропотолерантность) (0-8 баллов)

1) использование при строительстве гнёзд материалов антропогенного происхождения (0-2); 2) гнездование на нежилых постройках, сооружениях и иных объектах антропогенного происхождения вне зоны жилых построек (0-2); 3) гнездование на естественном субстрате в непосредственной близости от жилых построек человека (0-2); под жилыми постройками условно понимаются не только дома (здания), где проживают люди в период гнездования птицы, но и административные и другие постройки, в которых также находятся люди; 4) гнездование на нежилых постройках, сооружениях и иных объектах антропогенного происхождения в непосредственной близости от жилых построек человека (0-2); 5) гнездование на жилых постройках (0-2); 6) гнездование в жилых постройках (0-2).

2. Трофический критерий (трофическая антропотолерантность) (0-8 баллов)

1) кормёжка на антропогенных и антропогенно изменённых субстратах вне зоны жилых построек (свалки, с.-х. угодья, места сброса тёплых вод зимой и т.п.) (0-2); 2) кормёжка на естественных субстратах в непосредственной близости от построек человека (0-2); 3) кормёжка на антропогенных и антропогенно изменённых субстратах в непосредственной близости от построек человека (0-2); 4) кормёжка в местах постоянной подкормки в непосредственной близости от построек человека, но без контакта с человеком (кормушки и т.п.) (0-2); 5) кормёжка в условиях ассоциации с работающей техникой и иными объектами антропогенного происхождения (0-2); 6) кормёжка в непосредственной близости от человека или при прямом контакте с ним (0-2).

3. Топический критерий (топическая антропотолерантность) (0-8 баллов)

1) использование для отдыха нежилых построек человека, сооружений и иных объектов антропогенного происхождения, в том числе антропогено изменённых, вне зоны жилых построек (0-2 балла); 2) использование для отдыха деревьев в непосредственной близости от построек человека (0-2 балла); 3) использование для отдыха нежилых построек и сооружений человека в непосредственной близости от жилых построек (0-2 балла); 4) использование для отдыха жилых построек (0-2); 5) отдых на естественных субстратах наземного (газон и т.п.) и околоземного (кусты и т.п.) уровня в непосредственный близости от людей (0-2); 6) отдых на искусственных субстратах наземного (асфальт и т.п.) и околоземного (заборы, машины и т.п.) уровня в непосредственный близости от людей (0-2).

На основе рассмотренных критериев, поддающихся реальной количественной оценке, предлагается использовать простейший **индекс синантропизации** (I_s), при помощи которого может быть определена степень синантропности той или иной популяции вида:

$$I_s = \sum r / \sum max \leq 1,$$

где $\sum r$ – общая сумма полученных баллов по критериям; $\sum max$ – сумма максимально возможных (потенциальных) баллов.

I_s рассчитывается для *конкретных популяций* или внутрипопуляционных группировок, а не для вида в целом, поскольку популяции, слагающие так называемые «синантропные» виды, отличаются различной степенью склонности к синантропизации или даже совсем не склонны к ней. Например, у различных группировок обыкновенной галки индекс синатропизации рассчитан в пределах от 0.04 («дикая» скальная популяция) до 1 (группировки городской популяции, гнездящиеся в постройках человека).

На наш взгляд, I_s целесообразно рассчитывать также с учётом сезонов: гнездовой, миграция, зимовка. Предложенный нами метод расчёта индекса синантропизации позволяет осуществить комплексный подход к оценке гнездовых, трофических и топических связей синантропных популяций птиц в условиях антропогенного и, в частности, урбанизированного ландшафта.

Литература

1. Брем А.Э. 1866. Жизнь птиц. - С.-Петербург. – 695 с.
2. Гладков Н.А., 1958. Некоторые вопросы зоогеографии культурного ландшафта (на примере фауны птиц) // Орнитология. - М.: Изд-во МГУ. – С.17-34.
3. Константинов В.М. 2001. Закономерности формирования авифауны урбанизированных ландшафтов // Достижения и проблемы орнитологии Северной Евразии на рубеже веков. Казань: Магариф: С. 449-461
4. Лыков Е.Л., 2006. Оценка степени синантропизации птиц, гнездящихся в городе: методология и первые результаты (на примере Калининграда) // Орнитология, вып.33. – С.208-212.
5. Резанов А.А., 2006. Антропотолерантность как один из критериев синантропизации птиц // Орнитологические исследования в Сев. Евразии. - Ставрополь: СГУ. - С.431-433.
6. Резанов А.А., Резанов А.Г., 2009. О критериях синантропизации птиц // Совр. пробл. эволюционной биол., т.1- Брянск. – С.214-220.
7. Резанов А.Г., Резанов А.А., 2006 а. Гнездование врановых птиц (Corvidae) на зданиях и на сооружениях человека: экологический и историко-географический анализ // Экология врановых птиц в условиях естеств. и антропогенных ланд. России. – Казань: Нов. знание. – С.94-111.
8. Резанов А.Г., Резанов А.А., 2006 б. Историко-географический анализ явления синантропизации у птиц // Совр. пробл. орнитологии Сибири и Центр. Азии, ч.2.- Улан-Удэ: Изд-во Бурят. ун-та.- С.165-172.
9. Резанов А.Г., Резанов А.А., 2009. Синантропизация птиц: географическая классификация, центры происхождения и расселение синантропных популяций // Современные проблемы эволюционной биологии, т.1. – Брянск. – С.207-213.
10. Резанов А.Г., Резанов А.А., 2010а. Географическая классификация и центры происхождения синантропных популяций у птиц // Вестник МГПУ, № 1(5). Сер. «Естеств. науки».- М.- С.39-53.

11. Резанов А.Г., Резанов А.А., 2010 б. Оценка явления синантропизации у птиц // Актуальные проблемы биоэкологии. - М. - С.123-126.
12. Резанов А.А., Резанов А.Г. 2011. Синантропизация птиц как популяционное явление: классификации, индекс синантропизации и критерии его оценки // Труды Мензбировского орнитологического общества, т. 1: Мат-лы XIII Международной орнитологической конференции Северной Евразии. Махачкала: АЛЕФ: С. 55-69
13. Рябов В.Ф., 1949. Распределение птиц и сооружения человека в степи // Тр. Наурзумского гос. зап-ка, вып.2.- М.: - С.233-249.
14. Сандакова С.Л., Доржиев Ц.З., 2006. Об экологической классификации птиц населённых пунктов по степени синантропности // Орнитол. исследования в Сев. Евразии. – Ставрополь: СГУ. – С.468-470.
15. Сергеев А.М., 1936. Роль сооружений человека в распространении птиц в степи // ДАН СССР, т.2(11), № 4(90). – С.4-8.
16. Graczyk R., 1982. Ecological and ethological aspects of synantropization of birds // Mem. zool., v.37. - P.79-91.
17. McClure H.E., 1989. What characterizes an urban bird? // J. Yamashina. inst. Ornithol., v.29. – P.178-192.

Биологические науки

Лапшина Л.М.
к.б.н., доцент кафедры специальной педагогики, психологии и предметных методик
ФГБОУ ВПО «Челябинский государственный педагогический университет»
lapshinalm728@mail.ru

НЕКОТОРЫЕ ОСОБЕННОСТИ МОЗГОВОГО КРОВООБРАЩЕНИЯ МЛАДШИХ ШКОЛЬНИКОВ С НАРУШЕНИЕМ ИНТЕЛЛЕКТА

Основные тенденции развития мировой и отечественной науки свидетельствуют о приоритете междисциплинарных исследований. Данное положение сегодня особенно актуально в отношении детей с нарушенным развитием: оказание коррекционной педагогической помощи этим детям невозможно без знания педагогом нейро- и психофизиологических основ дизонтогенеза. Именно нейрофизиологические показатели во многом характеризуют уровень и своеобразие снижения общеинтеллектуального развития – основного показателя нарушения интеллекта.

Некоторые особенности мозговой организации детей, имеющих нарушения интеллекта, получили обоснование в ходе многолетнего нейрофизиологического исследования, проводимого на базе кафедры биологии человека, кафедры специальной педагогики, психологии и предметных методик ФГБОУ ВПО «Челябинский государственный педагогический университет», специального (коррекционного) образовательного учреждения VIII вида № 119 г. Челябинска (СКОУ) и лаборатории функциональной диагностики детской клинической больницы № 1 г. Челябинска.

Цель данного исследования: обосновать некоторые электрофизиологические показатели своеобразия мозговой организации учащихся СКОУ VIII вида как высокоинформативные показатели своеобразия структурно-функциональной организации мозга при умственной отсталости. Результаты позволят дополнить сведения о своеобразии мозговой организации при нарушенном развитии, понимание которого позволяет педагогам СКОУ повысить эффективность коррекционного учебно-воспитательного процесса.

В исследовании принимали участие учащиеся младшего школьного возраста. Испытуемые были разбиты на две группы:
– ГО (группа обследования) составили дети 8–9 лет с диагнозом F_{70} (легкая умственная отсталость) в количестве 52 человек. Все они обучались в специальной (коррекционной) школе VIII вида № 119 г. Челябинска с первого класса.

– ГК (группа контроля) составили дети 8–9 лет – учащиеся общеобразовательной школы № 112 г. Челябинска в количестве 48 человек, имеющие по результатам психологического обследования уровень умственного развития в пределах возрастной нормы.

В качестве теоретической основы данного исследования было выбрано положение А.Р. Лурия о центральной нервной системе (ЦНС) как биологическом субстрате психического развития. при этом мозг – это биологическая структура и, поэтому, качество его работы определяется уровнем обменных процессов. Поэтому в качестве основного метода был выбран РЭГ - реоэнцефалография – исследование особенностей мозгового кровообращения.

Организация электрофизиологического исследования проводилось по стандартным методикам, с соблюдением всех этических, психологических и медико-биологических аспектов исследования. Данные РЭГ-обследования были подвергнуты и расчетному анализу.

Нейрофизиологические исследования деятельности мозга людей, имеющих различные психические отклонения [1, 444; 4, 12], в том числе и собственные исследования, проведенные ранее [2, 252], позволяют утверждать, что своеобразие мозгового кровообращения – это один из вероятных механизмов и одна из причин снижения качества интеллектуальной деятельности при нарушении интеллекта олигофренического типа.

Общие исследования в области изучения мозгового кровообращения свидетельствуют о том, что при гипоксии происходит преимущественное снижение функциональной активности коры больших полушарий – биологического субстрата интеллектуальной деятельности [3, 128]. Недостаточность кислородного обеспечения в период активного формирования мозговых структур, закладки нейронных ансамблей в коре может стать причиной снижения функциональной активности мозга во время осуществления интеллектуальной деятельности в более поздние возрастные периоды [4, 17].

Количественный и качественный анализ данных РЭГ, полученных при обследовании детей с нарушением интеллекта, выявил ряд специфических черт, отличающих их мозговое кровообращение от мозговой гемодинамики учащихся общеобразовательной школы.

Характерной особенностью РЭГ детей с нарушением интеллекта была торпидность и относительная стабильность формы пульсовых волн у одного и того же ребенка в течение записи. На этом фоне у детей наблюдались выраженные индивидуальные особенности реограмм. Возможно, это связано с индивидуальной «картиной гипоксии», обусловленной индивидуальной структурой нарушения сосудов головного мозга (время нарушения, глубина действия повреждающего фактора, его природа), изначально индивидуальной капиллярной сеточкой головного мозга детей и активным ее развитием, вызванным системной интеллектуальной нагрузкой в период начального школьного обучения.

Следует отметить, что такой вариабельности индивидуальных особенностей формы пульсовых волн не было обнаружено в группе подростков с нарушениями интеллекта в ходе ранее проведенного исследования [2, 260]. Очевидно, у детей старшего возраста (подростков) с нарушением интеллекта индивидуальные особенности формы пульсовых волн значительно «стираются» (термин М.С.Певзнер), хотя полностью не исчезают.

Этот факт, очевидно, можно рассматривать как один из результатов коррекционного психолого-педагогического воздействия, осуществляемого в ходе организации процесса обучения в коррекционной школе. При этом следует отметить, что воздействие осуществляется психолого-педагогическое, а положительный результат можно наблюдать на уровне нейрофизиологическом. Полученные результаты еще раз подчеркивают необходимость комплексного медико-психолого-педагогического подхода к решению проблемы социализации и общепсихического развития детей с нарушением интеллекта на уровне умственной отсталости.

Таким образом, специфика содержания и организации учебного процесса, осуществляемого в коррекционной школе, в своей основе имеет своеобразие структурно-функциональной организации ЦНС детей с ограниченными возможностями здоровья. В качестве основных показателей этого своеобразия данное нейрофизиологическое исследование выявило некоторые показатели мозгового кровообращения детей с нарушением интеллекта.

Знание механизмов своеобразия мозгового кровообращения позволит педагогам коррекционных учебных заведений на практике организовывать образовательный процесс на качественно ином, более эффективном уровне.

Литература

1. Зенков, Л.Р. Функциональная диагностика нервных болезней [Текст] / Л.Р. Зенков, М.А. Ронкин. – М.: Медицина, 1991. – С.444–523.
2. Лапшина, Л.М. Визуальный анализ основных реографических показателей подростков с нормальным интеллектуальным развитием и с умственной отсталостью [Текст] / Л.М. Лапшина // Вестник Челябинского государственного педагогического университета. – 2008. – № 8. – С.252–260.
3. Лурия, А.Р. Высшие корковые функции человека [Текст] / А.Р. Лурия,– М.: Медицина, 1991. – 523 с.
4. Яременко, Б.Р. Минимальные дисфункции головного мозга у детей [Текст] / Б.Р. Яременко, А.Б. Яременко, Т.Б. Горяинова. – СПб, 2002. – С.12–18.

Ивус Г.П.
к.геогр.н., проф., Одесский государственный экологический университет
Семергей-Чумаченко А.Б.
к.геогр.н., доц., Одесский государственный экологический университет
Хоменко Г.В.
к.геогр.н., доц., Одесский государственный экологический университет
Гурская Л.М.
ст. преп., Одесский государственный экологический университет

ФОРМИРОВАНИЕ НОЧНЫХ ЗАДЕРЖИВАЮЩИХ СЛОЕВ НАД ЮГО-ЗАПАДОМ УКРАИНЫ В 2001-2010 гг.

Задерживающий слой или инверсия температуры воздуха - это результат физического процесса, который характеризуется повышением температуры с высотой вместо обычного понижения, что приводит к изменению других важных метеорологических величин как в самом слое инверсии, так и в смежных слоях [1, 98; 2, 50].

При определенных условиях нормальный вертикальный градиент температуры изменяется таким образом, что более холодный воздух располагается у поверхности Земли. Это может произойти, например, при движении теплой, менее плотной воздушной массы над холодным, более плотным слоем.

С точки зрения влияния инверсий на загрязнение атмосферы важными являются сведения о типе инверсий (приземная, приподнятая или высотная), их повторяемости и характеристиках, к которым относятся: высота нижней границы, вертикальная мощность, глубина или интенсивность. Одним из необходимых условий образования высоких концентраций примесей является формирование ситуации застоя воздуха, то есть сочетание инверсионной стратификации и слабого ветра, а также отсутствие осадков.

В связи с переходом в 1996 г. ст. Одесса-обсерватория (Одесса-ГМО) на одноразовое радиозондирование (00 UTC) проследить суточной ход образования инверсий невозможно, поэтому будут исследованы лишь ночные аномалии вертикального распределения температуры в центральные месяцы 2001-2010 гг. - январь, апрель, июль и октябрь.

В ходе исследования было обработано 720 радиозондов, и в 520 из них обнаружены инверсии, то есть в 72 % случаев. Если при подъеме радиозонда наблюдалось несколько слоев с приподнятой или высотной инверсией, то учитывался только один - самой низкий.

Таким образом, в период 2001-2010 гг. повторяемость инверсий уменьшилась по сравнению с 1981-1990 гг. - 89 % [2, 51]. Из диаграммы, приведенной на рис. 1, заметно, что инверсии в 2001-2010 гг. наблюдались значительно реже (66-75 %) по сравнению с 1980-1990 гг. в течение всех сезонов, а наименее активно их образования происходило в апреле – 66 %.

При анализе возникновения задерживающих слоев над Одессой с 2001 по 2010 гг. выявлено, что инверсии наблюдались в течение года практически с одинаковой частотой (рис. 1), хотя имело место увеличение доли летних инверсий по сравнению с предыдущим периодом - 27 %. Несколько менее интенсивным их образование было в октябре и апреле - 24%, то есть сезонное распределение формирования инверсий не имело явно выраженного характера, в отличие от периода 1981-1990 гг., когда они чаще всего возникали зимой [1, 105].

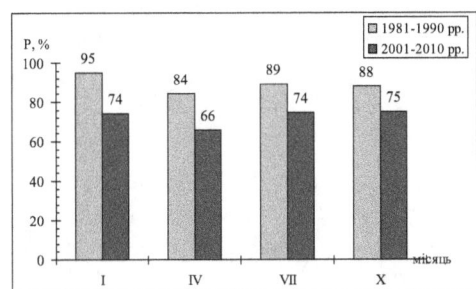 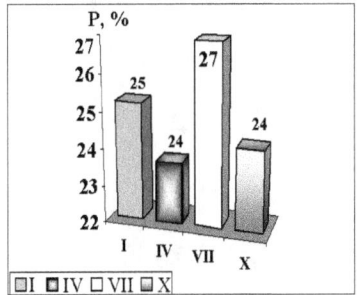

Рисунок 1 – Повторяемость (Р, %) инверсий температуры над ст. Одесса-ГМО в центральные месяцы сезонов.

В течение года над Одессой преобладали приземные инверсии (61,9 %), однако есть отличия по сезонам - в январе чаще образовывались приподнятые, а в апреле, июле и октябре - приземные, очевидно, радиационного происхождения. Треть случаев составляли приподнятые инверсии, а повторяемость высотных - лишь 8,2 %

Зимой отмечалось формирование более глубоких инверсий (ΔT = 1,6...2,3 °C) независимо от высоты их расположения, а в переходные сезоны явление менее интенсивно - 1,0...2,1...и 1,4...2,1°C весной и осенью, соответственно. В целом за год наиболее мощными оказались высотные инверсии (410 м), а наименее - приземные (300 м). Зимние инверсии мощнее - 380-460 м по сравнению летними – 380-460 и 250-360 м. В январе наиболее мощными были высотные инверсии, в апреле и июле - приземные, а в октябре – приподнятые.

Для анализа синоптических условий, способствующих образованию инверсий температуры над северо-западным побережьем Черного моря, использовались типы синоптических процессов, представленные в [1, 24-28]. Для каждого типа и подтипа процессов просчитано количество всех инверсий за 00 UTC и определена повторяемость инверсий различных типов. Выявлено, что инверсии температуры формировались чаще всего при периферийных атмосферных процессах и антициклонической циркуляции, т.е. при типах 1 и 3 (рис. 2).

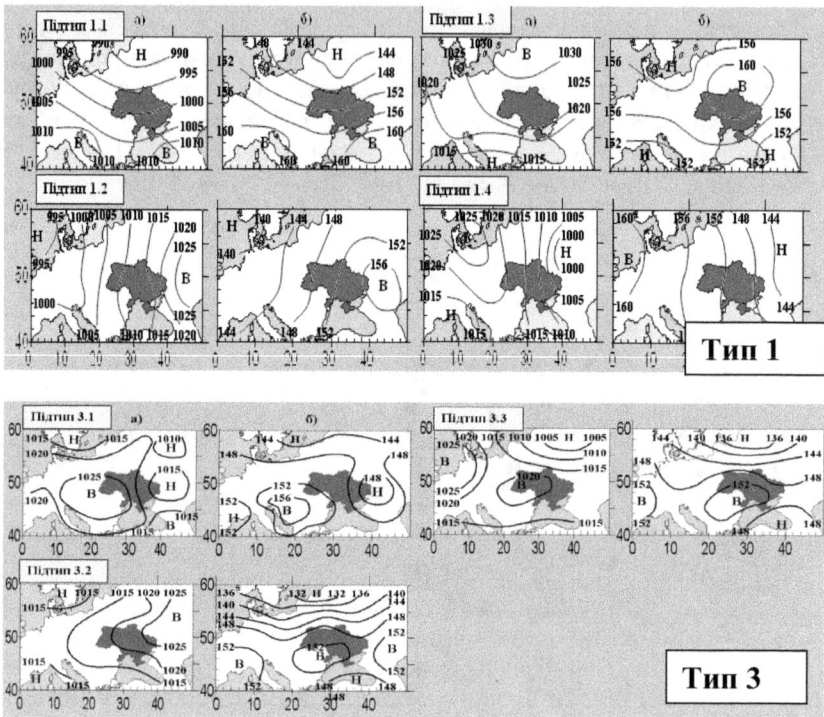

Рисунок 2 - Подтипы периферийных синоптических процессов (тип 1) и антициклонической циркуляции (тип 3) над юго-западом Украины (а – приземная карта, б – АТ-850).

Таким образом, режим формирования ночных задерживающих слоев 2001-2010 гг. характеризовался меньшей повторяемостью всех типов инверсий по сравнению с 1981-1990 гг. и наличием значительной доли явления летом.

ЛИТЕРАТУРА

1. Івус Г. П. Спеціалізовані прогнози погоди: підручник. – Одеса: ТЕС, 2012. – 407 с.

2. Івус Г.П. Умови утворення та прогноз слабкого вітру біля поверхні землі і інверсій температури в районі Одеси. – К.: НМК з гідрометеорології Міносвіти України, 1998. – 112 с.

Мещерякова О.Ю.
Естественнонаучный институт Пермского государственного национального исследовательского университета, olgam.psu@gmail.com

ПРИЧИНЫ ФОРМИРОВАНИЯ НЕФТЯНОГО ЗАГРЯЗНЕНИЯ ГИДРОСФЕРЫ В РАЙОНЕ ПОЛАЗНЕНСКОГО МЕСТОРОЖДЕНИЯ НЕФТИ

Примером регионального экологического кризиса является загрязнение гидросферы на Полазненском месторождении нефти, расположенном в районе развития сульфатного карста на берегу Камского водохранилища в Добрянском районе Пермского края, где с начала 70-х годов XX века отмечаются интенсивные нефтегазопроявления. Здесь на поверхности грунтовых вод обнаружена линза нефти, которая является источником загрязнения водохранилища.

Выполненные ранее исследования не дали однозначного ответа об источнике нефтяного загрязнения трещинно-карстовых вод Полазненского месторождения. Существуют представления, согласно которым загрязнение нефтью происходит вследствие восходящей ее миграции. Ряд исследователей связывают загрязнение с попаданием нефти в водоносный горизонт в ходе ее добычи и транспортировки.

По мнению специалистов геологической службы «ПермНИПИнефть» [4], эти нефтепроявления обусловлены либо просачиванием по горизонту грунтовых вод нефти, сброшенной в первые годы эксплуатации месторождения в карстовые воронки прибрежной зоны, либо фильтрации нефти из нефтеносных горизонтов (филипповский горизонт кунгурского яруса) нижнепермского возраста.

Б. А. Бачурин определил следующие источники поступления нефти в зону активного водообмена [5]: нефтяные линзы образовались в результате аварийных сбросов нефтепродуктов в карстовые воронки при эксплуатации месторождения; формирование нефтяной линзы связано с процессами фильтрации нефтей из залежи по зоне неотектонической трещиноватости, выделяемой в данном районе по результатам структурно-геоморфологических и аэрогеологических исследований.

Анализ результатов проведенных ранее исследований показывают, что фильтрация нефти из продуктивных пластов в выше залегающие водоносные горизонты и далее, на поверхность грунтовых вод в пределах Усть-Полазненского участка, маловероятна. Трудно поверить, что при многотысячелетней геологической истории существования тектонических нарушений в рассматриваемом районе и связанной с ними зоны дробления, при существовании стабильно высоких исходных давлений в нефтяных залежах, момент выхода фильтрующейся нефти на дневную поверхность совпал с периодом эксплуатации месторождения.

Согласно накопленному опыту геологического изучения нефтяных месторождений с высокими исходными пластовыми давлениями, сам факт их длительного существования объясняется хорошей изоляцией от вышележащих геологических толщ и зоны активного водообмена. Вероятность же того, что эксплуатация месторождения как-то подействовала на зону дробления, в результате чего повысилась трещиноватость перекрывающих толщ и началась восходящая фильтрация нефти крайне низка. Реализуемое техногенное воздействие на геологическую среду в районе эксплуатируемого месторождения не идет ни в какое сравнение с последствиями произошедших тектонических процессов.

Согласно теории [1; 2], движение жидкости в двухфазной системе (нефть-вода) зависит от насыщенности её той или иной фазой. Движение нефти и воды может происходить только тогда, когда остаточное насыщение пород этими жидкостями каждой в отдельности достигает 15-20%. Если насыщенность, например, нефтью, превысит 80-85%, а, следовательно, насыщенность водой будет меньше 15-20%, то порода практически будет проницаема для нефти и непроницаема для воды и наоборот. Это теоретическое положение хорошо подтверждается эксплуатацией Полазненского месторождения – когда в процессе интенсивного заводнения пластов насыщенность нефтесодержащих пород водой повышалась до критического уровня (80 – 85%) поступление нефти к эксплуатационным скважинам практически прекращалось. Исходя из этого, трудно представить миграцию нефти в пористой или трещиноватой среде вверх по разрезу по зоне активного водообмена и полного водонасыщения. В существующих условиях теоретические предпосылки допускают фильтрацию лишь пластовых рассолов (при наличии высоких пластовых давлений, что не характерно для периода эксплуатации верейского и башкирского горизонтов).

Согласно результатам наблюдений за пластовыми давлениями [6] их значения по тульскому, а также верейскому и башкирскому горизонтам снизились в 1990-2000 годах до значений, исключающих их восходящую фильтрацию к дневной поверхности. К 1999 г. они составили порядка 40 атм и менее. В этих условиях ни о какой подпитке существующей линзы нефти на поверхности грунтовых вод за счёт её восходящей фильтрации из продуктивных пластов не может быть и речи.

Распределение нефти на поверхности грунтовых вод также свидетельствует не в пользу её поступления туда фильтрацией по зоне трещиноватости. В случае развития такого процесса нефть по пути наименьшего сопротивления поступала бы по зоне трещиноватости, приуроченной к береговой линии, к участкам минимальных абсолютных отметок уровня грунтовых вод, фиксируемых там же. Однако в 90-х годах максимальные слои нефти – до 2,29 м [6] – фиксировались по скважине СС-1, расположенной на водораздельном пространстве с максимальными абсолютными отметками уровня грунтовых вод и за пределами зоны дробления.

По имеющимся материалам [3; 5] в зоне распространения нефти на поверхности грунтовых вод находятся дефектные эксплуатационные скважины, на которых произошли аварии и отмечались различные осложнения. По стволам и затрубному пространству этих скважин отмечались перетоки нефти и пластовых рассолов в вышележащие водоносные горизонты. Кроме этого, при разведке месторождения и начальных этапах его эксплуатации осуществлялись неоднократные сбросы нефти в карстовые воронки. Подтверждение таких фактов получено при рекогносцировочном обследовании территории. Согласно рельефу земной поверхности, ориентация потоковых структур хорошо согласуется с выносом нефтепродуктов от скважин 68, 74, 80, 85 к участку выклинивания линзы нефти на дневную поверхность и в Камское водохранилище.

Таким образом, можно заключить, что наиболее вероятными причинами формирования линзы нефти на поверхности грунтовых вод могли стать перетоки из продуктивных пластов по аварийным скважинам и затрубному пространству дефектных скважин, сбросы нефти в карстовые воронки в первые годы эксплуатации Полазненского месторождения, а также аварии на нефтепроводах.

Литература

1. Гидрогеологические основы охраны подземных вод. – М.: Центр международных проектов ГКНТ, 1984. – 411с.

2. Гольдберг В. М. Гидрогеологические основы охраны подземных вод от загрязнения / В. М. Гольдберг, С. Газда. – М.: «Недра», 1984. – 260 с.

3. Изучить гидрогеохимическую зональность вод палеозойских отложений Полазненского месторождения и определить водопритоки в скважины в связи с выяснением причин выхода нефти на поверхность: отчет о НИИР / Шестов И. Н. – Пермь: КамНИИКИГС, 1989.

4. Комплексное изучение условий формирования очага нефтяного загрязнения на Полазненском месторождении в связи с разработкой мероприятий по его ликвидации: отчет о НИР / Быков В. Н. – Пермь: ПермНИПИнефть, 1990.

5. Комплексные газогеохимические исследования на Усть-Полазненском участке в связи с выяснением источников нефтезагрязнения природной среды: отчет о НИР / Бачурин Б. А. – Пермь: Горный институт УрО РАН, 1991.

6. Регламент эксплуатации скважин в акватории и водоохранной зоне Камского водохранилища / М. И. Ваниева и др. – Полазна: ООО «Кама-нефть», 2000.

Искусствоведение

Недосекина А.Г.
профессор, доктор педагогических наук,
Магнитогорская государственная консерватория им. М.И. Глинки

ТРАНСФОРМАЦИЯ ДУХОВНОЙ МУЗЫКИ В ЭПОХУ ПОСТМОДЕРНИЗМА НА МАТЕРИАЛЕ «MISATANGO» АРГЕНТИНСКОГО КОМПОЗИТОРА МАРТИНА ПАЛМЕРИ

Содержание данной статьи преследует решение следующих задач: а) уточнить особенности духовной музыки; б) определить основные черты постмодернизма; в) обосновать трансформацию духовной музыки в эпоху постмодернизма на материале «Мессы-танго» М. Палмери.

Приступая к решению первой задачи, а именно уточнить особенности духовной музыки, отметим следующее.

Духовная музыка - это вокальные или вокально-инструментальные произведения на тексты религиозного характера, исполняемые во время церковной службы и в быту.

Духовная музыка включает в себя церковную, светскую и народную музыку, как правило, на религиозные сюжеты для исполнения в домашней и концертной обстановке.

Основные особенности духовной музыки заключаются в целом ряде особенностей.

1. Она отличается особым внутренним строем, *собранностью*, а главное - эта музыка чистая и открытая.

2. Духовная музыка не допускает крайностей, *излишней эмоциональности, чувствительности*. Весь диапазон чувств — от скорби и печали до радости и ликования — не переходит границ дозволенного, когда не разрушается музыкальная ткань, её гармония.

3. Духовная музыка — это музыка *благозвучных аккордовых вертикалей*, в которых сливаются все голоса хора. Здесь нет никакой экспрессии, эмоциональных взрывов, потрясений, диссонирующих звучаний, острого ритма, угловатой мелодии.

4. В этой музыке *нет ничего броского, вычурного, внешнего*. Всё в ней *соразмерено и упорядоченно*. Эта музыка как бы собирает человека, дисциплинирует его мысли и чувства.

5. Сама музыка отличается *возвышенно-суровым звучанием*, благозвучием, благородством, спокойно-размеренным ритмом, красотой и пластикой мелодий.

6. В церковной музыке *отсутствует внутренний конфликт*, в ней
нет противоборствующих сил. Слушая такую музыку, человек ощущает себя частью мироздания, частью великой гармонии.

Первоосновой духовной музыки является *каноническое Слово*. Поэтому каждое песнопение – это *распетая молитва*.

Признаками духовной музыки выступает то, что она: а) является частью Богослужения, *частью церковного культа,* его художественного комплекса и выполняет в нём соответствующие функции; б) в основе лежит строгий канонический текст молитвы, поэтому исполнение в церкви строго *регламентируется по времени суток, недели, года;* в) песнопения в православной культуре исполняются *хором, вокальным ансамблем, певцами* солистами без инструментального сопровождения, где колокольные звоны - единственно возможные музыкальные инструменты, в то время как в религии католицизма – это орган.

Многочисленные песнопения условно представлены двумя группами - *церковными* (обиходными) и *концертными*, в которых заметно влияние светской музыки.

Наиболее распространённые жанры христианской духовной музыки - католической и протестантской - заимствованы из музыки церковной; это хорал, псалом, гимн (в том числе Te Deum, Ave Maria), месса (в том числе заупокойная — Реквием), секвенция и страсти (пассионы).

Каждый из перечисленных жанров имеет собственную историю, но общим для всех является то, что рождались они в церкви и право сочинять произведения духовного характера — не только тексты, но и музыкальное их оформление — изначально принадлежало исключительно служителям церкви (так, например, авторство большинства песнопений римской литургии средневековая традиция приписывала папе Григорию I). В результате отбора, переработки и унификации складывались каноны. Существовали и свободные формы, в частности секвенция, получившая широкое распространение в эпоху Возрождения; некоторые секвенции в дальнейшем были канонизированы — например, Dies Irae, сочинённая францисканским монахом Томмазо да Челано и ставшая основной частью католического реквиема, или принадлежащая другому францисканцу, Якопоне да Тоди, Stabat Mater.

Со временем право музыкального оформления канонических текстов было предоставлено и светским композиторам. После Реформации широкое распространение получили духовные сочинения на неканонические тексты — хоралы, гимны (в том числе сочинённые Мартином Лютером), позже Страсти.

Начиная с эпохи Возрождения светская культура оказывала существенное влияние на традиционно церковные формы: развитие симфонических жанров, с одной стороны, и итальянской оперы — с другой, преобразило и страсти, и мессы (особенно заупокойные) и другие, не столь крупные формы, которые, в свою очередь, эволюционировали в сторону симфонизации, концертности и «оперности». Исполнение духовных сочинений постепенно перешло в концертную практику, и уже в XVIII веке, а гдето и раньше многие произведения создавались специально для исполнения в концертном зале или для придворного обихода, заказывались к конкретному случаю, как например коронационные мессы и реквиемы.

На протяжении всей истории христианской церкви наряду с церковной существовала и так называемая паралитургическая духовная музыка: сочинения религиозного характера, не *соответствовавшие церковным канонам*. Не нашедшие себе применения в богослужении (а в иных случаях и заведомо для него не предназначенные) песни, как анонимные, так и авторские, — испано-португальские кантиги, французские ноэли и кондукты и др. — имели широкое хождение в быту; отвергнутые Тридентским собором (в XVI в.) секвенции оказали влияние на развитие народной духовной песни — немецких Rufe и Leise, английской carol, итальянской лауды, а те, в свою очередь, — на развитие духовной музыки более крупных форм [2, 230].

Общеизвестно, что месса является частью духовной и музыкальной культуры. В этой связи отметим, что на её становление в Аргентине огромное влияние оказало вероисповедание. В частности, большинство населения Аргентины – это христиане. Их 92 %, причём 77 % — это католики, 9 % — протестантов. Иудеев — около 300 тыс., мусульман — около 500 тысяч человек. При этом, большинство протестантов — пятидесятники из Ассамблеи Бога, а также последователи Церкви Бога, харизматического вероучения, баптисты, методисты, адвентисты.

Официальной государственной религией Аргентины является католицизм. Деятельность Католической церкви, направленная на образование, пользуется государственной поддержкой. Согласно данным справочника catholic-hierarchy.org Аргентина занимает 10 место в мире по числу проживающих в ней католиков. В стране много священников (5648), монахов (3385), монахинь (9070), постоянных диаконов (626). Епископы Аргентины объединены в национальную Конференцию католических епископов.

В Аргентине функционируют семь католических университетов. Кроме того, под патронажем Католической церкви находится большое количество начальных и средних школ.

На основе вышесказанного становится очевидным, что обращение аргентинского композитора М. Палмери к жанру мессы — католического богослужения — не случайно. Оно является неотъемлемой частью жизни аргентинского общества.

Далее следует уточнить значение термина *трансформация*. Он происходит от лат. transformatio, что обозначает *преобразование, превращение*. В частности, речь идёт об изменении, преобразовании самих средств выражения музыкального содержания мессы на материале «MISATANGO» М. Палмери.

Данное сочинение написано аргентинским композитором в эпоху, которая именуется постмодернизмом.

Постмодернизм как феномен культуры (postmodernism – после модернизма) имеет несколько значений. Это:
- состояние культуры;
- широкое культурное течение, сформировавшееся в последние три десятилетия XX в. в развитых странах и получившее название эпохи постмодерна;
- радикальная смена культурных эпох, своего рода этап в эволюции культуры, по принципу «у каждой эпохи есть свой постмодернизм» (У. Эко);
- концепция, освещающая специфику этой эпохи;
- предназначение новых форм отношения человека с миром, новых ценностей и критериев во всех сферах культуры, а не искомый тип сознания для человечества [3, 134].

Термин постмодернизм использовался для фиксации инновационных тенденций в таких сферах, как архитектура, литература и искусство, а затем постмодернизм распространяется и на другие сферы — философию, политику, религию и др. Приставка «пост» трактуется как символ освобождения от догм и стереотипов модернизма и прежде всего фетишизации художественной новизны, нигилизма, контркультуры.

Постмодернизм обнаруживает целый ряд проблем, среди которых на первый план выступает проблема исчерпаемости культуры, которая просуществовала десятки столетий. Кроме того это и проблема поиска того, что будет дальше, проблема поиска новых смыслов и принципов грядущей культуры. В этой связи возникает вопрос, что же собой представляет постмодернизм по содержанию? Практический опыт показывает, что это стремление включить в современное искусство весь опыт мировой художественной практики путем его лигитимирования [1,452].

Возникает вопрос, а что же делает постмодернизм? Анализ литературы свидетельствует, что постмодернизм:
- настаивает на преодолении любого центризма;
- несет в себе не только проблему исчерпанности культуры, которая просуществовала десятки столетий, но и проблему поиска того, что будет дальше, проблему поиска новых смыслов и принципов грядущей культуры;
- отторгает, прежде всего, модернистские ценности;
- предлагает культуру «корневища» (ризомы), т.е. не подчиняется никакой структурной модели, имея множество выходов, где нет ни начала, ни конца, только середина, из которой она растёт и выходит за её пределы;
- придает значение «*поэтическому* знанию» (Ж. Маритен). Оно ассоциативно не-понятийно, метафорично и, по мнению некоторых теоретиков, является доминантой постмодернистского мышления.

Эстетическая специфика постмодернизма связана с неклассической трактовкой классических традицией далёкого и близкого прошлого. Она сопряжена с возвратом к фигуративности, пристальному вниманию к содержательным моментам творчества, его эмоциональным аспектам.

Кроме того в постмодернизме реализуется ситуация принципиально игровой, ироничной ностальгии по всей ушедшей культуре, включая авангард с модернизмом, и неигровые принципы отношения к действительности; совершается своего рода «неоклассическая» ироническая ревизия модернизма, а вслед за ним и всей предшествующей культуры; пересматривается прошлое, но иронично и без наивности.

Основными чертами постмодернизма являются:

1. Плюралистичность, т.е. использование различных стилей и жанров, сосуществование различных форм.

2. Кодирование, трансляция, манифестация идей.

3. Чуждость к устремлённости вперёд к чему-то принципиально новому, к открытию новых путей в искусстве, как это было в модернизме и авангардизме.

В этой связи постмодернистское искусство характеризуют: 1) неопределенность, открытость, незавершенность; 2) фрагментарность, тяготение к деконструкции, к коллажам, к цитатам; 3) отказ от канонов, от авторитетов, ироничность как форма разрушения; 4) утрата «Я» и глубины содержания, поверхность, многовариантное толкование; 5) стремление представить непредставимое, интерес к изотерическому, к пограничным ситуациям; 6) обращение к игре, аллегории, диалогу, полилогу; 7) репродуцирование под пародию, травести пастиш, поскольку все это обогащает область репрезентации; 8) карнавализация, маргинальноеть, проникновение искусства в жизнь; 9) перформанс - публичное создание артефакта по принципу искусства и не искусства, не требующее специальных профессиональных навыков и не претендующее на долговечность; нацелен на расширения сознания публики, более активное включение ее в непосредственный творческий акт; обращение к телесности, материальности; 10) конструктивизм, в котором используются иносказание, фигуральный язык; 11) имманентность (в отличие от модернизма, который стремился к прорыву в трансцендентное, постмодернистские искания направлены на человека, на обнаружение трансцендентного в имманентном).

Сила постмодернистского мышления заключается:

- в признании культурного полифонизма, открывающего простор для подлинного диалога;

- в открытости исторического познания;

- в освобождении его от догматизма.

- в снятии границ между элитарной и массовой культурой, между реальным и ирреальным. Отсюда произведения искусства постмодернизма связаны с *многоадресностью* художественного произведения. Её идеи ярко выражены у итальянского теоретика и писателя Умберто Эко («Имя розы», «Маятник Фуку»). При этом, следует подчеркнуть, что постмодернизм несёт в себе ощущение и осознание бытия, культуры, самого мышления как *игры*. Отсюда постмодернизм *усиливает игровое начало* в искусстве.

Таковы характерные особенности культуры постмодернизма. В этой связи представляет интерес то, каким образом черты постмодернизма реализуется в духовной музыке Мартина Палмери, в частности в его сочинении «MISATANGO».

Анализ научной литературы и музыкально-исполнительский анализ Мессы-танго М. Палмери показали, что *постмодернизм:*

- делает ставку на открытость, безоценочность и дестабилизацию любых, прежде всего, классических, культурно-ценностных ориентаций. В частности, у Мартина Палмери месса имеет не только классическую форму, но и современные черты импровизационности, использования элементов джаза и т. д.;

- закладывает новую художественную традицию, о чём свидетельствует само название «Месса-танго» М. Палмери;

- отказывается от жесткости и замкнутости концептуальных построений, в частности использование полижанровости Мартином Палмери;

- отражает разочарование в ценностных приоритетах предшествующих эпох с их верой в прогресс, всеобщее торжество разума. На примере мессы –танго Палмери это выражается в том, что непривычным становится внедрение самого танца танго, его ритмов, средств художественной выразительности в церковное Богослужение, что для многих является просто неприемлемым;

- переосмысляет, заимствует, эксплуатирует выработанные ранее формы. Это как нельзя лучше подтверждает музыка месса-танго Палмери, ибо в ней слышно, что композитор заимствует из музыкальной культуры как классические формы прошлых эпох, той же мессы, танцевальную музыку своего народа, его музыкальные инструменты, в частности бандонеон; а также переосмысляет средства художественной выразительности для воплощения содержания;

- пытается по-новому осмыслить реальность, излечить мышление от тотальности, включить в рефлексию опыт эстетический, моральный, религиозный, научный, изотерический, пограничных ситуаций, повседневности, о чём убедительно пишет философ Мартин Хайдеггер и что реально воплощает Палмери, отказываясь от жёстких канонов церковной музыки, например, в той же ритмической основе с её остро выраженной яркой синкопированностью.

Эстетическая специфика постмодернизма связана с неклассической трактовкой классических традиций. Это как раз и демонстрирует «Месса-танго» М. Палмери, где средневековье, в которое возникает месса, с его жёсткими традициями и канонами даже в определении порядка номеров мессы, соседствует с формой танцевальной культуры, какой является страстное танго.

Кроме того, в постмодернизме:

- реализуется ситуация принципиально игровой, ироничной ностальгии по всей ушедшей культуре, включая авангард с модернизмом. В этой связи можно рассматривать «Мессу-танго» Палмери не как церковное богослужение, а как игру форм, в которых происходит сочетание и мессы, и танца;

- пересматривается прошлое, но иронично и без наивности. В этой связи у М. Палмери это выражено в самом названии произведения – «Месса-танго». Здесь просматривается ироничность, которая ставит под сомнение кажущуюся идеальность реального, это форма намеренного отрицания того, что не было раньше;

- и мн. др.

Всё это методологически имеет прямое отношение к «Мессе-танго» М. Палмери, о чём и сказано выше.

Далее отметим, что сила постмодернистского мышления, у М. Палмери заключается:

во-первых, в признании культурного полифонизма, открывающего простор для подлинного диалога; (той же мессы и танго, джаза и псалмодии, гармонии и ритма и т.д.);

во-вторых, в открытости исторического познания. Речь идёт о выходе за рамки национальной культуры, например, той же аргентинской, испанской, благодаря которой и Россия узнала М. Палмери и особенности его музыкального языка;

в-третьих, в освобождении мышления от догматизма. На примере «Мессы-танго» очевидна не замкнутость на уже известных традиционных формах музыкального познания, а его расширения за счёт хореографического искусства, того же танго.

Таким образом, можно сделать следующие выводы.

1. Содержание мессы связано с главным Богослужением в Католической церкви, куда входит чтение молитв, песнопения в сопровождении органа. Символический смысл мессы связан с обрядом Евхаристии, т.е. «превращения вина и хлеба в тело и кровь Иисуса Христа», поэтому заканчивается месса обрядом причащения.

2. Месса в искусстве хорового пения представляет собой циклическое вокальное или вокально-инструментальное произведение, которое написано на текст определённых разделов одноимённого главного богослужения католической церкви (в православной церкви ему соответствуют обедня, литургия).

3. Месса как жанр хорового искусства возникает в эпоху Средневековья. При этом, пение мессы было двух типов: псалмодическое (в харак-

тере речитативного произношения) и гимническое, отличающееся мелодически-распевным характером.

4. К настоящему времени известны мессы проприум (песнопения, посвящённые определённым воскресным и праздничным дням) и месса ординариум - постоянно присутствующие в мессе песнопения. В этой связи месса-танго М. Палмери относится к мессе проприум, с присущими ей номерами: 1. Кирие;. 2. Глория; 3. Кредо; 4.Санктус; 5. Бенедиктус; 6. Агнус Деи. Все эти номера с присущим им латинским текстом имеют место быть в Мессе-танго М. Палмери

5. Мессы характеризуются разными видами. В частности, есть:

а) missa cantata, в которой всё предназначено для пения, при этом тексты поются не только хором, но и солистами;

б) есть missa lecta, где речь идёт о службе, на которой все тексты поются хором и тихо читаются солистом, поэтому данные мессы-службы называются «тихой мессой»;

в) есть мессы, в названии которых композитор показывает их характер. Примерами могут служить Missa solemnis – «Торжественная месса» Л. Бетховена? «Торжественная месса» Г. Берлиоза;

г) есть мессы, в которых указан объём данного жанра сочинения. Например, «Короткая месса» Дж. П. да Палестрина, «Большая органная месса» Ф. Гайдна, «Малая органная месса» Ф. И. Гайдна, «Большая месса»В. А. Моцарта;

д) есть мессы, в содержании которых присутствует определённая программность. К таковым относятся Missa defunctorum – «Месса по умершим», или «Театральная месса» Л. Бернстайна, либо «Месса Нотр-Дам» Гийом де Машо. В этом ряду программных месс стоит и «Месса-танго» М. Палмери.

6. Постмодернизм возникает в контексте семантической связи понятий: *авангард-модернизм-постмодернизм*. При этом, если в авангарде присутствует вся совокупность предельно новаторских, манифестационных, агрессивно-эпатажных движений, а в модернизме – некая академизация новаторских достижений в сфере изобразительно-выразительных языков и репрезентативных арт-парадигм и арт-практик, то в постмодернизме речь идёт о новом этапе художественно-эстетической культуре. Здесь реализуется ситуация принципиально игровой, ироничной ностальгии по всей ушедшей культуре, включая авангард с модернизмом.

7. Постмодернизм — это, прежде всего, ощущение и осознания бытия, культуры, мышления *как игры*, т.е. чисто и исключительно эстетический подход ко всему и вся в цивилизационно-культурных полях. Это возвращение на ином уровне к эстетическому опыту, в котором акцент сделан не на сущностных для классического эстетического сознания ракурсах *прекрасного, возвышенного, трагического*, а на *маргинальных* универсали-

ях *игры, иронии, безобразного,* имплицитно всегда присущих эстетическому опыту классической эстетики.

8. Понятие трансформация имеет несколько значений, главным из которых выступает *преобразование, превращение*. В этой связи, трансформацией в жанре Месса-танго М. Палмери выступают не свойственные жанру мессы полижанровость, использование нетрадиционных средств музыкальной выразительности, наличие бандонеона, джазовой импровизационности, усиление синкопированных ритмов, диссонансных звучаний, зависимость формы мессы от танца танго и мн. др.);

9. В результате неожиданного совмещения «знаковых», обычно препарированных текстовых фрагментов, ходов, сюжетов, образов (пародийно-иронических или пафосно-прочитанных, преднамеренно «сниженных» или, наоборот, приподнятых) в постмодернистском произведении может быть достигнут эффект возникновения новых смыслов, аллюзий, символов. Это в полной мере относится к мессе-танго Мартина Палмери.

Список литературы:

1. Бычков В.В. Эстетика: Учебник. – М. : Гардарики, 2002. – с. 452 – 464.
2. Кошмина И.В. Духовная музыка в самообразовании учителя /И.В. Кошмина // Проблемы художественной эстетической подготовки современного учителя. – Иркутск, 1997. – с. 230-238
3. Лисаковский И.Н. Художественная культура. Термины. Понятия. Значения. Словарь-справочник. – М., Издательство РАГС, 2002. – 134 с., илл.

Геза А.В.
аспирант отдела истории науки и техники
Центра исследований научно-технического потенциала и истории науки
им. Г.М.Доброва НАН Украины
alena_geza@ukr.net

ВИКТОР МИХАЙЛОВИЧ ГЛУШКОВ – ПИОНЕР КИБЕРНЕТИКИ

12 сентября 2013 года Национальная академия наук Украины провела юбилейную сесию, посвященную 90 – летию со дня рождения ыдающегося ученого-кибернетика Виктора Михайловича Глушкова. Академик В.М. Глушков получил фундаментальные результаты во многих научных областях - математике, кибернетике, вычислительной технике и программировании. Он опубликовал около 800 робот, в том числе 30 монографий, был автором 23 изобретений и открытий.

Глубокие теоретические исследования позволили ученому применить методы и подходы математики и кибернетики в народном хозяйстве, разработать ряд специальных технических средств для управления техническими процессами в металлургической, химической и судостроительной промышленности, микроэлектронике. Так, он решил обобщенную пятую проблему Гильберта (1957 г.), построил теорию локально-нильпотентных локально-бикомпактных групп в целом (1956 г.) и общую теорию цифровых автоматов (1964 г.), совместно с учениками разработал математическую теорию проектирования вычислительных систем и первую автоматизированную систему управления «Львов» (1970 г.), предложил идеи интерпретации языков высокого уровня (1963 – 1965 гг.) и рекурсивных, макроконвейерной ЭВМ (1974 – 1977 гг.). Известными стали также его работы в области социальных и философских проблем кибернетики, управления научно - техническим прогрессом.

Важную роль в создании советских образцов компьютерной техники сыграла разработка под руководством В.М.Глушкова машины «МИР» (1965 г.) («Машина для инженерных расчётов»), в которой впервые в мире была реализована идея аппаратной интерпретации языков высокого уровня [1,9]. За цикл работ по теоретической кибернетике, посвященных формальным методам проектирования ЭВМ, в 1967 г. В.М. Глушкова был награжден премию им. Н.М. Крылова. Коллектив разработчиков серии ЭВМ «МИР» во главе с В.М. Глушковым в 1968 г. был также отмечен Государственной премией СССР. Это была первая Государственная премия СССР в Украине, присуждённая за работу в области вычислительной техники [1,9].

В.М. Глушков сыграл огромную роль в формировании идей созданию автоматизированных систем управления (АСУ). В период с 1964 по 1968 гг. Институтом кибернетики АН УССР совместно с заводом

«Арсенал» была сдана в эксплуатацию и рекомендована к массовому использованию первая в стране автоматизированная система управления «Львов» для предприятий с массовым характером производства. Уже в 1970 г. ученому и руководимому им коллективу была присуждена Государственная премия СССР за данную разработку. Одним из следствий этих работ стало создание в 1967 г. в Институте кибернетики АН УССР кафедры теоретической кибернетики и методов оптимального управления Московского физико-технического института, заведующим которой и стал В.М.Глушков. В начале 60 - х гг. под руководством В.М. Глушкова была сформулирована новая идея в области макроэкономики – идея объединения АСУ в общегосударственную автоматизированную систему (ОГАС).

Институт кибернетики во главе с В.М. Глушковым совместно с Ленинградским объединением «Светлана» разработал и сдал в серийное производство первую в СССР микро-ЭВМ на больших интегральных схемах (БИС) (начало 70-х гг. XX в.). На этих схемах был построен также ряд специализированных микро-ЭВМ и устройств. Создана серия систем «Проект» и система автоматизации проектирования и изготовления БИС (1976 г.). В.М.Глушков уделял значительное внимание популяризации достижений кибернетики. В 1972 г. вышла его монография «Введение в АСУ», которая отразила достижения научных исследований в области создания автоматизированных систем управления. В этот же период был основан Советский научно-промышленный журнал «Управляющие системы и машины», главным редактором которого стал В.М. Глушков. В 1974 – 1975 гг. было опубликовано двухтомное издание «Энциклопедия кибернетики», инициатором, организатором и главным редактором которой также был ученый.

Труды В.М. Глушкова неоднократно получали научные и государственные награды. В 1969 г. за значительные достижения в развитии науки и подготовке научных кадров Институт кибернетики АН УССР был награжден орденом Ленина, а В.М. Глушкову было присуждено звание Героя Социалистического Труда, он был награжден орденом Ленина и Золотой медалью «Серп и Молот». Труды В.М. Глушкова и его учеников по автоматизации проектирования ЭВМ были удостоены в 1977 г. Государственной премии СССР.

ЛИТЕРАТУРА

1. Глушков В.М. Кибернетика. Вопросы теории и практики / В.М. Глушков / М.: Наука, 1986. – 488 с.
2. Глушков В.М. Тридцать тысяч лет или три месяца. В.М. Глушков – «Литературная газета». -17 декабря, 1963.

3. Сергієнко І.В. Інформатика в Україні. Становлення, розвиток, проблеми / І.В. Сергієнко. – К.: Наук. Думка, 1999. – 354 с.
4. Малиновський Б.М. До історії створення електронних цифрових обчислювальних машин першого покоління і початкових методів програмування в українській РСР / Б.М.Малиновський, Л.Г. Хоменко // Нариси з історії природознавства і техніки.-1975.-Вип. XXI. – С.74 – 81.

Мотанова Л.Н.
профессор, доктор медицинских наук, Тихоокеанский государственный медицинский университет, кафедра госпитальной терапии и фтизиопульмонологии
e-mail: tubkafedra@mail.ru

НОВЫЕ ВОЗМОЖНОСТИ ДИАГНОСТИКИ ЛАТЕНТНОЙ ТУБЕРКУЛЕЗНОЙ ИНФЕКЦИИ У ДЕТЕЙ С ПОМОЩЬЮ ВНУТРИКОЖНОЙ ПРОБЫ С ДИАСКИНТЕСТОМ

В современных эпидемиологических условиях выявление детей с наибольшим риском заболевания туберкулезом является одной актуальной проблемой детской фтизиатрии [1, 5]. В России разработан инновационный препарат диаскинтест для повышения качества диагностики туберкулезной инфекции. Препарат представляет собой комплекс рекомбинантных белков CFP-10-ECAT-6, продуцируемых Echerihia coli и предназначен для постановки внутрикожного теста – диаскинтест [2,39; 3,17; 5,69]. Доказаны более высокие чувствительность и специфичность данного теста, а также его преимущество перед традиционной пробой Манту с 2 ТЕ [6,7]. В настоящее время диаскинтест находит все более широкое применение в практике специалистов противотуберкулезной службы РФ. Однако опыт применения диаскинтеста в территориях с неблагоприятной эпидемической ситуацией изучен недостаточно. Приморский край характеризуется неблагоприятной эпидемической ситуацией с превышением показателей заболеваемости туберкулезом в 2-2,5 раза по сравнению с данными РФ [4,59; 5,70]. В Приморском крае диаскинтест внедрен с 2010 г.

Цель работы: Изучить результаты использования диаскинтеста для диагностики латентной туберкулезной инфекции в условиях неблагоприятной эпидемической ситуации по туберкулезу.

Материалы и методы:

Определение значимости диаскинтеста для диагностики раннего периода первичной туберкулезной инфекции проводилось с помощью одновременного анализа карт диспансерного наблюдения 142 детей, направленных в противотуберкулезные диспансеры в связи с положительными реакциями на туберкулин. Всем детям в условиях противотуберкулезных диспансеров проведено стандартное клинико-рентгенологическое обследование с повторным проведением внутрикожной пробы Манту с 2 ТЕ и диаскинтеста, препараты вводились в область предплечья на разных руках.

Детям с отрицательными реакциями на диаскинтест проба проводилась повторно через 2-3 месяца. Техника проведения диаскинтеста, учет и интерпретация результатов проводились в соответствии с нормативными документами [6,3]. Всем детям с гиперергическими реакциями на диаскинтест выполнялась компьютерная томография органов грудной клетки.

Для подтверждения межгрупповых различий использовалась проверка статистической гипотезы о равенстве долей в двух генеральных совокупностях (критерий Лапласа), достоверность результатов исследования определяли с 95% вероятностью безошибочного прогноза (величина р).

Результаты и обсуждение.

142 ребенка были направлены к фтизиатру по результатам проведения пробы Манту с 2ТЕ в общей лечебной сети. У 76 детей (54% случаев) предполагался ранний период туберкулезной инфекции (РППТИ), средний размер папулы составил 12 мм. Инфицированность МБТ с нарастанием чувствительности к туберкулину отмечена у 38 детей (27%), средний размер папулы -13 мм. У пяти детей (3%) установлены гиперергические реакции на туберкулин, средний размер папулы -18мм. У 14 детей (10% случаев) срок инфицирования составил более 2-х лет, средний размер папулы был 16мм. У 9 детей (6%) этиология положительной чувствительности туберкулину в условиях общей лечебной сети установлена не была, средний размер папулы у таких детей составил 8мм.

Контроль реакции Манту с 2 ТЕ, в комплексе со стандартным клинико- рентгенологическим обследованием, проведенный в противотуберкулезном диспансере, позволил подтвердить РППТИ - у 73 из 76 (51%) детей., которые были взяты на диспансерный учет в 6А группу. Инфицированность МБТ с гиперегической чувствительностью подтверждена у всех 5 детей что явилось основанием для наблюдения детей в 6Б группе диспансерного учета. Нарастание чувствительности к туберкулину подтверждено у 22 из 38 (16%) обследованных, которые были взяты под наблюдение в 6В группу диспансерного учета. Инфицированность МБТ более 2-х лет установлена в 6% случаев, данная группа детей диспансерному учету не подлежит. Доля детей, у которых этиология положительной туберкулиновой пробы установлена не была, значительно увеличилась и составила 30%, p<0,05 . Дети с не установленной причиной положительной чувствительности к туберкулину были взяты на диспансерный учет в группу 0. Следовательно, применение внутрикожного туберкулинового теста Манту с 2 ТЕ не позволяет с высокой точностью определить повышенный риск развития туберкулеза у каждого третьего ребенка.

При постановке диаскинтеста 142 обследуемым детям отрицательные реакции отмечены в 64,3% случаев (90 из 142). По данным туберкулиновой пробы Манту с 2 ТЕ, из них в 6А группу диспансерного учета было взято 56% (41 из 73) детей; 6Б группу - 20% (1 из 5) детей; в 6В группу - 63,6% (14 из 22) детей; и в 0 в ГДУ - 80,9% (34 из 42) детей. В 0 группу диспансерного учета взяты также 6 детей с сомнительными реакциями, у которых отмечена незначительная гиперемия размером 4-5 мм и 2 ребенка с положительными реакциями, у которых размер папулы не превышал 4 мм. При отрицательном результате диаскинтеста, а также детям, наблюдаемым в 0 ГДУ со слабовыраженными положительными и сомнительными реакциями, превентивная терапия не назначалась. Детям, с положительными и выраженными сомнительными реакциями, наблюдаемым в 6 группе диспансерного учета, проводилась превентивная терапия.

Через 2-3 месяца детям с отрицательной реакцией был проведен повторный диаскинтест, который подтвердил отрицательный ответ у всех детей. Повторная постановка диаскинтеста также проведена детям, наблюдаемым в 0 группе диспансерного учета, у которых отмечены слабовыраженные положительные (2 ребенка) и сомнительные (6 детей) реакции на первоначальную постановку диаскинтеста. У всех 8-ми детей диаскинтест стал отрицательным. Всем детям было продолжено наблюдение согласно диспансерным группировкам, установленным по данным пробы Манту с 2 ТЕ.

Проведенное исследование показало значимость диаскинтеста для выявления детей с повышенным риском развития локального туберкулеза и отбора контингентов для превентивной терапии. Оценка результатов реакций на пробу Манту с 2ТЕ, выявила группу детей, у которых проба Манту с 2 ТЕ не позволяет установить этиологию положительной чувствительности к туберкулину. Постановка диаскинтеста уточняет данные туберкулиновой пробы Манту с 2ТЕ и позволяет подтвердить активную туберкулезную инфекцию, требующую применения превентивной терапии, только у 36,6% детей, которые дают положительную (11,3%) или сомнительную (25,4%) реакции. В тоже время, детей с отрицательными реакциями на диаскинтест необходимо наблюдать в диспансерных группах, соответствующих показателям пробы Манту с 2ТЕ, в течение 12 месяцев с контролем диаскинтеста перед снятием с учета.

Заключение

Постановка диаскинтеста позволяет усовершенствовать диагностику латентной туберкулезной инфекции у детей и уточнить данные туберкулиновой пробы Манту с 2 ТЕ.. По данным диаскинтеста ложноположительный характер туберкулиновых реакций выявляется у 63,6%, наблюдаемых по данным туберкулиновой пробы Манту в 6в ГДУ; у 56,0% детей 6а ГДУ и у 20% детей из 6б группы ГДУ.

Литература:

1 Аксенова В.А. Туберкулез у детей и подростков: Учебное пособие.- М.: ГЭОТАР - Медиа, 2007.-269 с.

2 Киселев В.И., Северин В.С., Перельман М.И. и др. Новые биотехнологические решения в диагностике и профилактике туберкулезной инфекции // Вести НИИ молекулярной медицины -2005- Вып. 5 - С. 37-45

3 Кожная проба с препаратом «Диаскинтест»- новые возможности идентификации туберкулезной инфекции, Москва, 2011.С.14-255

4 Мотанова Л.Н., Кузнецов Е.А., Зубова Е.Д. Динамика и структура заболеваемости туберкулезом детей и подростков в Приморском крае в 2005-2009 г.г. // Туберкулез и болезни легких.- 2011. - №5 .С 59-60.

5 Мотанова Л.Н., Зубова Е.Д. Значение массовой туберкулинодиагностики в выявлении туберкулеза органов дыхания у детей различных возрастных групп // Тихоокеанский медицинский журнал. 2012. -№4. С 69-71.

6 Приказ Минздравсоцразвития России от 29.10.2009 г № 855 «О внесении изменений в приложение №4 к приказу Минздрава России от 21 марта 2003г. № 109

7 Слогоцкая Л.В., Литвинов В.И., Филиппов А.В. и др. Чувствительность нового кожного теста (Диаскинтеста) при туберкулезной инфекции у детей и подростков // Туберкулез и болезни легких.- 2010. - №1 .С 10-15.

Сущук Е.А., Колесникова И.Ю., Ивахненко И.В., Краюшкин С.И.
Волгоградский государственный медицинский университет, кафедра амбулаторной и скорой медицинской помощи.
Eugene.sushchuk@gmail.com

ОСОБЕННОСТИ ИЗУЧЕНИЯ КАЧЕСТВА ЖИЗНИ, СВЯЗАННОГО СО ЗДОРОВЬЕМ, У БОЛЬНЫХ ХРОНИЧЕСКИМИ ЗАБОЛЕВАНИЯМИ

Введение: Качество жизни, связанное со здоровьем (КЖ) является важным компонентом интегральной оценки состояния пациентов с различными заболеваниями, в первую очередь, с хроническими болезнями. Несмотря значительный прогресс в последние годы, проблема исследования КЖ у больных с хроническими заболеваниями, не имеющими тенденции к ремиссии, остается актуальной.

Цели и задачи: изучить аспекты КЖ у больных системными заболеваниями соединительной ткани (СЗСТ) и определить основные факторы, влияющие на КЖ.

Материалы и методы: в исследование было включено 129 пациентов с системной красной волчанкой (СКВ), 18 – с системной склеродермией (ССД), 12 – с полимиозитом/дерматомиозитом (ПМ/ДМ) и 25 пациентов с системными васкулитами (СВ). Возраст пациентов составлял от 15 до 69 лет, преобладали женщины (68.75%). Учитывались текущие клинические и лабораторные параметры, анамнестические данные пациентов для определения активности и повреждения, вызванного СЗСТ. Для изучения КЖ использовались опросники SF-36 и EQ-5D. Были использованы методы дескриптивной статистики, дисперсионного анализа, корреляции и регрессии, за статистически значимые принимались значения $p<0.05$

Результаты и обсуждение: Применение опросника SF-36 позволило построить «профили» КЖ на основании 8 шкал раздельно для каждой нозологии и установить, что изменения профиля КЖ по отношению к здоровым лицам характеризуются двумя основными процессами – сужением и деформацией, причем выраженность и соотношение этих процессов различается при разных заболеваниях. Так, СКВ и ССД характеризуются относительно равномерным сужением профиля КЖ, СВ – незначительным сужением и деформацией, а ПМ/ДМ – выраженным сужением и деформацией. Объяснением таких отличий могут быть различия в течении этих заболеваний. СКВ и ССД отличаются хроническим течением, и пациенты адаптируются к заболеванию, отмечая при этом снижение всех показателей КЖ. В группе СВ преобладали пациенты с геморрагическими васкулитами, которые протекают относительно доброкачественно и не приводят к необратимым повреждениям, закономерно ожидать у таких больных сохранение полноценного профиля КЖ. В то же время, некротизирующие СВ характеризуются выраженным снижением КЖ, что находит отражение в деформации профиля. Течение ПМ/ДМ, как правило, подострое, сопровождается выраженным ограничением функции из-за поражения мышц, что закономерно, приводит к выраженным изменениям в КЖ. При сравнении значений шкал опросника SF-36 между различными СЗСТ с помощью критерия Краскела-Уоллеса, были выявлены значимые различия для шкал «Физическое функционирование» ($p<0,001$), «Ролевое функционирование, обусловленное физическим состоянием» ($p<0,001$), «Общее состояние здоровья» ($p<0,001$), «Социальное функционирование» ($p<0,001$), «Ролевое функционирование, обусловленное эмоциональным состоянием» ($p<0,001$) и «Психическое здоровье» ($p=0,002$), а для шкал «Интенсивность боли» и «Жизненная активность» различия были не значимыми. Результаты сравнений между группами (критерия Даннетта T3) показали, что основная причина различий в шкалах SF-36 связаны с более низкими значениями у больных ПМ/ДМ, и, в некоторых случаях, более высокими оценками в группе больных СВ.

Результаты оценки КЖ с помощью опросника EQ-5D показали, что у большинства пациентов с СЗСТ отсутствовали проблемы с подвижностью и самообслуживанием, в то же время боль/дискомфорт и тревогу/депрессию испытывали большинство больных, что приводило к нарушению их повседневной жизнедеятельности. Были обнаружены различные сдвиги в КЖ в зависимости от нозологической формы СЗСТ: СКВ характеризовалась сохранением функций подвижности и самообслуживания, но у многих отмечался болевой синдром и нарушения эмоциональной сферы, значительно ограничивалась активность; при ССД в большей степени ограничивалась подвижность и самообслуживание, часто имел место болевой синдром, но реже выявлялись тревожно-депрессивные сдвиги; при СВ были менее выражены болевой синдром и эмоциональные нарушения; а при ПМ/ДМ в наибольшей степени ограничивались подвижность и самообслуживание. M (SD) для «термометра здоровья» EQ-5D оставили для: СКВ – 53,15 (19,16); ССД – 43,39 (6,37); СВ – 54,40 (15,63); ПМ/ДМ – 40,45 (9,07).

Корреляционный анализ продемонстрировал тесную взаимосвязь оценок КЖ, полученных с помощью общих опросников между собой: SF-36 «Физический компонент здоровья» и SF-36 «Психологический компонент здоровья» $r=0,729$; $p<0,001$; SF-36 «Физический компонент здоровья» и EQ-5D «Термометр здоровья» $r=0,589$; $p<0,001$; SF-36 «Психологический компонент здоровья» и EQ-5D «Термометр здоровья» $r=0,571$; $p<0,001$.

У больных СКВ обнаружены значимые корреляции показателей КЖ с возрастом (r=-0,293 до -0,307), продолжительностью болезни (r=-0,267 до -0,357), вариабельные корреляции с количеством обнаруживаемых критериев болезни, показателями активности СКВ – наиболее устойчивые корреляции обнаруживали показатели активности, оцененные врачом по визуально-аналоговой шкале (r=-0,185 до -0,290), корреляции максимальной интенсивности обнаружены для повреждения СКВ (r=-0,357 для SF-36 «Физический компонент здоровья»; r=-0,429 для SF-36 «Психологический компонент здоровья» и r=-0,531 для EQ-5D «Термометр здоровья»). У больных ССД была выявлена корреляция оценок КЖ EQ-5D со значениями шкалы поражения кожи Роднана (r=-0,622; p=0,006) и индексом активности ССД (r=-0,806; p<0,001). У больных СВ были выявлены корреляции SF-36 «Физический компонент здоровья» – с продолжительностью болезни (r=-0,456; p=0,022), с индексом повреждения васкулитов (r=-0,599; p=0,002); SF-36 «Психологический компонент здоровья» – с продолжительностью болезни (r=-0,473; p=0,017); EQ-5D – с индексом повреждения васкулитов (r=-0,590; p=0,002). У больных ПМ/ДМ: SF-36 «Физический компонент здоровья» – с продолжительностью болезни (r=0,762; p=0,004); SF-36 «Психологический компонент здоровья» – с возрастом пациентов (r=-0,614; p=0,034) и с продолжительностью болезни (r=0,751; p=0,005); EQ-5D– с продолжительностью болезни (r=0,626; p=0,039) и с оценкой активности болезни врачом по ВАШ (r=-0,701; p=0,016).

Регрессионный анализ, проведенный для всей группы больных СЗСТ показал, что основными факторами, определяющими оценки КЖ, являются возраст пациентов, наличие конституциональных симптомов и продолжительность болезни, причем с увеличением возраста и продолжительности страдания снижаются оценки КЖ. Для больных СКВ регрессионный анализ выявил, что основным предиктором КЖ является уровень повреждения. Для физического компонента здоровья предиктором является также усредненная активность СКВ. Следует отметить, что ни один лабораторный показатель не коррелировал с оценками КЖ, оценки КЖ являются субъективными.

Выводы: показатели КЖ при хронических заболеваниях на примере СЗСТ демонстрируют характерные изменения профилей КЖ в зависимости от нозологии, но основными факторами, определяющими снижение КЖ являются, наряду с возрастом, продолжительность болезни и выраженность конституциональных симптомов, что может объясняться доминированием повреждения в психологической компоненте оценки КЖ и доминированием активности болезни в физиологической компоненте КЖ.

Реушева С.В., Эверт Л.С., Паничева Е.С.
Сведения об авторах: Реушева С.В. – к.м.н., МБУЗ «ГКБ № 20 им. И.С. Берзона», г. Красноярск, borozdun2@mail.ru; Эверт Л.С. – д.м.н., ФГБУ «Научно-исследовательский институт медицинских проблем Севера» СО РАМН; Паничева Е.С. – к.м.н., ГБОУ ВПО «Красноярский государственный медицинский университет им. В.Ф. Войно-Ясенецкого» Министерства здравоохранения Российской Федерации

БОЛИ В СПИНЕ У ДЕТЕЙ И ПОДРОСТКОВ

Боли в спине - глобальная проблема здравоохранения, имеющая не только медицинское, но и огромное социально-экономическое значение – пандемия хронических дорсалгий, связанных с потерей трудоспособности и необходимостью высокозатратного лечения.

По данным экспертов ВОЗ, в развитых странах частота распространения боли в спине достигла эпидемического уровня, что связывают с возрастающими нагрузками на человека.

Распространенность боли в спине увеличивается с возрастом. Частота болей в спине у детей и подростков сравнительно невелика. Но частота жалоб на боли в спине существенно вырастает у старших подростков. Так, 60% студентов первых курсов жаловались на боли в спине. Боль в спине и, в частности, боль в пояснице, у старших подростков является обычным явлением. Это демонстрируется в многочисленных исследованиях. Так, в Швеции у 27% старшеклассников обнаруживается боль в спине [4]. A. Burton с соавторами, наблюдая за классом школьников в течение 4 лет, обнаружили, что боль в пояснице ежегодно встречается у 11,8% детей в возрасте 12 лет и частота ее увеличивается до 21,5% к 15 годам [5]. Распространенность боли в спине в течение жизни составила 11,6% в 11 лет и увеличивается до 50,4% к 15 годам. В течение исследования только 15,6% детей, у которых наблюдалась боль в спине, обратились за медицинской помощью.

По результатам исследований боль в спине отмечалась у 30,4% из 1242 американских подростков в возрасте от 11 до 17 лет. Треть из тех, у кого встречалась боль в спине, нуждались в ограничении активности (повседневной деятельности). За медицинской помощью обратились 7,3% [6].
В российских школах боли в пояснице беспокоили 15,77% детей [3].

Как полагали раньше, боль в спине у детей и подростков является чем-то необычным, ее не увязывали с антропометрическими параметрами и психосоматическим статусом ребенка, а рассматривали в качестве предвестника серьезной органической патологии.

На сегодняшний день возможные причины болей в спине у детей весьма разнобразны и дискурабельны. Рассматриваются такие группы факторов риска болей в спине как депрессия, стресс, сидячий образ жизни, питание, возраст, снижение изометрической выносливости мышц спины, избыточная спортивная активность, женский пол, высокорослость, снижение физической активности, низкая школьная успеваемость, повышенный вес. Так же необходимо анализировать и учитывать наличие не только психологической дисфункции и мышечного спазма, но и социальных факторов. Вероятность болей в спине в рабочих семьях, семьях с низким доходом и низкими показателями образования выше в 1,4 раза, чем в благополучных семьях. По данным исследований, психосоциальные факторы имеют более весомое значение, чем антропометрические данные. Семья, социальная среда, социальные ресурсы, эмоции и поведенческие проблемы имеют более важное значение, чем физические данные ребенка [3].

Однако следует отметить, что факторы риска остаются не до конца выявлены, и их прогностическое значение не изучено. Так, остается открытым вопрос о роли ношения школьного рюкзака на возникновение болей в спине у детей. Было показано, что боль в спине возникает, если вес рюкзака превышает 10% от веса тела. Примечательно, что ношение рюкзака через одно плечо вне зависимости от его веса не влияет на появление болей в спине [7].

Необходимо отметить, что у детей за счет высоких компенсаторных возможностей как отдельных органов, так и всего организма в целом существует тенденция к наличию боли в течение длительного времени, которая не сопровождается признаками ухудшения физического состояния, снижением обучаемости и эмоциональными нарушениями. В результате, самая большая часть популяции детей и подростков оказывается вне поля зрения, а в случае предъявления таких жалоб врачу он не в состоянии реально оценить ситуацию[2].

Результаты визуальной диагностики, осуществляемой во время профилактических и медицинских осмотров, не могут претендовать на объективность и служить основанием для планирования индивидуальных лечебно–профилактических мероприятий. А рентгеновская картина позвоночника у 14-15 летних подростков не может объяснить боли в спине, возникшие спустя 25 лет. Таким образом, до сих пор неясно, если ребенок испытывал боль в спине, связано ли это с болями в спине во взрослом возрасте. Вместе с тем, методы рентгенологической диагностики не рекомендуются для проведения массовых осмотров и динамического наблюдения детей [1].

По мнению Зыкова В.П. (2007), нельзя принять полностью оправданным попытки распространить на детей диагностические критерии взрослых, так как при этом не учитываются физиологические особенности роста детского организма. На сегодняшний день не существует единого руководства по ведению и прогнозированию болей в спине в педиатрической практике. Отсутствуют единые подходы к профилактическим мероприятиям, нет системы мониторинга за такими пациентами. Многие вопросы диагностики и лечения болей в спине не решены вовсе либо находятся на стадии обсуждения и изучения.

Таким образом, своевременная диагностика, профилактика и лечение боли в спине у детей позволит улучшить качество жизни детей и взрослого населения.

Литература:

1. Батышева, Т.Т. Современные технологии диагностики и реабилитации в неврологии и ортопедии / Т.Т. Батышева, Д.В. Скворцов, А.И. Труханов // М. : Медика, 2005. – С. 244.

2. Рачин А.П., Анисимова С.Ю. Проблема дорсалгии у детей и подростков (материалы к дискуссии) [Электронный ресурс] // Русский медицинский журнал [Офиц. сайт]. URL:http://www.rmj.ru/articles_8340.htm (дата обращения 2.10.2013).

3. Чечельницкая С.М., Делягин В.М., Котик Л.И. Синдром болей в спине как педиатрическая проблема [Электронный ресурс] // Consilium medicum [Офиц. сайт].
URL:http://conmed.ru/magazines/pediatry/2857/2855/ sphrase_id=6588 (дата обращения 2.10.2013).

4. Balague F., Dutoit G., Waldburger M. Low back pain in school children. // Scand. J. Rehabil. Med. 1988. № 20. P.175–184.

5. The natural history of low back pain in adolescents. / Burton A. [et al.] // Spine. 1996. №21. P. 2323-2328

6. The epidemiology of low back pain in an adolescent population. / Olsen T. [et al.] // Am. J. Public. Health. 1992. № 82. P. 606-608.

7. Low back pain in schoolchildren: occurrence and characteristic s./ Watson K. [et al.] // Pain 2002. №97. P.87-92.

Колосова Е.Ю.

аспирант кафедры стоматологии Института стоматологии Национальной медицинской академии последипломного образования им. П.Л. Шупика
e-mail: k_kolosova@ukr.net

ГЛЮКОКОРТИКОИДЫ В МЕСТНОЙ ТЕРАПИИ ТЯЖЕЛОПРОТЕКАЮЩИХ ФОРМ КРАСНОГО ПЛОСКОГО ЛИШАЯ СЛИЗИСТОЙ ОБОЛОЧКИ ПОЛОСТИ РТА

Красный плоский лишай является одним из самых распространённых заболеваний слизистой оболочки полости рта, о чём свидетельствуют многочисленные данные литературы [1,98;2,2;3,4;4,1]. Патогенетическими факторами заболевания являются: психоэмоциональные состояния, аутоимунные нарушения, эндокринные заболевания и др. [4,1;5,15;6,96;7,31;8,4].Определённую роль в развитии кератоза играют местные факторы (травматические воздействия. гальванические токи при наличии протезов из разнородных металлов и прочее).

Красный плоский лишай относят к факультативным предраковым заболеваниям слизистой оболочки полости рта, что требует постоянного динамичного наблюдения за этой категорией больных.

Особого внимания требуют тяжелопротекающие формы красного плоского лишая – экссудативно-гиперемическая и эрозивно-язвенная, которые доставляют больным невыносимые страдания в связи с выраженным воспалительным процессом и болевым синдромом. Боль возникает в результате активации периферических болевых рецепторов вследствие локального повреждения, вызванного травмой с воспалением и отёком тканей. С целью подавления локальной реакции организма на повреждение используются препараты, блокирующие синтез медиаторов боли и воспаления. Таковыми являются кортикостероидные препараты, которые оказывают противовоспалительное (торможение перекисного окисления липидов, стабилизация лизосомальных мембран, снижение энергообеспечения воспалительного процесса, торможение агрегации нейтрофилов и пролиферативной фазы воспаления), гипосенсибилизирующее и антиаллергическое действие.

Основываясь на вышеизложенном фактическом материале, весьма перспективным представляется изучение клинической эффективности комбинированной лекарственной терапии с использованием спрея «Ангиноваг» на основе гидрокортизона у больных экссудативно-гиперемической и эрозивно-язвенной формами красного плоского лишая слизистой оболочки полости рта.

Материал и методы

Под наблюдением находилось 28 больных красным плоским лишаём слизистой оболочки полости рта (20 мужчин и 8 женщин) в возрасте от 22 до 65 лет. Длительность заболевания исчислялась сроком от 4 месяцев до 3 лет. У 19 больных выявлена сопутствующая патология – неврозы, сахарный диабет 2 типа, хроническая патология ЖКТ (гастрит, колит).

Основную группу составили больные с тяжёлыми клиническими проявлениями красного плоского лишая: у 15 пациентов диагностировали экссудативно-гиперемическую форму заболевания, у 13 больных наблюдали эрозивно-язвенную форму.

Всем больным с красным плоским лишаём независимо от формы заболевания и сопутствующей патологии проводилось лечение системных заболеваний у соответствующих специалистов, санация полости рта, рациональное протезирование (замена некачественных протезов и ортопедичеких конструкций из разнородных металлов). Назначалось комплексное лечение с включением витамина А (внутрь и местно), витаминов группы В (В1,В6,никотиновой кислоты),глицина (поскольку превалировал неврогенный фактор),антигистаминных препаратов.

Для обработки очагов поражения мы использовали спрей «Ангиноваг», в состав которого входит гидрокортизона ацетат, лидокаина гидрохлорид, эноксолон, тиротрицин, масло ананасовое и др. ингредиенты, что объединяет в своём составе вещества противовоспалительного, анальгетического, антибактериального и антисептического действия. Фармакодинамика спрея «Ангиноваг» обеспечивает комплексную патогенетическую терапию воспалительных заболеваний слизистой оболочки полости рта. Курс лечения спреем составлял 5-7 суток. Кроме того, на поражённые участки слизистой апплицировали кератопластики (3-4 раза в сутки).

Результаты исследований

Объективный анализ результатов лечения красного плоского лишая слизистой оболочки полости рта проведён у 22 больных в сроки от 3 месяцев до 1 года. Эффективность лечения оценивали по исчезновению субъективных ощущений во рту, срокам рассасывания папулёзных высыпаний, исчезновению или уменьшению гиперемии и отёчности, эпителизации эрозивно-язвенных поверхностей, продолжительности ремиссий, нормализации общего состояния организма.

Повторному наблюдению подверглось 13 больных экссудативно-гиперемической формой и 11 человек – эрозивно-язвенной формой красного плоского лишая. У всех больных исчезли неприятные субъективные ощущения – болевой синдром, жжение, чувство стягивания, шероховатость слизистой. Нормализовалось общее состояние, проявляющееся уменьшением или исчезновением общей слабости, раздражительности, исчезли головные боли, улучшился сон.

Постепенно уменьшалась распространённость очагов воспаления. У больных экссудативно-гиперемической формой заболевания на 7-8 сутки исчезли гиперемия и отечность слизистой щёк. Значительное уменьшение количества папулёзных элементов отмечалось у 78% больных. Рецидива заболевания в этой группе мы не наблюдали.

У больных эрозивно-язвенной формой красного плоского лишая постепенно снижался болевой синдром, преимущественно к концу 2 недели боли полностью прекращались. Интенсивность воспаления и протяжённость очагов поражения уменьшились к концу 1 недели. К концу 2-3 недели нормализовался цвет слизистой, значительно сократилась численность папул, отмечена эпителизация эрозий и язв. Позитивные стабильные клинические результаты лечения отмечены у больных, не отягощённых общей патологией. Благоприятный клинический эффект получен у 67% больных. В отдалённые сроки наблюдения (через 1 год) у пациентов с позитивным клиническим результатом рецидива заболевания не наблюдалось.

Таким образом, включение в комплексную терапию больных красным плоским лишаём слизистой оболочки полости рта спрея «Ангиноваг», обладающего противовоспалительным, анальгетическим, антибактериальным действием в отличие от традиционных методов терапии, позволяет обеспечить положительную динамику регресса клинических признаков: в короткие сроки купировался болевой синдром, исчезали воспалительные явления, быстрее происходила эпителизация эрозивно-язвенных очагов, а также разрешение или уменьшение количества узелковых элементов. Стойкая клиническая ремиссия даёт основание рекомендовать спрей «Ангиноваг» в комплексной терапии больных со сложными формами красного плоского лишая слизистой оболочки полости рта в клиническую практику.

Литература

1. Данилевский Н.Ф., Леонтьев В.К.,Несин А.Ф.,Рахний Ж.И. Заболевания слизистой оболочки полости рта – ОАО «Стоматология», Москва,2001,272с.
2. Джордон Ласкарис   -   Лечение заболеваний слизистой оболочки рта.
Руководство для врачей. Медиц.информ.агенство; М.,2006,с.180.

3. Заболевания слизистой оболочки полости рта и губ у детей (под редакц. Казариновой) – Н.Новгород. Изд. НГМА,2004, - 264с.
4. Петрова Л.В. - Клиника, патогенез и лечение красного плоского лишая слизистой полости рта. Автореф. дис. докт. мед. наук, М.,2002.
5. Питерская Н.В., Шилина С.В. - Лечение красного плоского лишая слизистой оболочки полости рта с применением препарата «Тыквеол» в сочетании с излучением гелий-неонового лазера. Материалы конференции, посвящённой 75-летию Волгоградского государственного медицинского университета. Волгоград, ООО «Бланк»,2010,т.№67,248с.
6. Цветкова Л.А., Арутюнов С.Д., Петрова Л.В. и др. - Заболевания слизистой оболочки полости рта и губ.(учебное пособие).М.,Медпресс – информ,2006. - 201с.
7. Чистякова И. А. Красный плоский лишай. Consilium medicum. Дерматовенерология. 2006; 8 (1): 31—33.
8. Шумский А.В., Трунина Л.Л. - Красный плоский лишай полости рта. Монография. – Самара: ООО «Офорт». Самарский медицинский інститут. «Реавиз»,2004. – 162с.

Гладчук В. Е.
кандидат медицинских наук, Донецкий национальный медицинский университет им. М. Горького, г. Донецк, Украина

ДИФФЕРЕНЦИРОВАННЫЙ ПОДХОД К ТАКТИКЕ ЛЕЧЕНИЯ МИКОЗОВ СТОП У ГОРНЯКОВ УГОЛЬНЫХ ШАХТ

Грибковые заболевания кожи стоп (микозы) у горняков угольных шахт относятся к числу частых инфекционных дерматозов данной категории работников, сопровождающихся различными осложнениями и проводящие, нередко, к потере трудоспособности [1, 34, 35; 3, 188-190]. Условия производства на шахте способствуют возникновению микозов стоп, а факторами дальнейшего развития патологического процесса могут быть экзогенные (стрессовые ситуации), эндогенные (наличие сопутствующей патологии) и ятрогенные (неверная тактика лечения) негативные влияния [2, 1]. Это диктует необходимость тщательного дифференцированного подхода к лечению таких больных, что определено как одно из актуальных направлений соответствующего фрагмента НИР (номер госрегистрации 0208U004249) Донецкого национального медицинского университета им. М. Горького по усовершенствованию терапии микозов стоп у горняков угольных шахт Донбасса.

Цель исследования – разработать дифференцированную тактику патогенетически обоснованного лечения различных форм микоза стоп у рабочих подземных выработок (горняков) угольных шахт.

Материалы и методы. Клинически и лабораторно обследовано 403 горняка – рабочих подземных выработок угольных шахт Донбасса (мужчины в возрасте от 20 до 55 лет). У всех выявлены различные клинические проявления микоза стоп, при этом интертригинозная форма поражения кожи отмечалась у 101 (25,1%), дисгидротическая – у 94 (23,3%), смешанная – у 127 (31,5%), сквамозно-гиперкератотическая – у 81 (20,1%). Бактериологически (микроскопия материала из очага поражения кожи) и культурально (посев патологического материала на культуральную среду) диагноз микоза стоп подтвержден у всех обследованных.

Результаты и их обсуждение. У 101 (25,1%) пациента длительность заболевания составляла от 1 до 3 месяцев, у 204 (50,6%) – от 3 месяцев до 1 года, у 98 (24,3%) – от 1 года и более.

У 95 (23,6%) при культуральном исследовании выявлялся Trichophyton mentagrophytes var. interdigitale (преимущественно у бульных со сроком заболевания до 3 месяцев – у 94,1% из 101), у 308 (76,4%) – Trichophyton rubrum (преимущественно при хроническом течении микоза).

Анализ анамнестических данных свидетельствует о том, что у 275 (68,2%) больных в процессе стандартной антимикотической терапии, которая им проводилась ранее, отмечалось появление так называемых «микидов», которые локализовались вблизи и/или на отдаленных от основного очага поражения участках кожного покрова (преимущественно в виде эритематозных пятен или воспалительных папул небольших размеров, обычно сопровождающихся ощущением зуда); лабораторное исследование не выявило в области этих высыпаний патогенных грибов. При этом возникновение «микидов» большинство больных (212 – 52,6%) связывало именно с назначением местных противогрибковых препаратов, что диктовало необходимость назначения им антигистаминных и гипосенсибилизирующих препаратов, однако и их применение у 98 пациентов не оказывало позитивного эффекта, а процесс на коже (чаще – голеней) сопровождался развитием признаков экзематизации и в последующем у 45 из них – формированием микробной экземы.

Катамнестически удалось установить, что наиболее часто осложнения микоза стоп в виде клинических признаков сенсибилизации организма (микидов, экзематизации, микробной экземы) при острых формах (обусловленных преимущественно инфицированием Trichophyton mentagrophytes var. interdigitale) и хронических формах (вызванных преимущественно Trichophyton rubrum) наблюдались у больных с экссудативными проявлениями клинической картины заболевания (наличие дисгидротических пузырьков, выраженной мацерации с отслойкой эпидермиса по периферии очага поражения). Однако, развитию таких реакций у 83 (20,6%) могли способствовать и факторы, которые свидетельствовали о наличии у этой категории лиц «аллергической предрасположенности» (отмечали перенесенные в прошлом аллергодерматозы или другие «аллергозы» – бронхит с астматическим компонентом, аллергический ринит).

Зуд различной интенсивности, которым сопровождались «микиды», и расчесывание этих участков кожи, а также частые микротравматизации кожи у шахтеров способствовали появлению осложнений в виде присоединения бактериальной инфекции и развитием остеофолликулитов и/или фолликулитов (проявлений «пиогенизации» у 106 – 26,3%).

Существенные проявления расстройств психофизиологического состояния отмечали больные микозом стоп, которые подвергались факторам аварийных ситуаций на шахте (субдепрессивные и депрессивные проявления).

Факторами, которые способствовали хронизации процесса, могли стать и выявленные при объективном исследовании различные клинические проявления нарушений периферического кровообращения («мраморность» кожи, варикозное расширение вен голеней – у 134 – 33,3%), наличие сопутствующих заболеваний органов пищеварения функционального характера (синдром раздраженного кишечника, гастриты и др.) – у 152 (37,7%).

Полученные данные свидетельствуют о том, что лечение шахтеров, больных микозами стоп, требует дифференцированного подхода и в случаях склонности патологического процесса: 1) к экссудативным проявлениям – активную антимикотическую терапию проводить не следует; 2) к проявлениям «пиогенизации» – назначать иммунокоррегирующие средства; 3) к «аллергизации» организма – сочетать виды лечения, обозначенные выше (в пунктах 1 и 2); 4) при выявлении признаков нарушений периферического кровообращения и/или при наличии (в том числе – в анамнезе) фактов воздействия различных факторов аварийных ситуаций на шахте – назначать соответствующее комплексное лечение, позволяющее нейтрализовать их влияние на возможность хронизации патологического процесса и развитие психоэмоциональных расстройств.

Одним из дифференцированных подходов, который мы применяем при лечении шахтеров, больных микозами стоп в клинике профессиональных заболеваний Донецкого национального медицинского университета им. М. Горького, является назначение «детергентной» (Тирозур), «иммунокоррегирующей» (Экстра Эрбисол) и «гипербарической» терапии, позволяющей обеспечить хорошие клинические результаты, а также – профилактику осложнений и рецидивов при соблюдении индивидуализированного подхода к каждому пациенту (с учетом данных комплексного обследования).

Выводы. Воздействие неблагоприятных факторов производственного процесса, наличие сопутствующих функциональных нарушений со стороны регулирующих систем организма способствуют возникновению у шахтеров микозов стоп и развитию осложнений заболевания. Особенности течения патологического процесса диктуют необходимость дифференцированного подхода к лечению таких больных с применением средств и методов, позволяющих предупредить появление проявлений аллергизации, пиогенизации, регионарных нарушений кровообращения и интоксикации («детергенты», «иммунокорректоры», гипербарическая оксигенация).

Литература

1. Айзятулов Р. Ф. Грибковые заболевания кожи: особенности этиологии, патогенеза, клиники и лечения / Р. Ф. Айзятулов // Клінічна імунологія. Алергологія. Інфектологія. – 2007. – № 6 (11). – С. 34-42.
2. Куценко І. В. Особливості епідеміології, клініки і лікування алергодерматозів у робітників великих промислових підприємств: автореф. дис. на здобуття наук. ступеня канд. мед. наук : спец. 14.01.20 «Шкірні та венеричні хвороби» / І. В. Куценко. – Харків, 2004. – 20 с.
3. Рациональная фармакотерапия заболеваний кожи и инфекций, передаваемых половым путем: Compendium / А. А. Кубанова, А. М. Вавилов, В. А. Волнухин, А. Г. Гаджигороева [и др.]; общ. ред. А. А. Кубановой. – М. : Литтерра, 2007. – 512 с.

Коленко Ю.Г.
доцент, к. мед. наук, Национальный медицинский университет имени А.А. Богомольца
kolenko@i.ua

СТОМАТОЛОГИЧЕСКИЙ СТАТУС ПАЦИЕНТОВ СО ЗЛОКАЧЕСТВЕННЫМИ НОВООБРАЗОВАНИЯМИ ОБЛАСТИ ГОЛОВЫ И ШЕИ

Злокачественные опухоли области головы и шеи в общей структуре онкологической заболеваемости составляют 20% [1, 315]. Отличительными особенностями новообразований органов полости рта и ротоглотки является быстрый темп роста, ранее лимфогенное и гематогенное метастазирование, резистентность к различным видам лечения, высокая смертность (60-70%) [5, 1371]. Несмотря на визуальную доступность опухолей полости рта и ротоглотки более 2/3 больных к моменту постановки диагноза имеет обширный опухолевый процесс, а у 50% больных уже определяются метастазы в регионарных лимфатических узлах [6, 186]. Возможности радикального лечения этой категории больных ограничены, и даже в резектабельных случаях операция не спасает 60% пациентов от рецидивов опухоли, а у 18% – от отдаленных метастазов [2, 555]. Стремление увеличить продолжительность и качество жизни этих пациентов обуславливает необходимость использования разных методов лечения.

Большинство исследователей считают, что наиболее радикальным лечением рака орофарингеальной области остается хирургическое вмешательство [3, 122]. Однако, возможности самого радикального лечения имеют ряд серьезных ограничений, которые связаны с анатомо-физиологическими особенностями злокачественных новообразований данной области. Даже при небольших размерах опухоли необходимо совершить сложные, травматические и расширенные операции. Поэтому в последние десятилетия одним из ведущих методов лечения злокачественных новообразований орофарингеальной области считается лучевая терапия [4, 2028].

До сих пор остаются неисследованными особенности стоматологического статуса больных при раке орофарингеальной области. Именно эти факторы во многом обуславливают частоту и тяжесть осложнений специфического лечения злокачественных новообразований.

Исходя из вышеизложенного, **целью** нашего исследования было изучить стоматологический статус пациентов со злокачественными новообразованиями полости рта.

Материалы и методы.

Клинические наблюдения проведены на базе Национального института рака (Киев) в 2012 по 2013 годы. Обследовано 120 пациентов, страдающих раком областей головы и шеи, в возрасте от 21 до 82 лет.

Диагноз злокачественного новообразования ставился на основании клинических и лабораторных данных. Распространенность злокачественных опухолей обозначали символами TNM Международного противоракового союза четвертого издания 1989 года.

Клиническое обследование стоматолога включало опрос и объективное обследование. Уточняли характер профессиональной деятельности, наличие вредных привычек, аллергических реакций, сопутствующих и перенесенных заболеваний, наличие наследственных заболеваний. Перед началом осмотра у пациента удалялись съемные зубные протезы.

При осмотре полости рта соблюдалась четкая последовательность: в первую очередь осматривались губы пациента, затем оценивали состояние комиссур, слизистой щек и щечных борозд (верхней и нижней), состояние альвеолярной и маргинальной десны, язык, твердое и мягкое небо. При осмотре отмечались все изменения в челюстно-лицевой области, такие как необычная окраска (белая или красная), наличие различных патологических элементов, другие поражения лицевой области и шеи. Методом бимануальной пальпации отмечалась консистенция тканей, наличие и характер болевого синдрома. Элементы поражения (эрозивные, гиперкератотические) измерялись, рассчитывалась их площадь.

Для оценки гигиенического состояния полости рта применялся индекс Green-Vermillion (OHI-S). Наличие и интенсивность воспаления в десне оценивали с помощью индекса РМА. Поражения зубов кариесом рассчитывали по индексу КПУ. Всем пациентам определяли нуждаемость во всех видах стоматологической помощи.

Результаты исследования.

В результате исследования выявлена различная локализация поражений: рак слизистой дна ротовой полости был - у 42 пациентов (35%), рак языка - у 39 (32,5%), рак ротоглотки - у 30 (25 %), раком верхней челюсти страдали - 9 (7,5%) пациентов. Характерно, что у мужчин рак встречается почти в 5 раз чаще, чем у женщин (82,5% и 17,5% соответственно). 74,2% больных находились в трудоспособном и общественно-активном возрасте.

При обследовании пациентов большое значение уделяли выявлению местных канцерогенных факторов, таких как курение, употребление крепких спиртных напитков, механические, химические и физические травмы. В нашем исследовании курили 74 человека (61,7%). 14% больных связывают развитие опухоли со стоматологическими вмешательствами: хронической травмой, вызванной съемными протезами, некачественными мостовидными протезами, атипичным удалением зубов. В нашем исследовании информацией о предраковых заболеваниях (лейкоплакиях, гиперкератозах, длительно незаживающих язвах) обладали лишь 5%

пациентов, что, по всей видимости, отражает как уровень стоматологической помощи, так и санитарную грамотность населения.

Это подтверждается и данными о состоянии полости рта пациентов и их гигиенических навыках (таблица). В 69,2% случаев больные были не санированы и, следовательно, не подготовлены к лучевой терапии. Так как наличие воспалительных процессов в полости рта, разрушенных зубов, наличие корней, а также металлических пломб и протезов утяжеляют степень выраженности лучевых радиомукозитов слизистой оболочки и ухудшают переносимость пациентом лучевого лечения.

Таблица. Оценка гигиенических навыков пациентов и их распределение по состоянию полости рта до начала противоопухолевого лечения.

	Чистят зубы 2 раза в день	Чистят зубы 2 раза в день	Не чистят зубы	Санирована полость рта	Не санирована полость рта
Количество пациентов	74	41	2	37	83
%	64,2	34,2	1,6	30,8	69,2

Металлические протезы в полости рта, а также амальгамовые пломбы способствуют вторичной ионизации тканей полости рта. В нашем исследовании у 5% пациентов выявлены металлокерамические мостовидные протезы и одиночные коронки, 33,3% пациентов носили металлические (паяные и цельнолитые, в том числе и комбинированные) мостовидные протезы и одиночные коронки, съемные протезы были у 32,5% больных и совсем не было протезов у 29,2% (этот процент составили пациенты, которым протезы были не нужны, а также те пациенты, которым протезы были нужны, но по какой то причине они были не сделаны, либо пациенты ими не пользовались, либо протезы были изъяты стоматологами). Эти данные показывают практически отсутствие стоматологической подготовки пациентов к лечению по поводу злокачественных новообразований. Это подтверждает структура и распространенность основных стоматологических заболеваний у них. Распространенность кариеса зубов очень высокая -- 93,3%, высокий процент пораженных кариесом зубов 39,9%, процент запломбированных зубов составил 35,7%, процентный показатель удаленных зубов -- 24,7%. Выявлен генерализованный пародонтит - 39,2% , гингивит – у 8,3%. Эти данные свидетельствуют о том, что пациенты со злокачественными новообразованиями орофарингиальной области имеют неудовлетворительный стоматологический статус и требуют обязательной стоматологической подготовки до начала лечения онкологического заболевания.

На фоне выявленных заболеваний зубов и пародонта обращает на себя внимание неудовлетворительное гигиеническое состояние полости рта этих пациентов. Так ГИ до проведения санации составил 1,96 ± 0,16 (p<0,05), нуждаемость в пародонтологической помощи проанализирована по индексу CPITN, он составил 1,24 ± 0,17 (p<0,05). Полученные результаты доказывают необходимость обучения пациентов гигиене полости рта.

Заключение.
Все пациенты со злокачественными новообразованиями орофарингиальной области имеют неудовлетворительный стоматологический статус: разрушенные зубы, корни, воспалительные процессы в пародонте и слизистой, металлические коронки, обильные зубные отложения и т.д. Это утяжеляет степень выраженности лучевых радиомукозитов слизистой оболочки полости рта и ухудшает переносимость пациентом противоопухолевого лечения. Поэтому всем пациентам до проведения основного лечения необходимо проводить санацию полости рта и обучение индивидуальной гигиене полости рта как важный этап профилактики осложнений противоопухолевого лечения.

Литература

1. Bertino I., Occhini A., Falco C.E. et al. (2009) Concurrent Intra-Arterial carboplatin and ministration and radiation therapy for the treatment of advanced head and neck squamous cell carcinoma: short term results. Cancer, 9: 313–328.

2. Harrison J.S. Oral complications in radiation therapy / J.S.Harrison, R.A.Dale, C.W.Haveman et al. // Gen. Dent. - 2003. - Vol.51, № 6. - P.552-560.

3. Machtay M., Rosenthal D.I., Hershock D. (2002) Organ preservation therapy using induction plus concurrent chemoradiation for advanced resectable oropharyngeal carcinoma: a University of Pennsylvania Phase II Trial. Br. J. Oral. Maxillofac. Surg., 40(2): 122–124.

4. Rubenstein E.B. Clinical practice guidelines for the prevention and treatment of cancer therapy-induced oral and gastrointestinal mucositis / E.B.Rubenstein, D.E.Peterson, M.Schubert et al. // Cancer. - 2004. - Vol.100, № 9. - P.2026-2046.

5. Sivanandan N., Kaplan M.J., Lee K.J. et al. (2004) Long-term Results of 100 Consecutive Comprehensive Neck Dissections: Implication: Selective Neck Dissections. Arch Otolaryngol Head Neck Surg., 130: 1369–1373.

6. Zlotow J.M. Oral manifestations and complications of cancer therapy / J.M.Zlotow, A.M.Berger I I Principles and Practice of Palliative Care and Supportive Oncology / Philadelphia: Lippencoft Williams and Wilkins, 2002.-P. 182-298.

Сидельников П.В.
доцент, к.мед.наук, Институт стоматологии Национальной медицинской академии последипломного образования

ОБОСНОВАНИЕ ПРИМЕНЕНИЯ ИММУНОМОДУЛИРУЮЩЕЙ ТЕРАПИИ ПОСЛЕ ПАРОДОНТОЛОГИЧЕСКИХ ОПЕРАЦИЙ

Одной из важнейших целей лечения заболеваний пародонта является ликвидация пародонтального кармана как при локализованном, так и при генерализованном пародонтите. В комплексной терапии дистрофически-воспалительных заболеваний пародонта хирургическому лечению принадлежит существенная роль, так как в большинстве случаев только оперативное вмешательство может привести к стойкой ликвидации патологического очага в пародонтальном комплексе и способствовать приостановлению деструктивных процессов в альвеолярной кости [2, 15].

Известно, что дистрофически-воспалительный процесс в тканях пародонта, особенно при генерализованном пародонтите, запускается комплексом местных раздражающих факторов, важнейшим из которых является патогенная микрофлора и развивается на фоне сниженных защитных факторов полости рта и организма в целом [1, 39].

Успех хирургического лечения деструктивно-воспалительных процессов во многом зависит от тщательности ведения предоперационного периода, причем, ключевая роль принадлежит антибактериальному и иммуномодулирующему воздействию.

Для проведения местной специфической иммунотерапии заболеваний ротовой полости применяют препарат Имудон (Solvay Pharmaceuticals). В его состав входит смесь 14 очищенных лизатов бактерий и грибов, наиболее часто инициирующих патологические процессы в полости рта: Lactobacillus spp. (acidophilus, helveticus, lactis, fermentatum), Streptococcus spp. (pyogenes, sanquis), Enterococcus faecium, faecalis, Staphylococcus aureus, Klebsiella pneomonie, Fusiformis fus., Corynebacterium pseudodiphteriticuin, Candida albicans. Необходимо отметить также, что в состав Имудона в качестве наполнителя входит лимонная кислота, которая вызывает усиление саливации и снижение вязкости слюны. Кроме того, соль лимонной кислоты – цитрат кальция – является антикоагулянтом, что способствует улучшению микроциркуляции в воспаленных тканях, уменьшению отека и гиперемии слизистой оболочки полости рта [3, 13; 4, 21].

Установлено, что Имудон стимулирует местный иммунитет ротовой полости, а именно:
- усиливает фагоцитарную активность нейтрофилов и макрофагов;
- увеличивает содержание в слюне лизоцима;

- стимулирует и увеличивает количество антителосинтезирующих лимфоцитов;
- повышает концентрацию секреторного иммуноглобулина А;
- способствует замедлению окислительного метаболизма ПМЯЛ.

Учитывая вышеизложенное, мы поставили цель: изучить эффективность местной иммуномодулирующей терапии препаратом «Имудон» в профилактике осложнений после пародонтологических операций в ближайшие и отдаленные сроки наблюдений.

Объект и методы исследования

На протяжении 4 лет было сделано 145 хирургических вмешательств, из них 97 – по поводу локализованного пародонтита и 48 – при генерализованном пародонтите. У 97 человек в возрасте 31-45 лет с локализованным пародонтитом диагностировано по 2-3 костных кармана в области отдельно стоящих зубов, развившихся в результате функциональной перегрузки при мостовидном протезировании.

Всем пациентам проведена операция – открытый кюретаж костных карманов, костная пластика с использованием материала Bio-OSS и мембраны Bio-Gide и последующего шинирования.

В подготовительный период всем пациентам проводили профессиональную гигиену полости рта, контроль индивидуальной гигиены, выбор средств индивидуальной гигиены полости рта в зависимости от клинической ситуации. С первого дня операции назначали Найз (нимесулид) по 1 таблетке 2 раза в день, кальцемин по 250 мг с витамином С (до 2г в сутки) в течение 2 месяцев. Кроме того 36 чел получали препарат Имудон по следующей схеме: за 7 дней до начала операции по 2 таблетки 5 раз в день и после операции по 10-12 таблеток в день (за 5-6 приемов) в течение 10 дней.

Во второй группе пациентов с генерализованным пародонтитом в возрасте 25-41 г. было сделано 48 операций – открытый кюретаж с костной пластикой Bio-OSS и мембраной Bio-Gide, а также по показаниям открытый кюретаж с костной пластикой и гингивэктомией с обязательным шинированием зубов.

Все пациенты получили общее лечение:
1. Линкоцин 300мг 3 раза в день – 5-7 дней.
2. Найз 1 табл. 2 раза в день – 10 дней.
3. Поливитамины + препараты кальция (не менее 500мг в сутки).

Кроме того, 17 пациентам был назначен Имудон по схеме: за 10 дней до операции и 14 дней после операции по 12 табл. в день, рассасывать каждый час по 1 таблетке.

Результаты лечения

Ближайшие результаты постоперационного течения представлены в таблице 1, 2.

Таблица 1.

Динамика заживления ран после операций по поводу локализованного пародонтита

№ п/п	Клинические признаки	I гр 36 операций Имудон	II гр 61 операция без Имудона
1.	Постоперационный отек: - интенсивность (по 3-х бальной системе) - длительность	1,5 балла 1-2 суток	3 балла 3 суток
2.	Снятие швов	на 7-й – 8-й день	на 10-14 день
3.	Осложнения: - расхождение швов - инфицирование раны	0 0	4 чел. (6,5%) 4 чел. (6,5%)

Таблица 2

Динамика заживления ран после оперативных вмешательств при генерализованном пародонтите

№ п/п	Клинические признаки	I гр 17 операций Имудон	II гр 31 операция без Имудона
1.	Постоперационный отек: - интенсивность (по 3-х бальной системе) - длительность	2 балла 1-2 суток	3 балла 3-5 суток
2.	Постоперационный болевой синдром - интенсивность (по 5-х бальной системе) - длительность	3 балла 1 сутки	5 баллов 2-3 суток
3.	Снятие швов	спустя 7–8 дней	спустя 10-14 дней
4.	Осложнения: - расхождение швов - инфицирование раны - кровотечение	1 чел. (5%) 0 0	3 чел. (10%) 2 чел. (6%) 2 чел. (6%)

В отдаленные сроки наблюдения в течение 1 года за пациентами, получавшими Имудон, обострений патологического процесса как у больных с локализованным пародонтитом, так и при генерализованном пародонтите не выявлено. Пациенты находятся на диспансерном наблюдении и регулярно проходят превентивное лечение.

У всех пациентов рентгенологически наблюдали стабилизацию дистрофически-воспалительных процессов в альвеолярной кости, а в участках, где проводилась костная пластика отмечено восстановление высоты межзубных перегородок.

В группе пациентов с генерализованным пародонтитом, не получавших Имудон, сроки ремиссии были на 20-25% короче.

Заключение. Проведение местной иммуномодулирующей терапии с помощью препарата Имудон в предоперационном периоде и на этапе заживления ран при пародонтологических операциях способствует сокращению сроков заживления раневой поверхности, снижает интенсивность воспалительного процесса и стимулирует процессы регенерации альвеолярной кости. Иммуномодулирующая терапия препаратом Имудон – важное звено в профилактике осложнений после пародонтальных операций.

Литература

1. Данилевский Н.Ф., Борисенко А.В., Сидельникова Л.Ф. и др. Терапевтическая стоматология. Том 3. – К., «Медицина». – 2010. – 604 с.
2. Курякина Н.В., Алексеева О.А. Хирургические вмешательства на тканях пародонта. -- Москва, Мед. Книга. – 2004. -- 153 с.
3. Сидельникова Л.Ф., Коленко Ю.Г., Линовицкая О.В., Ткаченко А.Г. Влияние препарата «Имудон» на стабилизацию патологического процесса в пародонте при лечении генерализованного пародонтита. -- Современная стоматология, 2003. -- №3. – С. 13-18.
4. Чумакова Ю.Г., Запорожец Н.Н. Оценка эффективности применения препарата «Имудон» у больных с воспалительными заболеваниями пародонта. -- Современная стоматология, 2002. -- №2. – С. 21—26.

Гороть И.В.
ст. лаборант, соискатель кафедры радиологии и радиационной медицины Национального медицинского университета имени А.А. Богомольца.
sirinagas@ukr.net

Ткаченко М.Н.
заведующий кафедрой радиологии и радиационной медицины Национального медицинского университета имени А.А. Богомольца, д.мед.н. профессор.
mtkachenkodeprad@mail.ru

Поперека Г.М.
к.мед.н. доцент кафедры радиологии и радиационной медицины Национального медицинского университета имени А.А. Богомольца.

УЛЬТРАСТРУКТУРНАЯ ОРГАНИЗАЦИЯ ВОРОТНОЙ ВЕНЫ В УСЛОВИЯХ ДЕЙСТВИЯ НИЗКИХ ДОЗ РАДИАЦИИ

Цель наших исследований состоит в определении ультраструктурных изменений воротной вены мышей линии BALB/с в условиях постоянного действия низких доз радиации Чернобыльской зоны отчуждения. Ранее нами было показано изменение ультраструктурной организации кардиомиоцитов и эндотелия аорты в условиях действия низких доз радиации [2, 37-40; 3, 73-76], а также был изучен метаболизм реактивных форм кислорода и азота в этих условиях в органах сердечно-сосудистой системы [4, 55-68; 5, 107-121].

Исследования проводились на мышах радиочувствительной линии BALB/с [1, 180] массой тела 20-22 г, которые были распределены на две группы: 1 группа (контроль) – 6 мес животные, которые родились и прожили свою жизнь в условиях естественного радиоактивного фона киевского вивария; 2 группа – животные, которые родились и на протяжении всей жизни находились в зоне отчуждения (лаборатория экспериментальной радиобиологии и средств радиозащиты Института проблем безопасности атомных электростанций НАН Украины, г. Чернобыль).

В лаборатории электронной микроскопии Института проблем патологии Национального медицинского университета имени А.А. Богомольца изготовляли ультратонкие срезы воротной вены на ультратомах *"Reichard" (Австрия)* и *LKB-III (Швеция)* и изучали их под электронным микроскопом *ПЕМ-125К ("Selmi", Украина)*.

Электронномикроскопические исследования воротной вены мышей линии BALB/с показали, что в эндотелии наблюдаются гетероморфные повреждения структуры. Рядом с неизмененными, или мало измененными эндотелиоцитами, отмечаются такие, в которых имеется локальный лизис плазматической мембраны или отслаивание эндотелия от базальной мембраны (рисунок).

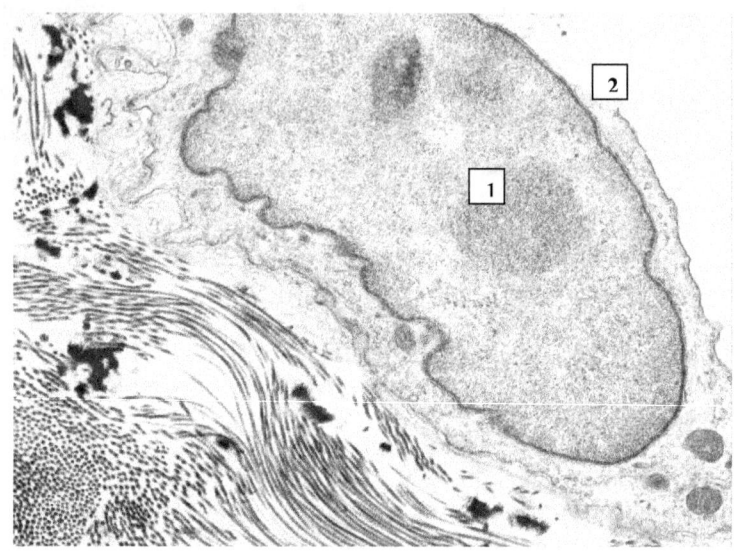

Рис. Воротная вена мышей линии BALB\c после пребывания в Чернобыльской зоне отчуждения: эндотелиоциты (1), локальный лизис плазматической мембраны (2). Ув.: 8 400.

Невзирая на небольшие локусы лизиса мембраны, в таких клетках хорошо сохранены органеллы общего назначения: гранулярная и гранулярная эндоплазматическая сетка, комплекс Гольджи, митохондрии. В некоторых клетках излишне развиты элементы цитоскелета – микрофиламенты. В эндотелии сохранены и микропиноцитозные пузырьки, которые являются структурным эквивалентом трансэндотелиального переноса веществ, а также тельца Вейбеля-Паладе, которые содержат большое количество биологически активных веществ, в первую очередь фактор VIII системы свертывания крови. Для клеток с незначительными и более выраженными изменениями характерным является увеличение размеров ядрышек и маргинально размещенного гетерохроматина. В некоторых ядрах наблюдаются выпячивания ядерной мембраны с таким хроматином в цитоплазму. Другая часть клеток имеет достаточно глубокие инвагинации ядерной оболочки, которая способствует фрагментации ядер. Такое состояние эндотелиоцитов может свидетельствовать об их избыточной метаболической активности. В подэндотелиальном слое размещены коллагеновые, эластические волокна, фибробласты и малодифференцированные клетки. Обычно преобладают коллагеновые волокна, но следует отметить, что наблюдается интенсивное образование эластических волокон. Практически во всех углублениях плазматической мембраны фибробластов находятся скопления эластических волокон, это отмечается и в отростках фибробластов.

В мышечной оболочке воротной вены гладкомышечные клетки существенно изменены, что связано с гомогенизацией содержимого цитоплазмы, резким уменьшением органелл, вплоть до полного их отсутствия. Ядра таких клеток подлежат деструкции, а около них определяются вакуоли, как результат дегенеративных изменений органелл. В некоторых клетках такое состояние свидетельствует о разных стадиях, которые предшествуют апоптозу.

Таким образом, проведенное электронномикроскопическое исследование свидетельствует о значительной активации метаболических процессов в эндотелиоцитах и интенсивном образовании эластических волокон в тканях воротной вены в условиях постоянного действия низких доз радиации Чернобыльской зоны отчуждения.

Литература

1. Бландова З.К., Душкин В.А., Малашенко А.Н. и др. Линии лабораторных животных для медико-биологических исследований. - М.: Наука, 1983. – 180 с.
2. Гороть И.В., Ткаченко М.Н. Кардиотоксическое действие низких доз радиации в условиях Чернобыльской зоны отчуждения. Материалы международной научно-практической конференции «Академическая наука – проблемы и достижения» 30-31 января 2013 г. Москва. CreateSpace 4900 LaCross Road, North Charleston, SC, USA 29406, 2013. – С. 37-40.
3. Гороть И.В., Ткаченко М.Н. Влияние низких доз радиации на реактивность и ультраструктурную организацию аорты. Материалы международной научно-практической конференции «Наука в современном информационном обществе» 3-4 апреля 2013 г. Москва. CreateSpace 4900 LaCross Road, North Charleston, SC, USA 29406, 2013. – С. 73-76.
4. Tkachenko M.N., Kotsjuruba A.V., Bazilyuk O.V., Gorot I.V., Sagach V.F. Peculiarities of changes of vascular reactivity and reactive form of oxygen in conditions of varying duration of permanent stay in the Alienation zone // International Journal of Physiology and Pathophysiology. – 2011. – 2, № 1. – P. 55-68.
5. Tkachenko M.N., Kotsjuruba A.V., Bazilyuk O.V., Gorot I.V., Remennik O.I., Sagach V.F. Vascular reactivity and metabolism of the reactive form of oxygen and nitrogen; effects of low doses of radiation // International Journal of Low Radiation. – 2011. – 8, № 2 – P. 107-121.

Борисенко А.В.
профессор, доктор медицинских наук,
кафедра терапевтической стоматологии Национального медицинского
университета имени А.А.Богомольца
Киев, Украина
Григ Н.И.
ассистент, кандидат медицинских наук,
кафедра терапевтической стоматологии Национального медицинского
университета имени А.А.Богомольца
Киев, Украина
grig.natalia@gmail.com

ДИАГНОСТИКА ХРОНИОСЕПТИЧЕСКОГО СОСТОЯНИЯ ОРГАНИЗМА НА ЭТАПАХ КОМПЛЕКСНОГО ЛЕЧЕНИЯ БОЛЬНЫХ ГЕНЕРАЛИЗОВАННЫМ ПАРОДОНТИТОМ

Перспективным направлением научных исследований в медицине является определение роли генерализованного пародонтита (ГП) в развитии хрониосептического состояния организма и влияния эндотоксемии на течение данного заболевания [3, 117-160; 7, 3-12]. Особенно актуален данный вопрос при планировании пародонтальной хирургии: скрытая токсемия оказывает усугубляющее воздействие на течение патологического процесса в тканях пародонта, что может привести к ряду осложнений при хирургическом лечении ГП [2, 14-18; 4, 20-22; 8, 129-130]. Таким образом, определение и оценка степени эндогенной интоксикации организма, на этапах комплексного лечения ГП, позволит своевременно выявить факторы риска развития осложнений в процессе лечения и устранить их.

Одним из способов оценки уровня эндогенной интоксикации является определение «молекул средней массы» (МСМ) [5, 41-44; 6, 43-50]. Накапливаясь в организме, эти маркеры эндоинтоксикации в дальнейшем ухудшают течение патологического процесса, приобретают роль вторичных токсинов, негативно влияют на жизнедеятельность всех органов и систем. Установлено повышение уровня МСМ в биологических жидкостях (кровь, слюна, моча) при различных патологических состояниях [1, 11-13; 6, 43-50].

Учитывая вышеизложенное, была поставлена **ЦЕЛЬ** провести определение и оценку динамики уровня среднемолекулярных пептидов ротовой жидкости, как интегративного показателя хрониосептичного состояния тканей пародонта и организма в целом, на этапах комплексного лечения генерализованного пародонтита.

МАТЕРИАЛ И МЕТОДЫ ИССЛЕДОВАНИЯ

Обследовано 110 больных ГП I (49) и ГП II (61) степени (ст.) хронического течения, в возрасте 21-40 лет, из них мужчины составили

35,2%, женщины 64,8%. На момент обследования у них отсутствовали общесоматические заболевания в стадии обострения.

Всем пациентам проведено клинико-лабораторное и рентгенологическое обследование согласно Протоколам оказания медицинской помощи по специальности «Стоматология терапевтическая», МОЗ Украины, 2007.

До начала исследования все больные обучены методикам рациональной гигиены полости рта; проведен контроль ее эффективности индексным методом. Проведена профессиональная гигиена, избирательное пришлифовывание зубов и санация полости рта. Медикаментозная терапия назначена в зависимости от клинического статуса и результатов лабораторных исследований. По показаниям проведено хирургическое лечение ГП. При наличии общесоматических заболеваний проведено их лечение специалистами соответствующего профиля.

Уровень МСМ определен при первичном обследовании, после проведения консервативной терапии и после хирургического лечения.

МСМ исследованы в ротовой жидкости экспресс-методом по модифицированной методике Н.И. Габриэлян и соавт. [9, 3-9].

РЕЗУЛЬТАТЫ ИССЛЕДОВАНИЯ И ЛЕЧЕНИЯ

Изучен уровень МСМ в ротовой жидкости у 80 практически здоровых лиц с клинически здоровыми тканями пародонта в возрасте 19-35 лет и у 110 больных ГП.

В результате исследования установлено различие уровней МСМ в ротовой жидкости у практически здоровых лиц и больных ГП. Показатель МСМ у практически здоровых лиц в среднем составил 259,6±5,50 опт. ед., при ГП I ст. - 301,75±4,82 опт. ед., при ГП II ст. - 355,3±8,8 опт. ед. Различие статистически достоверно ($p<0,05$). Выявлена корреляция ($\tau=0,72$) уровня МСМ со степенью развития ГП, и соответственно, уровнем разрушения тканей пародонта.

Проведенное комплексное лечение ГП, помимо угнетения воспалительно-дистрофического процесса в тканях пародонта, оказало выраженный оздоровительный эффект на общее состояние организма. Так, уже после проведения первого этапа лечения - фазы I, направленной на устранение воспалительных явлений в тканях пародонта, отмечено достоверное снижение уровня МСМ: при ГП I ст. до 274,1±5,31 опт. ед., при ГП II ст. до 355,3±8,8 опт. ед.. После хирургического лечения ГП уровень показателя эндогенной интоксикации существенно снизился, составил 249,7±5,43 опт. ед. при ГП I ст., 225,0±4,9 опт. ед. при ГП II ст. и достиг показателей практически здоровых лиц с клинически здоровыми тканями пародонта.

Анализируя результаты исследования, можно утверждать, что наличие патологического процесса в пародонте оказывает значительное влияние на общее состояние организма. Повышенный уровень МСМ у больных ГП свидетельствует о наличии интоксикации, выраженность которой коррелирует (τ=0,72) со степенью развития патологического процесса в пародонте.

Снижение содержания МСМ в ротовой жидкости после консервативного лечения свидетельствует об уменьшении количества токсичных продуктов нарушенного обмена белков, проявлений альтеративных и экссудативных процессов, развивающихся у больного ГП. Обращает внимание незначительное снижение количества МСМ после проведения фазы I в комплексном лечении ГП II ст., что подчёркивает недостаточный детоксикационный эффект традиционной консервативной терапии. Это подтверждает необходимость применения хирургических методов лечения и дополнительной сорбционно-детоксикационной терапии.

СПИСОК ЛИТЕРАТУРЫ

1. Афанасьева А.Н. Сравнительная оценка уровня эндогенной интоксикации у лиц разных возрастных групп // Клин. лаб. диаг. - 2004.- № 6.-С. 11-13.
2. Бадаинов О.В. Современные представления о патогенезе эндотоксикоза посттравматического генеза / О.В. Бадаинов, В.Д. Лукъянчук, Л.В. Савченкова // Частные проблемы токсикологии. – 2003. – №4. – С. 14-18.
3. Захворювання пародонта / М.Ф. Данилевський, А.В. Борисенко, А.М. Політун [та ін.]. – К. : Медицина, 2008. – 614 с.
4. Кирпичников М.В. Комплексная диагностика эндогенной интоксикации у больных хроническими и атипично текущими гнойно-воспалительными заболеваниями лица и шеи / Кирпичников М.В., Ярыгина Е.Н. // Мед. алфавит : Стоматология. – 2008. – №2. – С. 20–22.
5. Кишкун А.А. Значение средних молекул в оценке уровня эндогенной интоксикации (обзор литературы) / А.А. Кишкун, А. С. Кудинова, А.Д.Офитова // Военно-мед. журнал. – 1990. – № 2. – С. 41–44.
6. Малахова М.Я. Методы верификации донозологических состояний организма / М.Я. Малахова, О.В. Зубаткина // Эффер. терапия. – 2006. – №1. – С. 43–50.
7. Овруцкий Г.Д. Хронический одонтогенный очаг / Овруцкий Г.Д. – М. : Медицина, 1993. – 144 с.
8. Ситева Е.Н. Клиническая диагностика уровня эндогенной интоксикации у больных травматическим остеомиелитом нижней челюсти / Ситева Е.Н., Кирпичников М.В. // Вестник РГМУ. – 2007. – №2 (55). – С.129–130.
9. Скрининговый метод определения средних молекул в биологических жидкостях: Метод рекомендации / Габриэлян Н.И., Левицкий Э.Р., Дмитриев А.А. и др. - М., 1985. - 18 с.

Нигматуллина И.А.
к.п.н., доцент кафедры специальной психологии и коррекционной педагогики Института педагогики и психологии К(П)ФУ
Николаева О.В.
учитель-логопед I квалификационной категории МОБУ СОШ № 31 г. Таганрога Ростовской области

ИНФОРМАЦИОННЫЕ КОМПЬЮТЕРНЫЕ ТЕХНОЛОГИИ КАК ЭФФЕКТИВНОЕ СРЕДСТВО ИНТЕРАКТИВНОГО ОБУЧЕНИЯ ДЕТЕЙ МЛАДШЕГО ШКОЛЬНОГО ВОЗРАСТА С РЕЧЕВЫМИ НАРУШЕНИЯМИ

Приоритетным направлением реформирования современной системы российской системы школьной системы образования является общекультурное, личностное и познавательное развитие учащихся. В практику современной школы прочно вошли новые федеральные государственные стандарты, которые предполагают развитие у младших школьников ключевых компетенций, составляющими основу умения учиться. Данные стандарты, предъявляя достаточно серьезные требования к уровню обученности младших школьников, предполагают приобретение социальных компетенций, предполагающих развитие мотивов учебной деятельности, формирование личностного смысла учения, развитие навыков сотрудничества со взрослыми и сверстниками. В стандартах выделены также метапредметные результаты освоения программы. К ним относятся: овладение способностью поиска средств осуществления учебной деятельности, освоение способов решения проблем творческого и поискового характера, использование знаково-символических средств представления информации, использование речевых средств и средств информационных и коммуникационных технологий для решения коммуникативных и познавательных задач [1].

В настоящее время в жизнь современной школы прочно вошли компьютерные информационные технологии, значение использования которых в процессе обучения трудно переоценить. Остановимся подробнее на сущностных характеристиках информационно-компьютерных технологий, которые развивают идеи программированного интерактивного обучения, открывают инновационные технологические варианты обучения, связанные с уникальными возможностями современных компьютеров и телекоммуникаций. Если рассматривать, что педагогическая технология - это совокупность знаний, форм, методов, приемов, процессов, направленная на достижение цели, это система профилактики затруднений и рациональной образовательной работы с учащимися. Тогда информационно-компьютерная технология (ИКТ), как часть педагогической технологии, рассматривается нами как совокупность форм, методов, приемов и процессов обучения, включающих подготовку и передачу информации обучаемому, посредством компьютера. В образовательном процессе ИКТ рассматривается как проникающая технология, применяющаяся в процессе изучения отдельных тем, разделов образовательной программы, для наиболее эффективного решения дидактических задач обучения. Инновационной сущностью данной технологии является: ее управляемость, лабильность, адаптивность, вариативность, многоплановость применения при обучении различных категорий учащихся. Предполагает диалоговый характер обучения, включающий следующие типы взаимодействия: субъект - объект, субъект - субъект, объект - субъект, а также оптимальное сочетание фронтальной и индивидуальной форм организации обучения. Ее цель: подготовка личности к успешной социализации в современном «информатизационном обществе». Данная цель направлена на решение следующих задач: формирование умений работать с информацией, развитие коммуникативных способностей, формирование исследовательских умений, умений принимать наиболее рациональные, оптимальные решения.

Констатируя вышеизложенное, необходимо отметить, что информационно-компьютерная технология является интерактивной, так как осуществляется в режиме диалога ученика и учителя, с целью обмена информацией между ними и позволяет управлять процессом обучения, с помощью интерактивных средств, обладающих способностью «откликаться» на действия ученика и учителя, «вступать» с ними в диалог.

Использование информационных компьютерных технологий (ИКТ) в практике работы школьного логопеда позволяет не только разнообразить логопедические занятия, оформить ярко и наглядно основные этапы работы на занятии, придать логопедическим упражнениям интерактивность. ИКТ стимулирует учащихся на выполнение сложных заданий, позволяет развивать, отрабатывать и закреплять речевые навыки в процессе выполнения определенных упражнений, воспитывает умение довести выполнение задания или игру до конца, а также позволяет логопеду корректно оценить работу учащегося, указать на ошибки и создать ситуацию успеха на занятии.

Информационные компьютерные технологии широко используются не только при проведении логопедических занятий в виде обычных компьютерных презентаций. Наш опыт работы показывает, что использование ИКТ в логопедической работе возможно при организации внеклассных мероприятий в рамках информационных познавательных проектов, которые предполагают стимулирование детей к поиску информации по теме проекта, создание и проведение интерактивных викторин, заочных путешествий, КВНов. Примером такого использования компьютерных технологий может послужить цикл занятий «Работа со словарным словом» (слова «рябина», малина», «земляника»). На занятиях данного цикла с использованием ИКТ учащиеся начальной школы, знакомясь со словарным словом, развивают все стороны речи: закрепляют умения звукобуквенного и слогового анализа и синтеза слова, самостоятельно придумывают и разгадывают кроссворды и ребусы, совершенствуют грамматический строй речи, придумывая словосочетания и предложения с заданным словом, обогащают словарный запас, осуществляя поиск стихотворений и других литературных источников в библиотеках или в Интернете по теме занятия, учатся работать со словарями. На занятиях учащиеся работают с деформированными предложениями и текстами, сочиняют небольшие рассказы и сказки, придумывают синквейны, совершенствуя таким образом связную речь.

Младшие школьники проявляют интерес к занятиям, которые проводятся в форме аукционов, брейн-рингов, а также с удовольствием выполняют задания любой сложности на интерактивной доске. Логопедические упражнения, которые мы предлагаем младшим школьникам на данных занятиях, разнообразны: работа с деформированными словами и предложениями, перевернутыми словами, буквами, зашумленными изображениями и др. Используя возможности интерактивной доски, младшему школьнику на логопедических занятиях можно самостоятельно печатать, писать прописными и печатными буквами, рисовать, конструировать и даже создавать интерактивные мини-игры сюжетного содержания.

В настоящее время актуальны логопедические занятия с использованием ИКТ, на которых дети могут работать не только коллективно, но и индивидуально, используя электронные образовательные ресурсы (ЭОРы), обогатить и проверить свои знания по русскому языку. Мы предлагаем детям интерактивные игры, тесты, викторины, ребусы и кроссворды.

Таким образом, используя возможности интерактивной доски и мультимедийной презентации, мы ставим задачи развития не только всех сторон речи учащихся, но и задачи развития логического мышления, памяти, внимания, зрительного восприятия.

Отметим, что использование ИКТ на логопедических занятиях способствует формированию универсальных учебных действий, развивают основную ключевую компетенцию младших школьников, как умение учиться, а также способствуют развитию мотивов учебной деятельности и формирования личностного смыла учения.

Литература:

1. Федеральный государственный образовательный стандарт начального общего образования/М-во образования и науки Рос. Федерации. – М.: Просвещение, 2010. – С. 4-9.

Зенова Е.С.
заместитель директора Программы «Топ-менеджер» Master of Business Administration, Исполнительный директор центра «Финансы и страхование» ФГБОУ ВПО «Российская академия народного хозяйства и государственной службы при Президенте РФ»

РАЗВИТИЕ ТВОРЧЕСКОГО МЫШЛЕНИЯ КАК ОДИН ИЗ ВАЖНЕЙШИХ АСПЕКТОВ СОВРЕМЕННОГО ОБРАЗОВАНИЯ

Современное образование за последние годы претерпело несколько значительных изменений. Наряду с новыми требованиями к преподаванию дисциплин, в процесс обучения прочно вошли использование on-line тестирований, видеотрансляций и работа в интернет-пространстве. Безусловно, интернет является кладезем полезной и другой информации и способствует быстрому её нахождению. Однако, в последнее время в среде студентов отчётливо наблюдается тенденция подмены собственных умозаключений и выводов материалами всемирной паутины. Причём, основная масса студентов считает, что самостоятельно ничего лучше найденного создать нельзя. Пользование подобными благами цивилизации часто оборачивается для обучающихся «гаджитозависимостью». Сейчас среднестатистический студент уже не представляет себе сдачу зачёта или экзамена без смартфона, планшета или ноутбука, не говоря уже о написании реферата или курсовой работы. Наряду с привычкой, не думая получать готовый материал, развивается и «клиповое мышление» - так сказать, выхватывание информации, чаще образной, из всей предоставленной интернет-ресурсами. Подобная «быстрота» восприятия информации не гарантирует правильности её понимания и воспроизведения студентом. Чаще всего, студент выдаёт на поставленный вопрос несвязанные отрывки различных материалов или информацию из непроверенных, неофициальных интернет-источников, что не может способствовать повышению уровня его познаний.

К сожалению, зачастую сама общепринятая система образования не способствует развитию познавательных способностей. Типичность системы обучения, основанной на заучивании фактов, а не на предоставлении ученикам возможности получать знания через собственный опыт, не даёт необходимых навыков. При традиционных формах обучения, человек, приобретая и усваивая некоторую информацию, становится способен воспроизвести указанные ему способы решения задач, доказательства теорем и т.п. Однако он не принимает участия в творческом поиске путей решения поставленной проблемы и, следовательно, не приобретает и опыта такого поиска. Чем больше подлежащая решению проблема отличается от знакомой, тем труднее для обучающегося сам процесс поиска, если он не имеет специфического опыта. Поэтому нередки случаи, когда выпускник средней школы, успешно овладевший материалом школьной программы, не справляется с конкурсными экзаменационными задачами в ВУЗе, построенными на том же материале, поскольку они требуют нестандартного подхода к их решению [1,27]. Для профессионального и личностного роста студента гораздо более ценно не содержание знаний, а сам процесс мозговой деятельности по их усвоению. Мерой восприятия в данном случае становится обучаемость личности, т.е. способность человека научиться чему-либо. Обучаемость, пожалуй, играет главную роль в начале трудовой деятельности молодых специалистов.

В этой связи, развитие творческого мышления может рассматриваться как один из основополагающих механизмов такого типа обучения, которое направленно не на простое запоминание информации, а на постановку проблемы и поиск её решения. Мышление, воплощаясь в творческом процессе, выступает новой силой, которая совершенствует среду, приводя её в новое качественное состояние. Она обретает способность вырабатывать новые идеи, подходы, инструментарий и др. [3,291]. Разница между развитием творческого подхода к решению задач и предоставлением свободного пользования открытыми источниками как между помощью в понимании задачи и подсказкой готового ответа.

Кроме того, в перечне обязательных осваиваемых компетенций студента Федеральных государственных образовательных стандартов (ФГОС-3) первым же пунктом значится: владение культурой мышления, способность к обобщению, анализу, восприятию информации, постановке цели и выбору путей ее достижения (ОК-1) [2,3]. Важно понимать, что овладение компетенцией предполагает проникновение в саму суть полученных знаний, превращает их в умение, навык и порождают чувство ответственности за применение полученных знаний.

Перед преподавателями ставится теперь несколько иная задача, чем простое изложение материала, предлагая готовые результаты. Наряду с такими мерами, как отслеживание имеющихся интернет-материалов, проверка работ на плагиат, запреты, глушители мобильных телефонов и т.д., педагог должен наделить студента полезными для человека качествами и свойствами, научить студента мыслить самостоятельно, постоянно разрабатывая новые нетривиальные задания, которых нет во всемирной паутине, что в свою очередь, тоже требует творческого подхода, стойкость характера в преодолении трудностей. Таким образом, преподаватель обеспечит студенту прочную основу для решения любой сложной профессиональной или жизненной ситуации, придаст уверенности в собственных силах и импульс для дальнейшего развития.

В контексте данных размышлений, можно предложить следующие педагогические рекомендации, способствующие выработке у студентов критического, творческого мышления:
- занятия должны базироваться, в первую очередь, на принципе создания диалога со студентами;
- провоцировать дискуссии по спорным вопросам,
- увеличивать процент занятий, проходящих в интерактивных формах,
- периодически подвергать сомнению «очевидные истины»,
- просить студентов описывать услышанное, увиденное;
- учить сравнивать и сопоставлять сходства и различия;
- научить наблюдать, видеть и замечать происходящее;
- научить определять и доказывать существование чего-либо;
- научить проводить ассоциации;
- научить делать выводы на основе имеющейся информации;
- научить анализировать процессы, несущие информацию о прошедшем;
- прогнозировать, влияние на настоящее и будущее;
- в качестве текущего (промежуточного) контроля прибегать к написанию эссе.

Литература

1. Зенова Е.С. Вопросы экономических наук, №6, 2012г.
2. Приказ № 747от 21 декабря 2009 г. Об утверждении и введении в действие государственного образовательного стандарта ВПО по анправлению подготовки 080100 «Экономика» (степень «Бакалавр»).
3. Шубаева В.Г. Формирование и управление развитием творческого потенциала предпринимательских структур, СПб., 2008 г.

Меркулова Е.С.
магистр ЧГПУ
Щербак С.Г.

МОДЕЛЬ ПСИХОЛОГО – ПЕДАГОГИЧЕСКОГО СОПРОВОЖДЕНИЯ ДЕТЕЙ МЛАДШЕГО ШКОЛЬНОГО ВОЗРАСТА С ФОНЕТИКО-ФОНЕМАТИЧЕСКИМ НЕДОРАЗВИТИЕМ РЕЧИ В УСЛОВИЯХ ОБЩЕОБРАЗОВАТЕЛЬНОЙ ШКОЛЫ

Нарушение фонетико – фонематического недоразвития речи является одной из самых актуальных проблем школьного обучения, поскольку фонематическое восприятие является одним из средств получения знаний.

Значимым является и то, что с сентября 2011 года в силу вступил новый государственный стандарт образования второго поколения (ФГОС), который предъявляет к ученику новые требования.

Главный смысл разработки Федеральных государственных образовательных стандартов второго поколения (ФГОС) заключался в создании условий для решения стратегической задачи развития российского образования – повышения качества образования, достижения новых образовательных результатов. Иначе говоря, ФГОС предназначен не для фиксации состояния образования, достигнутого на предыдущих этапах его развития, а ориентирует образование на достижение нового качества, адекватного современным (и даже прогнозируемым) запросам личности, общества и государства. Ориентировка обучения только на формирование у младших школьников знаний – умений, связанных с освоением учебного предмета, не может привести к серьезным результатам в развитии личности ученика; необходимо, чтобы в поле зрения учителя постоянно находилась деятельность, которой занимается ребенок, – ее цель, мотив, конкретные учебные действия и операции. Только в этом случае учащийся становится активным участником деятельности или, как говорят психологи, ее субъектом.

В ФГОС раскрываются те универсальные учебные действия, которые должны формироваться у современного школьника, чтобы достичь главной цели образования по стандарту второго поколения, а именно научить ребенка учится. Достижение этой цели обеспечит успешную социализацию ребенка в общество.

Большой проблемой в настоящее время является то, что количество детей с органической патологий возрастает с каждым годом. Потребность в специальной коррекционной помощи (в том числе и логопедической) повышается, начиная с раннего возраста и на протяжении начальной школы.

Трудности, с которыми сталкиваются дети с проблемами в речевом развитии, настолько серьезны, что для многих становятся труднопреодолимыми или непреодолимыми вообще

Поэтому вопросы психолого-педагогического сопровождения становятся основополагающими в жизни этих детей и эти дети должны находиться в поле зрения психолого-педагогического сопровождения, в котором учитываются их психологические и физические особенности и возможности Сама идея сопровождения неразрывно связана с ключевой идеей модернизации современной системы образования, а именно: в системе образования должны быть созданы условия для развития и самореализации любого ребенка, при этом полноценное развитие личности должно стать гарантом социализации и благополучия.

Э.Ф. Зеер, Е.В. Бондаревская, С.В. Кульневич, а вслед за ними и Н.М. Борытко рассматривают психолого – педагогическое сопровождения отдельно со стороны психологического феномена и отдельно со стороны педагогического феномена.. Основной контингент детей с нарушением речи в общеобразовательных учреждения- дети с ФФН речи.

Т.Б. ФИЛИЧЕВА РАССМАТРИВАЕТ Фонетико-фонематическое недоразвитие речи (Ф ФНР) — это нарушение процесса формирования произносительной системы родного языка у детей с различными речевыми расстройствами вследствие дефектов восприятия и произношения фонем. Следует подчеркнуть, что ведущим дефектом при ФФН речи является несформированность процессов восприятия и восприятия звуков речи. По данным Р. Е. Левиной в последние годы все чаще выявляются дети, у которых произношение звуков исправлено в процессе краткосрочных логопедических занятий, но не скорригировано фонематическое восприятие.

М. Р. Битянова рассматривает организацию психолого – педагогического сопровождения детей в условиях общеобразовательного учреждения с нормой в речевом развитии. Л. М. Шипицина рассматривает организацию психолого – педагогического сопровождения детей с речевыми нарушениями в условиях специального (коррекционного) учреждения. Основываясь на анализе литературы мы пришли к выводу, что для детей с нарушением речи, обучающихся в условиях общеобразовательного учреждения, нет комплексного психолого – педагогического сопровождения. С этой целью мы разработали этапы сопровождения ребенка с ФФН речи в образовательной среде школьного учреждения.

Первый этап - подготовительный. Административная группа службы совместно с администрацией школьного учреждения обеспечивают нормативно-правовые, экономические, материально-технические, научно-методические, социально-психологические и другие условия, необходимые для организации процесса сопровождения.

Второй этап - психолого-педагогической диагностики. Считаем, что в данный этап необходимо включить предварительную психологическую диагностику учащихся с речевыми проблемами, которая будет служить основанием для педагогической диагностики.

Третий этап - аналитический. Включает в себя анализ полученной информации и совместный поиск специалистами сопровождения причин возникновения данных проблем и их дифференцирование.

Четвертый этап - коррекционный, в ходе которого осуществляется коррекци-онная работа в соответствии с выявленными проблемами; используются специальные методики, направленные на коррекцию речи. Устранение недостатков письменной речи включает коррекцию познавательной сферы: развитие внимания, памяти, наглядно-образного мышления и т. д.

Основная задача психолого – педагогического сопровождения детей с ФФН речи – помощь в преодолении школьной дизадаптации, социализация школьников, коррекция фонематической стороны речи.

Таблица 1 Логопедическое сопровождение детей с ФФН речи

1. Работа по развитию понимания речи.
2. Создание мотивации для развития речевых коммуникаций.
3. Формирование пространственных представлений и
4. .Коррекция неправильного звукопроизношения.
5. .Развитие фонематического восприятия анализа, синтеза и представлений.
6. Уточнение и расширение словарного запаса.
7. Усвоение грамматических категорий.
8. Развитие психических функций.
9. Воспитание эмоционально -волевой сферы.
10. Преодоление трудностей в обучении.

Уровни психолого-педагогического сопровождения детей с ФФН
- индивидуальное;

- групповое;
- на уровне класса;
- на уровне школы.

Формы сопровождения детей с ФФН
- консультирование;
- диагностика;
- коррекционно-развивающая работа;
- профилактика;просвещение.

Нами бала разработана модель психолого – педагогического сопровождения детей с ФФН речи

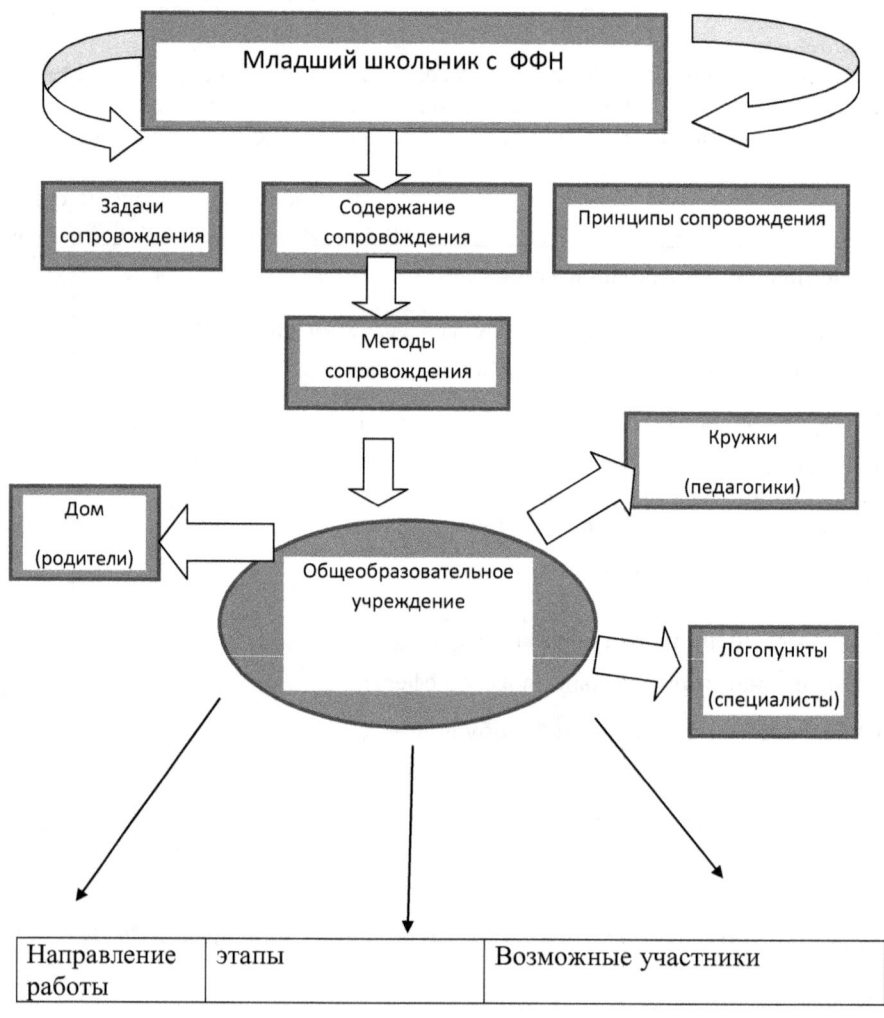

			Учитель начальных классов - определение форм подачи материала - определение мер помощи ребенку с ФФН - особенности работы со словом и его анализом. - использование разных форм работы со словом. Логопед • коррекция звукопроизношения; • коррекция фонематического слуха; • формирование грамматического строя языка Психолог - адаптация ребенка с ФФН в школе; - помощь ребенку в социализации Родители: - закрепление навыков восприятия и продуцирования речи; - отработка умений и навыков.
Диагностическое Просветительско-Коррекционный Консультативное		Подготовительный. психолого-педагогической диагностики Аналитический Коррекционный Рефлексивный	

Таким образом, проанализировав литературу по данному вопросу, можно сделать вывод о том, что психолого – педагогическое сопровождение младшего школьника с ФФН, должно осуществляться в комплексе.
- Со стороны логопеда проведение логопедических занятий.
- Со стороны учителя освоение образовательной программы и социализация ребенка.
- Со стороны психолога проведений занятий по предотвращению дезадоптации ребенка и его социализация.
- Со стороны родителей контроль, помощь, забота о ребенке.

Литература:

1. Астапов В. М., Гасимов Ф. М. Психологическое обследование детей с нарушениями развития: Учеб. пособие
для слушателей спецфакультетов- М : 1993 —С. 86.
2. Визель Т.Г. «Аномалии речевого развития ребенка» - М., 1995.
3. Битянова М. Р. «Организация психологической работы в школе» - М., 1998
4. Ефименкова Л.Н. Коррекция устной и письменной речи учащихся начальных классов: пособие для логопеда. – М.: Гуманитар. изд. центр ВЛАДОС, 2004.
5. Щипицына Л.М «Психолого – педагогическое консультирование и сопровождение развития ребенка» - М., ВЛАДОС, 2003.

Базикова А.С.
магистр ЧГПУ
Шереметьева Е.В.
к.п.н., доцент

КОРРЕКЦИЯ ПРОИЗВОЛЬНЫЙ ДВИЖЕНИЯ И ДЕЙСТВИЯ МЛАДШЕГО ШКОЛЬНОГО ВОЗРАСТА С ДИЗАРТРИЕЙ

Распространенным речевым нарушением среди детей является дизартрия, которая имеет тенденцию к значительному росту
Т. Г. Визель дает следующие определение дизартрии с точке зрения нейропсихологии
Дизартрия — дефект речи, проявляющийся в расстройстве артикуляции, обусловленном параличом или парезом речевой мускулатуры
Е. Ф. Архипова.С ТОСКЕ ЗРЕНИЯ ЛОГОПЕДИИ.
Дизартрия — речевая патология, проявляющаяся в расстройствах фонетического и просодического компонентов речевой функциональной системы и возникающая вследствие невыраженного микроорганического поражения головного мозга.
Причины возникновения дизартрии

1. Органические поражения ЦНС в результате воздействия различных неблагоприятных факторов на развивающийся мозг ребенка во внутриутробном и раннем периодах развития.
2. Причиной дизартрии может быть несовместимость по резус-фактору.

3. Несколько реже дизартрия возникает под воздействием инфекционных заболеваний нервной системы в первые годы жизни ребенка.
 Первые *классификации форм дизартрии* создавались неврологами. Российский невролог М.С. Маргулис еще в начале XIX века делил дизартрию на бульбарную (стволовую) и церебральную (собственно мозговую). Последнюю он подразделял на капсулярную, экстрапирамидную и мозжечковую. В практике патологии речи принята менее развернутая классификация дизартрии, а именно их деление на бульбарную, псевдобульбарную, мозжечковую и подкорковую. Различия между ними обусловлены неодинаковой локализацией очага поражения.[1]
 По исследованиям Л. В. Лопатиной у детей со стертой формой дизартрии имеются нарушения ручной моторики, проявляющиеся в основном в нарушении точности, быстроты и координированности движений. Значительные трудности вызывает у детей динамическая организация двигательного акта. В большинстве случаев оказывается затрудненным или невозможным быстрое и плавное воспроизведение предложенных движений.[1]

Таким образом у младшего школьного возраста с дизартрией так же наблюдаетмя нарушение произвольных движений и действий.

Произвольные движения и действия относятся к числу наиболее сложных психических функций человека. . Их морфофизиологической основой являются сложные функциональные системы

Важный вклад в современное понимание произвольных движений внесли отечественные физиологи (И. М. Сеченов, И. П. Павлов, Н. А. Бернштейн, П. К. Анохин и др.) и психологи (Л. С. Выготский, А. Н. Леонтьев, А. Р. Лурия, А. В. Запорожец и мн. др.).

Произвольные движения и действия могут быть как самостоятельными двигательными актами, так и средствами, с помощью которых реализуются самые различные формы поведения. Произвольные движения входят в состав устной и письменной речи, а также многих других высших психических функций.

С физиологической точки зрения к произвольным движениям относятся движения поперечно-полосатой мускулатуры рук, лица ног, всего туловища, т. е. обширнейший класс движений. [4]

Для изучения особенностей произвольных движений и действий детей младшего школьного возраста нами был организован эксперимент на базе МАОУ СОШ №124. В эксперименте приняли участие 20 детей. Состояние праксиса детей мы изучали с помощью методики З. Р. Репиной.[2]

	Обследование мелкой моторики рук	Обследование двигательной функций артикуляционного аппарата
Дети с нормальным развитием	87,5 %	85 %
Дети с дизартрией	60%	60%

Анализ полученных в результате эксперимента данных показал с речевой нормой выполняют 87,5% предложенных заданий на мелкую моторику рук, в время как дети с дизартрией выполнили только 60%. Наибольшие затруднения возникли у детей с дизартрией при выполнении задания дорисуй дерево выполнили всего 30% обследуемых, т.е. из **10** воспитанников **7** человек выполнили задания после оказания помощи (это приравнивается к 2 баллам), **2** человека выполнили задание с ошибкой после оказания помощи (это приравнивается к 1 баллу), и **1** человек не справился с заданием (это приравнивается к 0 баллов). Заштрихуй фигуру выполнили тоже 30% испытуемых т.е. **3** человека выполнили задание с незначительными ошибками (это приравнивается к 3 баллам),**4** человека выполнили задания после оказания помощи (это приравнивается к 2 баллам),**3** человека выполнили задание с ошибкой после оказания помощи (это приравнивается к 1 баллу).

При обследовании двигательной функций артикуляционного аппарата с заданиями справились 85% детей с нормой речевого развития и 65 % детей с дизартрией, что составляет
5 человека выполнили задание с незначительными ошибками (это приравнивается к 3 баллам**)**, **4** человека выполнили задания после оказания помощи (это приравнивается к 2 баллам), **1** человека выполнили задание с ошибкой после оказания помощи (это приравнивается к 1 баллу).

Основные затруднения были у детей с дизартрией в неправильности и в неточности выполнения заданий на артикуляционные движения:
- на движения языка и челюсти;
- положения языка и губ;
- на движения языка, губ, челюсти;

Таким образом дети с дизартрией отстают от детей с нормальным речевым развитием по всем обследуемым показателям.

Нарушения произвольных движений и действий проявляются в продуктивных видах деятельности: ручном труде и изобразительной деятельности. Часто ребенок активно поворачивает лист при рисовании или закрашивании. Это означает, что ребенок заменяет умение менять направление линии при помощи тонких движений пальцев поворачиванием листа, лишая себя тренировки пальцев и руки. В лепке ребенок часто не может контролировать силу нажатия, движения его хаотичны, неточны, отсутствует произвольный контроль движений. В процессе трудовой деятельности у ребенка затруднены выполнения тонких и точных действий, координация движений, сила кисти руки или недостаточна или малоконтролируема. Серьезным недостатком, обуславливающим многие проблемы в развитии мелкой моторики детей является отсутствие самоконтроля за действиями, нарушения темпа действий (торопливость или медлительность) и т. д.

Развитие мелкой моторики имеет огромное значение для развития речи, поэтому нормальные движения пальцев и рук чрезвычайно важны для детей с нарушениями речи.

Показателями нарушений развития мелкой моторики может служить следующее.
- Негибкие движения рук
- Одностороннее нарушение мелкой моторики

Для распознания нарушений на ранней стадии большое внимание необходимо уделять односторонней слабости или неподвижности рук и пальцев. Если ребенок старшего возраста в процессе проявления тенденций к право– или леворукости предпочитает одну руку, в этом никакой патологии нет. Но если ребенок, работая с предметами, никогда не прибегает к помощи второй руки, это серьезное подозрение на одностороннее функциональное нарушение.

- Судороги и дрожь

Будут заметны резкие и повторяющиеся мышечные сокращения в кисти ребенка. Подобные судорожные движения могут возникнуть также в области предплечий, плеч, затылка (конвульсивное подергивание головой) или лица (мимические конвульсии).

Обобщая выше изложенное можно сказать что движения детей данной категории мало координированные, неточные, многие из них плохо удерживают предметы, часто действуют одной рукой. Некоторые дети не способны к быстрой смене моторных установок. У отдельных детей с дизартрией отмечается недостаточность мышечной силы, ритма произвольных движений, темпа. Обнаруживается также нарушение словесной регуляции действий, что проявляется в затруднениях при выполнении задания по словесной инструкции. Позднее нарушения ручной моторики проявляются уже не на уровне отдельных действий, а на уровне сложных комплексов движений, а также на уровне зрительно-моторной координации движений

Полученные результаты в ходе эксперемента и дали основание для проведения коррекционной работы.

Коррекционные задания по развитию произвольных движений и действий .

А.В. Семенович « нейропсихологическая диагностика коррекция в дет.возрасте [3]

КОРРЕКЦИОННЫЕ ЗАДАНИЯ ПО РАЗВИТИЮ ПРОИЗВОЛЬНЫХ ДВИЖЕНИЙ И ДЕЙСТВИЙ (СЕМЕНОВИЧ А. В.)

Кинестетический праксис

1. А) Праксис поз по зрительному образцу. И.: «Делай, как я».

Ребенку последовательно предлагается каждая из изображенных ниже поз пальцев (рис. 2), которую он должен воспроизвести. Поочередно обследуются обе руки. После выполнения каждой позы ребенок свободно кладет руку на стол.

 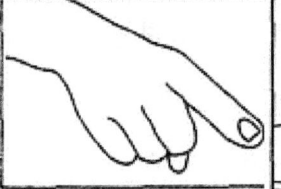 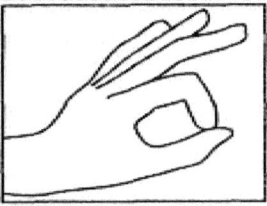

Б) Праксис поз по кинестетическому образцу. И.: «Закрой глаза. Ты чувствуешь, как я сложил тебе пальцы?» Затем рука ребенка «разглаживается» и его просят воспроизвести заданную позу. Образцы поз и условия те же, что и в пункте А.

2. Перенос поз по кинестетическому образцу. И.: «Закрой глаза. Ты чувствуешь, как я сложил тебе пальцы? Сложи их точно так же на другой руке». Образцы поз и условия те же.

3. Оральный праксис. И.: «Делай, как я». Эксп. выполняет следующие действия: улыбка, вытягивание губ в трубочку; язык высунут прямо, поднят к носу, эксп. проводит им по губам; надувает щеки; хмурится, поднимает брови и т.п.

КИНЕТИЧЕСКИЙ (ДИНАМИЧЕСКИЙ) ПРАКСИС

1. «Кулак — ребро — ладонь». И.: «Делай, как я». Далее выполняется последовательный ряд движений (рис. 3); меняются лишь позы, сама рука не меняет месторасположения.

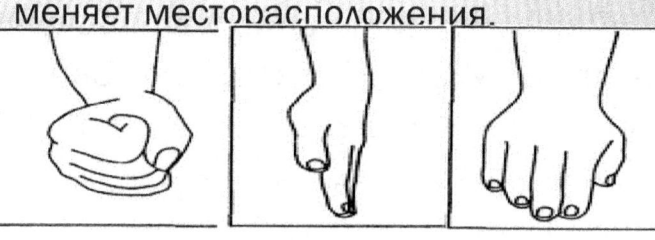

Литература:

1. Визель Т.Г. Основы нейропсихологии: учеб. для студентов вузов . -- М.: АСТАстрель Транзиткнига, 2005.- 384,(16)с.- (Высшая школа)
2. Репина З.А. Нейропсихологическое изучение детей с тяжелыми дефектами речи
3. Семенович А.В. Нейропсихологическая коррекция в детском возрасте
4. Хомская Е.Д. Нейропсихология. 2011 г., 4-е издание

Фарафонова И.В.
старший преподаватель,
Федеральное государственное образовательное учреждение
высшего профессионального образования
«Орловский государственный университет»

ПРИНЦИП МЕТАПРЕДМЕТНОСТИ КАК УСЛОВИЕ ДОСТИЖЕНИЯ ВЫСОКОГО КАЧЕСТВА ОБРАЗОВАНИЯ МЛАДШИХ ШКОЛЬНИКОВ

Термины «метапредмет», «метапредметность» имеют глубокие исторические корни, впервые об этих понятиях упоминал еще Аристотель. В отечественной педагогике метапредметный подход получил развитие в конце XX века, в работах Ю.В. Громыко, А.В. Хуторского, и, наконец, в 2008 году был заявлен как один из ориентиров новых образовательных стандартов [7, 160]. Несмотря на долгую историю понятия, до сих пор нет единого его толкования, различные научные школы трактуют его по-разному. У Ю.В. Громыко под метапредметным содержанием образования понимается деятельность, не относящаяся к конкретному учебному предмету, а, напротив, обеспечивающая процесс обучения в рамках любого учебного предмета [1, 28].

Установленные стандартом новые требования к результатам обучающихся вызывают необходимость в изменении содержания обучения на основе принципов метапредметности как условия достижения высокого качества образования. Учитель сегодня должен стать конструктором новых педагогических ситуаций, новых заданий, направленных на использование обобщенных способов деятельности и создание учащимися собственных продуктов в освоении знаний [3, 45].

В новых стандартах метапредметным результатам уделено особое внимание, поскольку именно они обеспечивают более качественную подготовку учащихся к самостоятельному решению проблем, с которыми встречается каждый человек на разных этапах своего жизненного пути в условиях быстро меняющегося общества [5, 242].

В Федеральном государственном образовательном стандарте метапредметные результаты образовательной деятельности определяются как «способы деятельности, применимые как в рамках образовательного процесса, так и при решении проблем в реальных жизненных ситуациях, освоенные обучающимися на базе одного, нескольких или всех учебных предметов» [6,8].

Таким образом, образовательные стандарты рассматривают метапредметные результаты большей частью как развитые универсальные учебные действия, вместе с тем, не отрицая некой интегративной составляющей содержания образования, имеющей отношение ко многим предметам на уровне понятий.

Достижение метапредметных результатов обеспечивается за счёт основных компонентов образовательного процесса – учебных предметов. Основным показателем их оценки служит сформированность у универсальных учебных действий. Основным объектом оценки метапредметных результатов служит сформированность у обучающегося регулятивных, коммуникативных и познавательных универсальных действий, т. е. таких умственных действий обучающихся, которые направлены на анализ и управление своей познавательной деятельностью. К ним относятся [4, 186]:

1. способность обучающегося принимать и сохранять учебную цель и задачи; самостоятельно преобразовывать практическую задачу в познавательную, умение планировать собственную деятельность в соответствии с поставленной задачей и условиями её реализации и искать средства её осуществления; умение контролировать и оценивать свои действия, вносить коррективы в их выполнение на основе оценки и учёта характера ошибок, проявлять инициативу и самостоятельность в обучении;

2. умение осуществлять информационный поиск, сбор и выделение существенной информации из различных информационных источников;

3. умение использовать знаково-символические средства для создания моделей изучаемых объектов и процессов, схем решения учебно-познавательных и практических задач;

4. способность к осуществлению логических операций сравнения, анализа, обобщения, классификации по родовидовым признакам, к установлению аналогий, отнесения к известным понятиям;

5. умение сотрудничать с педагогом и сверстниками при решении учебных проблем, принимать на себя ответственность за результаты своих действий.

Основное содержание оценки метапредметных результатов на ступени начального общего образования строится вокруг умения учиться, т.е. той совокупности способов действий, которая, собственно, и обеспечивает способность обучающихся к самостоятельному усвоению новых знаний и умений, включая организацию этого процесса.

Таким образом, оценка метапредметных результатов может проводиться в ходе различных процедур. Например, в итоговые проверочные работы по предметам или в комплексные работы на межпредметной основе целесообразно выносить оценку (прямую или опосредованную) сформированности большинства познавательных учебных действий и навыков работы с информацией, а также опосредованную оценку сформированности ряда коммуникативных и регулятивных действий.

По проблеме оценки метапредметных результатов в процессе обучения математике младших школьников было проведено исследование уровня сформированности метапредметных УУД у учащихся МБОУ

«Глазуновская общеобразовательная школа» Глазуновского района Орловской области. Для исследования был выбран первый класс. Обучение в классе ведется по УМК «Школа России». Общее количество учащихся в классе – 18 человек. Учащиеся по медицинским показателям входят в основную группу здоровья. Социальное положение в классе среднее, малообеспеченный только один учащийся. В ученическом коллективе сформирован положительный интерес к учебному процессу. Учащиеся в классе любознательны, доброжелательно относятся к учителю и друг к другу. В классе уже определились свои лидеры, которые пользуются со стороны детей уважением.

На первом этапе исследования проведено наблюдение за качествами знаний первоклассников. Мы наблюдали за системностью, осознанностью, полнотой и прочность знаний. Данные фиксировались в протоколе наблюдения. Наблюдения за качествами знаний учащихся на уроках математики показали, что знания учащихся, полученные в дошкольный период обучения, у 30% учащихся (5 школьников) знания отличаются систематичностью; осознанностью отличаются знания у 40% учащихся (7 школьников), знания отличаются полнотой у 30% учащихся (5 школьников), знания прочны также у 40% учащихся (7 школьников). Далее учащимся была предложена входная контрольная работа с целью проверки знаний учащихся, полученных в дошкольный период. При проверке результатов контрольной работы нами были выставлены следующие баллы: 5 баллов получили 2 учащийся – 10%; 4 балла получило 5 учащихся – 30%; 3 балла получило 7 учащихся – 40%; 2 балла получило 4 учащихся – 20%. На основе полученных результатов были разработаны критерии оценки метапредметных знаний младших школьников по математике. Таким образом, мы пришли к выводу о том, что метапредметные результаты у учащихся на уроках математики имеют недостаточный уровень. Чтобы способствовать качественному улучшению метапредметных знаний учащихся, нами были разработаны методические рекомендации по повышению этого уровня. Например, следующие: уроки строились на принципах деятельностного обучения и включали практическую работу, работу в группах и парах, самостоятельную работу с использованием различных форм проверки. С самого начала обучения использовались приемы само- и взаимопроверки. Само- и взаимооценка осуществлялась с помощью самооценочной ленты «Светофор», представляющей собой полосу бумаги, на которой, как на светофоре, есть три цвета: красный, желтый, зеленый. Если у детей не было вопросов по теме урока, путь открыт, они могли идти дальше и показывали зеленый сигнал, если дети сомневались в своих знаниях, не могли с уверенностью сказать, что хорошо все поняли, если у них встречались незначительные ошибки, они показывали желтый сигнал. Красный сигнал стоп. Он говорил о том, что материал не понят, идти дальше нельзя.

Рассмотрим методику работы с учащимися в первом классе [2] с целью формирования метапредметных знаний. В подготовительный период дети уже познакомились с отвлечённым счётом и счётом конкретных предметов в пределах десяти как в прямом, так и в обратном порядке. На данном этапе это умение мы закрепляли и развивали в таком направлении, чтобы счёт осуществлялся, начиная не только с единицы или 10, а с любого, произвольно взятого числа первого десятка. Для этого мы использовали следующий методический приём. Клали на столе 6 счётных палочек. Попросили ребёнка пересчитать их вслух, сопровождая счёт показом каждой следующей палочки. Затем предлагали продолжить счёт, начиная с числа 6, сначала в прямом, а затем в обратном порядке. В случае затруднения добавляли счётные палочки (при прямом счёте) или убирали их (при обратном счёте). Аналогично отрабатывался счёт, начиная с любого другого числа первого десятка.

В этот период уже начали работу, связанную с тем, чтобы учащиеся знали место каждого числа в отрезке натурального ряда в пределах десяти. Для этого использовали «Кассу цифр и счётного материала» с разрезными цифрами. Просили карточки с разрезными цифрами расставить сначала в порядке возрастания, а затем убывания.

Каждое число первого десятка изучалось не отдельно, а вместе с уже изученными предыдущими числами. Так, например, число 4 рассматривалось вместе с отрезком натурального ряда: 1, 2, 3, 4. Чтобы учащиеся разобрались в том, как образуется каждое число, использовался метод составления числовых последовательностей или, как его иногда называют, метод построения возрастающих и убывающих числовых лесенок. Эта работа проводилась следующим образом:

- Положи на стол один красный кружочек из набора счётного материала. Добавь справа ещё один такой же кружочек. Сколько всего стало кружочков? (Два). Как получили два кружочка? (К одному кружочку добавили ещё один кружочек). - Это действие записывается с помощью разрезных цифр: $1 + 1 = 2$.

- Добавь справа ещё один красный кружочек. Сколько теперь стало кружочков? (Три). Как получили три кружочка? (К двум кружочкам добавили ещё один кружочек). Как это можно записать? ($2 + 1 = 3$).

Эта работа продолжалась до тех пор, пока не было получено нужное число. Аналогично строилась убывающая числовая последовательность. В этом случае кружочки не добавлялись, а убирались.

Знание состава чисел первого десятка лежит в основе сложения и вычитания. Поэтому, если учащиеся могут заменять любое число в пределах 10 суммой из двух слагаемых, то у них, как правило, не возникает проблем с выполнением арифметических действий и формированием прочных вычислительных навыков. В связи с этим, знание состава чисел приобретает особое значение. При изучении темы «Числа от

1 до 10» нужно хорошо усвоить состав чисел 3, 4 и 5. Состав остальных чисел в этой теме изучается в порядке знакомства, а отрабатывается в следующей теме «Сложение и вычитание».

Схема изучения состава любого числа выглядит следующим образом: брались два любых множества предметов или их моделей (две тарелки с яблоками, две корзины с грибами или две вазы с цветами) и эти предметы по одному перекладываются из одного множества в другое. При этом задавались следующие вопросы: 1) Сколько предметов в первом множестве?; 2) Сколько предметов во втором множестве?; 3) Сколько предметов всего в двух множествах?; 4) Делается вывод о составе данного числа.

Наиболее сложным вопросом для первоклассников явилось решение задач. На примере задач на нахождение суммы учащимся мы раскрывали конкретный смысл действия сложения. Поэтому на подготовительном этапе работы над этим видом задачи мы постоянно оперировали с предметными множествами, делая упор на операцию объединения множеств. Приведём пример такой работы.

«Положи слева 5 красных кружочков, а справа - 3 синих кружочка»:

«Придвинь синие кружочки к красным (при этом делается жест объединения синих кружочков с красными). Больше стало кружочков или меньше? (Больше). Сколько всего стало кружочков? (8). Каким действием это узнаем? (Сложением)».

В дальнейшем осуществляется переход от предметных действий с кружочками к их моделям, которые вычерчивались в тетради (размер кружочка - одна клеточка, интервал между ними тоже одна клеточка). В этом случае объединение множеств учащиеся осуществляли мысленно и фиксировали это объединение на чертеже в виде стрелочки.

В качестве дополнительной формы краткой записи условия задачи мы использовали модели в виде полосок или отрезков:

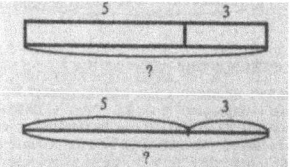

На уроках мы учили детей осознанию себя как ученика, положительному отношению к школе, познавательной мотивации, интересу к новому. Формировали регулятивные действия – умение планировать, контролировать, корректировать и оценивать свою учебную деятельность. Дети учились сравнивать, группировать и упорядочивать объекты, называя, описывая признак, по которому ведется сравнение; учились вести поиск и выделять необходимую информацию, выбирать основания и критерии для сравнения и классификации объектов, подведению под понятие выведению следствия. В процессе учебной работы у первоклассников вырабатывалось умение строить простейшие знаковые и графические модели, формулировать утверждение обратное данному.

Учили мы учащихся и коммуникативным действиям – умению вступать в диалог, выбирать средства речи в зависимости от речевой ситуации, участвовать в коллективном обсуждении проблем, сотрудничать с группой сверстников; участвовать в коллективном обсуждении проблем; понимать возможности различных точек зрения на предмет; уважительно относиться к другой точке зрения. В работе с учащимися мы использовали информационные компьютерные технологии в слайдовом варианте. Мы старались не перегружать детей наглядной информацией, но в игровой, сказочной форме учили детей решать примеры устно и письменно.

Таким образом, в процессе работы с первоклассниками мы формировали у них метапредметные знания, которые в дальнейшем позволят детям использовать их в других предметных дисциплинах и в жизни.

Литература

1. Громыко Ю. В. Мыследеятельностная педагогика (теоретико-практическое руководство по освоению высших образцов педагогического искусства). Мн.: Высшая асвета, 2000, 228 с.
2. Математика. 1 класс. Учеб.для общеобразоват. Учреждений. В 2 ч. Ч.1. (Первое полугодие) / М.И.Моро, С.И.Волкова, С.В.Степанова. – 9-е изд. - М.: Просвещение, 2013.9. Моро М.И. Математика. 1 класс. В 2-х частях. Часть 2. М.: Просвещение, 2013, 112 с.
3. Никитина Н. Б. Метапредметный подход в модели развивающего обучения. Новые технологии в начальной школе. СПб.: Союз, 2007, с. 45 – 47.
4. Примерная основная образовательная программа образовательного учреждения. Начальная школа / [сост. Е.С. Савинов]. – 3-е изд. – М. : Просвещение, 2011. – 204 с.
5. Прокопенко М.Л. Метапредметное содержание обучения в начальной школе. Новые образовательные стандарты. Метапредметный подход / Материалы пед.конф., Москва, 17 декабря 2010 г. / Центр дистанц. образования «Эйдос», Науч. шк. А. В. Хуторского; подред. А. В. Хуторского. М.: ЦДО «Эйдос», 2010, 422 с.
6. Федеральный государственный общеобразовательный стандарт общего образования : текст и изм. и доп. на 2011 г. /М-во образования и науки Рос. Федерации. – М.: Просвещение, 2011
7. Хуторской А.В. Метапредметное содержание образования // современная дидактика. Учеб. пособие. 2-е изд., перераб. / А.В. Хуторской. – М.: Высшая школа, 2007, с.159-182

Устьянцева К.А.
студентка факультета коррекционной педагогики
Челябинский государственный педагогический университет
galina_1747@mail.ru
Лапшина Л.М.
к.б.н., доцент кафедры специальной педагогики, психологии и предметных методик
Челябинский государственный педагогический университет
lapshinalm728@mail.ru

ОСОБЕННОСТИ ЗРИТЕЛЬНОЙ ПАМЯТИ МЛАДШИХ ШКОЛЬНИКОВ С НАРУШЕНИЕМ ИНТЕЛЛЕКТА

Реформирование отечественной системы специального образования актуализировало вопросы качества обучения и воспитания детей с ограниченными возможностями здоровья.

Современные исследования [1] в области специальной педагогики и психологии свидетельствуют о возрастающем падении интеллектуального потенциала подрастающего поколения. Несмотря на то, что в России уже несколько десятилетий ученые, методисты и практики работают в направлении развития интеллектуальных способностей учащихся, результаты этой работы в постсоветский период развития отечественной школы более чем скромные, в первую очередь это касается зрительной памяти.

Вопросы изучения зрительной памяти у школьников с нарушениями интеллекта были предметом исследования ряда ученых: И.В. Белякова, В.Я. Василевская, А.В. Григонис, Г.М. Дульнев, Х.С. Замский, Л.В. Занков, М.С. Левитан, Б.И. Пинский, В.А. Суморокова. Однако до сих пор остаются недостаточно разработанными вопросы учета особенностей зрительной памяти в современном учебном процессе, поэтому тема нашего исследования очень актуальна [1].

Целью исследования было теоретически изучить и практически охарактеризовать особенности зрительной памяти младших школьников с нарушением интеллекта. Для решения выше обозначенной цели были поставлены следующие задачи:
1. Проанализировать психолого-педагогическую литературу по проблеме исследования зрительной памяти младших школьников с нарушением интеллекта.
2. Выявить уровень сформированности зрительной памяти младших школьников с нарушением интеллекта.
3. Подобрать дидактические игры и упражнения, направленные на развитие зрительной памяти младших школьников с нарушением интеллекта.

Анализ научной литературы по проблеме [1] исследования позволил выявить следующие особенности исследуемой группы учащихся. Для младших школьников с нарушением интеллекта характерны замедленность, слабость и малоподвижность нервных процессов, неразвитость сенсорных анализаторов, отставание в развитии общеперцептивной деятельности, неполное (фрагментарное) восприятие окружающего мира, трудности актуализации в речи имеющихся знаний. Недоразвитие познавательной деятельности, трудности в овладении опытом и проблемы адаптации в окружающем мире отрицательно сказываются на общем уровне психического развития и обучении детей в школе.

В образовательном процессе эти особенности функционирования зрительной сенсорной системы проявляется в некоторых особенностях психического развития и усвоения учебной информации. Объём кратковременной зрительной памяти школьников с нарушением интеллекта меньше, чем у учащихся массовой общеобразовательной школы. Продуктивность непроизвольного запоминания наглядного материала школьников с интеллектуальной недостаточностью зависит также от характера выполняемой ими работы и ориентировки в ней: учащиеся специальных коррекционных образовательных учреждений (СКОУ) VIII вида успешнее припоминают тот материал, запоминание которого происходит с использованием разных вспомогательных средств и приёмов (картинок, плана, схем, вопросов, классификации и др.).

Для подтверждения данных положений на практике было проведено собственное исследование, которое было организовано на базе СКОУ VIII вида №7 г. Челябинска. В эксперименте приняли участие младшие школьники с нарушением интеллекта в количестве 6 человек. Все обследованные имеют диагноз F_{70}.

Цель экспериментальной работы: исследование состояния зрительной памяти младших школьников с нарушением интеллекта, были исследованы основные характеристики и параметры зрительной памяти, наиболее задействованные в учебном процессе: объем кратковременной зрительной памяти; прочность хранения организованной по смыслу зрительной информации; понимание и запоминание текстов, воспринятых зрительно; общие особенности процесса зрительного запоминания.

Для достижения этой цели был использован комплекс диагностических методик: «Сюжетная картинка «Лето», «10 пар слов», «Зрительная память», «Воспроизведение рассказа» [2, 18-23].

В целом по группе младших школьников с нарушением интеллекта превалирует довольно низкий уровень развития исследуемых параметров зрительной памяти: у большинства детей сформированность зрительной памяти в среднем по всем методикам оценивается в 0,25 балла

(4 человека) и 0 баллов (1 человек) – что оценивается как низкий уровень. Только 1 ребёнок продемонстрировал относительно удовлетворительные показатели по исследуемой проблеме (по 0,5 балла).

При проведении данного обследования неоднократно отмечалось, что многие вопросы вспомнить что-либо увиденное на картинке вызывают у детей затруднения, ответы на них не были получены, часто ответы были получены с помощью наводящих вопросов и подсказок экспериментатора. Обнаружено достаточно большое количество пробелов в области информации, воспроизведение которой основано на задействовании зрительной памяти.

В процессе обследования выяснилось, что у младших школьников с нарушением интеллекта идёт недоразвитие не только логической (что естественно обусловлено основной структурой дефекта при нарушении интеллекта – тотальным недоразвитием высших отделов нервной системы), но и механической памяти. Эти особенности проявляются вне зависимости от характера воспринимаемой зрительно информации (предметы, картины, числа, слоги, слова разного содержания, пары слов, шумы и т.д.).

Проведённое обследование позволило выявить довольно низкий уровень сформированности зрительной памяти у детей с нарушением интеллекта. Полученные данные в ходе данного исследования результаты свидетельствуют, что с младшими школьниками СКОУ VIII вида следует проводить специально организованную целенаправленную коррекционную работу по развитию всех компонентов и особенностей зрительной памяти.

Литература:

1. Психология аномального развития ребенка: Хрестоматия в 2 т. / под ред. В.В. Лебединского и М.К. Бардышевой. - Т. II. – М. : ЧеРо : МПСИ. : Изд-во МГУ. – 2006. – 818 с.
2. Семенович, А.В. Нейропсихологическая диагностика и коррекция в детском возрасте. / А.В. Семенович. – М. : издательский центр «Академия». – 2002. – 232 с.

Горовая В.И.
доктор педагогических наук, профессор
Кузнецов Д.А.
соискатель
ФГАОУ ВПО «Северо-Кавказский федеральный университет»,
г. Ставрополь

К ВОПРОСУ О ВОСПИТАНИИ ДЕТЕЙ И МОЛОДЕЖИ В СОВРЕМЕННЫХ УСЛОВИЯХ

Для любого исторического периода времени важнейшим феноменом духовной жизни общества является воспитание, без которого невозможна передача от одного поколения другому социального опыта и накопленных знаний. Без воспитания невозможно онтогенетическое развитие человека и прогресс человечества. Возникнув вместе с человеческим обществом, воспитание развивается вместе с ним.

Еще Э.Дюркгейм писал: «Воспитание есть действие, оказываемое взрослыми поколениями на поколения, не созревшие для социальной жизни. Воспитание имеет целью возбудить и развить у ребенка некоторое число физических, интеллектуальных и моральных состояний, которые требуют от него и политическое общество в целом, и социальная среда, к которой он, в частности, принадлежит» [1, 219].

К сожалению, произошедшая в последние десятилетия в России ломка социального строя, появление новых экономических отношений существенно нарушили складывавшуюся десятилетиями систему воспитания детей и молодежи.

Однако практика сегодняшнего дня со всей очевидностью на повестку дня выдвигает задачу поднятия престижа воспитания, внедрения современных прогрессивных идей во все сферы жизнедеятельности российского общества.

В современной интерпретации термин «воспитание» понимается как влияние педагогического процесса на развитие личности ребенка согласно заданному обществом эталону. Этот процесс призван создавать оптимальные условия для разностороннего и гармоничного развития детей и молодежи, самоактуализации их в статусе полезного члена общества на основе индивидуальных потребностей и потенциальных возможностей.

Осуществление воспитания, прежде всего, обусловлено нравственными ценностями, характер которых определяется национальным менталитетом народа данной страны и всей его историей. Главными особенностями российского народа являются три основных качества: духовность, народность и державность. Это так называемые стратегические ориентиры воспитания в стране, без которых оно неосуществимо как педагогическое явление. Конечной же целью воспитания являются, с одной стороны, освоение воспитуемыми социально-культурных ценностей общества, а с другой, – развитие индивидуальности воспитанников, их самоактуализация.

Современное общество стоит перед проблемой воспитания новой личности, готовой к активной жизни и позитивному влиянию на существующую действительность. В этой связи на первый план в процессе воспитания выходит формирование личностной целостности у детей и молодежи.

Личностная целостность – это некая обобщенная характеристика свойств личности, обладающих сложной внутренней структурой и позитивным вектором развития. При обосновании структуры и содержания понятия личностной целостности важную роль сыграли работы отечественных психологов и педагогов - К.А.Абульхановой-Славской, Ш.А.Амонашвили, А.Г.Асмолова, Л.С.Выготского, А.А.Бодалева и др.

В контексте гуманистической парадигмы воспитание личностной целостности следует понимать как форму личностного ориентирования, содержание которой проявляется в следующих характеристиках:

- самостоятельном целеполагании и целеосуществлении;
- осознанности и избирательности поведения на основе этической и нравственной грамотности;
- развитой саморефлексии и самодетерминации;
- ответственности за принимаемые решения и предвидения последствий своих действий;
- опыте межсубъектного взаимодействия и преодоления возникающих при этом социально личностных проблем.

Однако организация такого воспитательного процесса сталкивается в современных условиях с некоторыми противоречиями. Среди них можно отметить такие противоречия:

- между достаточным научным багажом организации воспитательной деятельности и неопределенностью целевых установок духовного воспитания личности;
- между необходимостью молодых людей реализовать себя в социуме как целостную личность и невозможностью определить их способность к формированию личностной целостности;
- между необходимостью четкой разработанности педагогического инструментария по духовному воспитанию и отсутствием системного нормативного знания, регулирующего данную сферу педагогической деятельности;
- между декларируемыми требованиями к молодому поколению в их духовно-нравственных ориентациях и реальным состоянием духовно-нравственного уровня современного российского общества.

Как отмечают некоторые авторы [2, 34], следствием названных противоречий является довольно существенное снижение уровня психологического здоровья детей и в целом молодого поколения в нашей стране. По этой причине выстраивание воспитательной работы, прежде всего, должно основываться на принципе здоровьесбережения, который выступает в качестве одного из методологических оснований современного воспитательного процесса и условием воспитания целостной личности.

Любая воспитательная система неразрывно связана с социумом. Социум как сложная системная организация содержит в себе как соответствующий гуманистический, так и антигуманный потенциал. В обществе, как показывают особенности его развития, реализуется и то, и другое. Задача педагогов – показать молодым людям приоритеты гуманности, пути и способы «очеловеченной» жизни. В связи с этим сами педагоги должны обладать развитым гуманистическим сознанием, «новым педагогическим мышлением». Наше определение понятия «новое педагогическое мышление» сформулировано на основе изучения теоретической литературы.

Под новым педагогическим мышлением мы понимаем осознание педагогами понимания воспитания как помощи воспитуемому в развитии его потенциальных возможностей. Новое педагогическое мышление – понятие сложное, включающее в себя: безусловное принятие педагогом природы детей такой, какая она есть; опору в воспитательной работе на диалоговое взаимодействие с воспитуемыми; потребность постоянного наблюдения за детьми; заботу об их психическом и физическом здоровье; создание атмосферы педагогической комфортности и «ауры добра»; стремление к самосовершенствованию.

Итак, в осуществлении воспитания детей и молодежи в современных условиях особую значимость приобретает новое педагогическое мышление. Оно отражает готовность педагога-воспитателя к осуществлению следующих видов деятельности: проектировочной (постановка целей и задач воспитания, планирование воспитательного процесса); прогностической (предвидение результатов воспитательной деятельности); гностической (способность к познанию и самообразованию); диагностической (анализ состояния воспитанности); организаторской (обеспечение условий воспитания); коммуникативной (общение с воспитуемыми и другими участниками воспитательного процесса).

Литература

1. Дюркгейм Э. О разделении общественного труда: метод социологии, рус. Пер. - М., 1991.
2. Синягина Н.Ю., Кузнецова И.В. Как сохранить и укрепить здоровье детей: психологические установки и упражнения. - М., 2004.

Горовая В.И.
профессор, доктор педагогических наук
Фетисова О.Ю.
соискатель
ФГАОУ ВПО «Северо-Кавказский федеральный университет»,
г. Ставрополь

НОВАТОРСКИЙ ПЕДАГОГИЧЕСКИЙ ОПЫТ КАК ИСТОЧНИК ФОРМИРОВАНИЯ ИССЛЕДОВАТЕЛЬСКИХ КОМПЕТЕНЦИЙ СТУДЕНТОВ МАГИСТРАТУРЫ

Знания студентов об исследовательской деятельности и отдельные исследовательские умения формируются и развиваются на протяжении всего периода обучения в вузе: на первом этапе – это учебно-исследовательская деятельность, на втором – ее преобразование в научно-исследовательскую. Основную роль в формировании опыта исследовательской деятельности современного студента играет магистратура, где научно-исследовательская деятельность выступает составной частью учебного процесса.

Под исследовательской деятельностью студента магистратуры по направлению «Педагогическое образование» мы понимаем выполнение им исследовательской задачи с заранее неизвестным решением и предполагающим наличие основных этапов исследования: постановка проблемы; определение теоретико-методологических основ изучения проблемы; сбор фактического материала; его анализ и обобщение; подбор методик исследования и практическое овладение ими; подведение итогов исследовательской деятельности.

Иначе говоря, научно-исследовательская деятельность студента, обучающегося в магистратуре, призвана сформировать *педагога-исследователя*. По определению В.И. Горовой [1, 9], педагог-исследователь – это личность, в которой сочетаются профессионализм, интеллигентность, социальная зрелость и творческое начало. Основными качествами педагога-исследователя являются глубина научного познания, способность и готовность к научно-исследовательской деятельности, творческая активность и самостоятельность.

Переход в последние годы отечественной высшей школы на компетентностный формат подготовки специалистов предполагает переосмысление целей и результатов образовательной деятельности вузов на языке *компетенций*.

В отечественной педагогической литературе содержится довольно подробный анализ понятий «компетенция» и «компетентность». Под компетенциями подразумевается интегральная характеристика личности, которая носит междисциплинарный характер и представляет собой динамическое сочетание качеств, отношений и умений.

Одной из главных целей магистерской подготовки студентов по направлению «Педагогическое образование» является формирование готовности будущих педагогов к научно-исследовательской деятельности. В этой связи совокупность *исследовательских компетенций* студентов может быть представлена следующим образом:

знает: структуру и содержание исследовательской деятельности в сфере образования, основные этапы создания и распространения новаторского педагогического опыта;

умеет: формулировать исследовательские задачи и применять исследовательские методы; разрабатывать и использовать инновационные проекты; доводить результаты научного исследования до технологии его применения;

владеет: методологией научного исследования и педагогического творчества; опытом участия в реальном исследовательском проекте.

Ведущими *принципами* овладения студентами исследовательскими компетенциями в магистратуре должны, на наш взгляд, стать:

- последовательность изучения и освоения методов научных исследований;

- постепенность возрастания степени сложности освоенных методов при выполнении исследовательских заданий;

- разнообразие видов и форм исследовательской деятельности, к которой привлекаются студенты;

- преемственность научно-исследовательской деятельности в период обучения на разных стадиях образовательного процесса;

- обязательность участия всех студентов в исследовательской деятельности.

Логика организации образовательного процесса в магистратуре такова, что она предполагает последовательное формирование исследовательских компетенций студентов. На первом этапе (адаптационном) они знакомятся с задачами НИР, а затем осваивают умения и навыки научного подхода к изучению современных проблем образования. На втором этапе (поисково-творческом) студенты овладевают конкретными умениями самостоятельно определяться в профессионально-значимых проблемах, используя знания об организации исследовательской деятельности. На третьем этапе (самореализации) исследовательская деятельность студентов осуществляется в условиях научно-педагогической и научно-исследовательской практик.

Каждому этапу формирования исследовательских компетенций студентов в условиях магистерской подготовки должен соответствовать прогнозируемый результат.

Так, результатом первого этапа освоения студентами исследовательских компетенций, по нашему мнению, должны стать:
- культура мышления, способность к обобщению, анализу, восприятию информации, постановке цели и выбору путей ее достижения;
- знания о методах педагогического анализа и моделирования, теоретического и экспериментального исследования;
- умения моделировать педагогические системы на основе различных информационных компонентов.

Результатом второго этапа должны выступить:
- логически верное, аргументированное и ясное построение устной и письменной речи;
- стремление к саморазвитию, повышению творческого уровня;
- способность анализировать педагогические проблемы и процессы;
- умения разрабатывать компоненты программы исследовательской деятельности на основе имеющихся данных и использования современных средств и технологий программирования;
- обоснование принимаемого решения, постановки педагогических экспериментов и способов проверки их эффективности;
- готовность к презентации научных результатов, оформления их в виде статей и докладов на научно-практических конференциях.

Результатом третьего этапа являются:
- способность к самостоятельному овладению новыми методами исследования, изменению профиля своей профессиональной деятельности с образовательного на научно-образовательный;
- способность к использованию на практике умений и навыков организации исследовательских и проектных работ;
- способность самостоятельно приобретать новые знания и умения использовать их в практической деятельности.

В формировании готовности студентов к исследовательской педагогической деятельности могут использоваться различные источники, из которых студенты могут черпать для собственной творческой работы образцы, идеи, методы и технологии. Одним из таких источников является *новаторский педагогический опыт*.

По своему характеру изучение новаторского педагогического опыта является аналитико-синтетической деятельностью, предваряемой непосредственными наблюдениями живого педагогического процесса, его научного осмысления, подтверждаемого конкретными фактами. Все это требует специальных знаний, поэтому в системе магистерской подготовки студентов новаторский педагогический опыт может выступать самостоятельным источником и средством формирования исследовательских компетенций студентов и использоваться:

1) в теоретическом обучении при освоении студентами базовых и элективных курсов, в рамках которых осваиваются знания о методологии

научного исследования вообще и педагогического, в частности, об эффективности этих исследований, методике НИР, организационных аспектах научного познания, особенностях НИР в педагогической деятельности, о способах внедрения научных достижений в образовательную практику и др. Здесь же студенты могут приобретать знания о том, как правильно составлять план исследования, продуктивно работать с научной литературой, вести картотеки, базы данных, пользоваться Интернет-ресурсами и т.п.;

2) через осуществление аналитических обзоров (реферирование), в которых могут освещаться состояние той или иной педагогической проблемы, дается критическая оценка имеющихся научно-педагогических достижений;

3) через научно-исследовательский семинар, целью которого является формирование у студентов специальных знаний и умений организации самостоятельной исследовательской деятельности;

4) через НИР в период научно-педагогической и научно-исследовательской практик – непосредственное выполнение научных исследований по избранной теме;

5) через подготовку курсовых и выпускных квалификационных работ, содержащих результаты научного исследования.

Основными требованиями к изучению и обобщению новаторского опыта в процессе магистерской подготовки студентов являются:

- изучать педагогические явления не изолированно от других явлений, а в тесной связи и взаимодействии с другими;

- рассматривать новаторский опыт в развитии, движении и изменении, учитывать условия, место и время осуществления педагогических мероприятий;

- проникать во внутреннюю сущность явлений и фактов, выявляя существенные связи и отношения между ними;

- изучать новое, опираясь на систему фактов, а не выхватывая отдельные факты и строя на них обобщения;

- всегда помнить, что педагогическая теория, будучи тесно связана с практикой, не должна сводиться к практицизму, к готовым и пригодным для всех условий рецептам;

- правильно определять цели, задачи, методику изучения новаторского опыта и осуществлять их целеустремленно.

Литература

1. Горовая В.И. Теоретические основы подготовки специалиста в условиях многоуровневого высшего педагогического образования: автореф. дис. ... докт. пед. наук. - СПб., 1995. - 44 с.

Педагогические науки

Кочеров Ю.Н.
преподаватель
Ставропольский филиал Краснодарского университета МВД России,
г. Ставрополь

САМООБРАЗОВАНИЕ КАК МЕХАНИЗМ ЛИЧНОСТНОГО И ПРОФЕССИОНАЛЬНОГО РАЗВИТИЯ

Термин «развитие» традиционно употребляется тогда, когда речь идет о каком-либо изменении – прогрессивном или регрессивном. Нередко проблему развития человека связывают с проблемой развития его способностей. «Развитие человека... это и есть развитие его способностей, а развитие способностей человека – это и есть то, что представляет собой развитие как таковое»,- пишет С.Л.Рубинштейн [3, 221].

В работах отечественных психологов проблема развития личности рассматривается в контексте деятельностного подхода. «Изучая личность как субъекта деятельности, мы исследуем то, как личность преобразует, творит предметную действительность, в том числе и самое себя»,- пишет А.Г.Асмолов [1, 88].

Педагогика изучает и выявляет наиболее эффективные условия для развития личности. В этой связи понятие «развитие» нередко связывается с другим понятием - *развивающая работа*, под которой подразумевается специальная деятельность, направленная на решение задач, с одной стороны, заданных требованиями социума, а с другой – обусловленных потребностями самой личности. Конечным результатом такой работы является появление личностных новообразований - способностей, знаний, умений, иного восприятия и понимания чего-либо и т.п.

Наряду с понятием «развитие» в психолого-педагогической литературе используется понятие – *«саморазвитие»*, определяемое как процесс обогащения деятельных способностей и иных личностных качеств человека в ходе различных видов его целесообразной деятельности [4, 684]. Исходя из такой трактовки понятия, саморазвитие, наш взгляд, может рассматриваться как *механизм самосовершенствования личности*.

Анализируя процесс профессионального развития личности, Э.Ф.Зеер [2, 97] отмечает его непрерывный характер и направленность на самосовершенствование. По мнению автора, этот процесс имеет два взаимосвязанных измерения: вертикальное, отражающее изменение места человека в социуме, и горизонтальное – последовательная смена стадий личностного развития. Он подчеркивает, что любой возраст человека имеет свои специфические задачи по саморазвитию и самосовершенствованию. Однако на разных жизненных этапах интенсивность саморазвития и самосовершенствования различна. На этапе взрослой жизни доминирует профессиональное саморазвитие, в основе которого лежит психологический механизм постоянного преодоления внутренних противоречий между имеющимся уровнем профессионализма (Я-реальное профессиональное) и некоторым воображаемым (моделируемым) его состоянием (Я-идеальное профессиональное).

Анализ педагогических работ, посвященных профессиональному саморазвитию и самосовершенствованию, показывает, что большинство исследователей сходятся во мнении: источниками этих процессов выступают, с одной стороны, требования и ожидания общества, которые являются основными, поскольку определяют их направление и глубину. С другой стороны, вызванная извне потребность в саморазвитии и самосовершенствовании в дальнейшем поддерживаемая личным источником активности (чувством долга, ответственности, профессиональной чести, здорового самолюбия и т.п.). Данная потребность стимулирует систему действий по саморазвитию и самосовершенствованию, характер которых во многом предопределяется содержанием профессионального идеала. Говоря иначе, когда профессиональная деятельность приобретает в глазах ее носителя осознанную ценность, тогда и проявляется потребность в профессиональном саморазвитии и самосовершенствовании.

Необходимо отметить, что саморазвитие и самосовершенствование – это глубоко личные процессы, не терпящие директивных указаний. Содержательная сторона этих процессов зависит не только от возраста, но и от индивидуальных особенностей конкретной личности, характера служебной деятельности, уровня взаимной требовательности в трудовом коллективе и пр. Следовательно, профессиональное и личностное должны рассматриваться как единое целое.

Одним из механизмов реализации саморазвития и самосовершенствования выступает *самообразование*, в основе которого лежит *самообразовательная активность* - качество личности, степень интенсивности проявления, длительность и эмоциональная окрашенность которой определяются индивидуальными свойствами психики каждого человека. В таком контексте она выступает как личностное образование и как характеристика отношения личности к познанию вообще.

В современных условиях самообразование приобретает особую значимость и становится одним из важнейших *средств* формирования и развития профессиональноличностной компетентности. В нашем понимании компетентность – комплексное понятие, которое объединяет знания (общие и специальные), умения и навыки осуществления профессиональной деятельности, качества личности и, наконец, готовность ее к самореализации в профессиональном плане. Будучи моделью подготовки специалистов, компетентность выступает образцом, к которому необходимо стремиться в процессе профессиональной подготовки.

Стремление учиться всю жизнь рассматривается нами как самостоятельная компетентность, обозначаемая как *самообразовательная*.

Как нам представляется, в содержательном плане самообразовательная компетентность должна быть представлена следующими составляющими: *мотивационно-ценностный компонент*: мотивы, цели, потребности, ценностные установки личности, стимулирующие самообразование; *когнитивный компонент*: включает знание сущностных особенностей самообразования, его значения в личностном и профессиональном развитии, принципы организации, этапы осуществления, методы и формы работы, факторы, определяющие готовность к самообразованию; *деятельностный компонент*: умения целеполагания, планирования, целеосуществления, самоуправления; *рефлексивный компонент*: умения сознательно и самостоятельно контролировать результаты самообразовательной деятельности, личных достижений.

Играя важную роль в саморазвитии и самосовершенствовании личности, самообразовательная компетентность минимизирует риски личностно-профессиональных деформаций, под которыми принято понимать существенное отклонение от оптимального развития личности как субъекта профессиональной и повседневной жизнедеятельности, проявляющееся в развитии таких качеств, которые затрудняют и снижают эффективность профессиональной работы. К числу таких качеств исследователи (А.В.Осницкий, Н.А.Подымов, Е.В.Руденский, Е.В.Улыбина, Е.В.Юрченко и др.) относят внутреннюю неуверенность, консерватизм, агрессивность, жестокость, конфликтность, категоричность, закрепленность ролевой маски, безапелляционность и т.п.

Таким образом, выполненный нами теоретический анализ позволил прийти к следующему заключению - самообразование есть:

- необходимое постоянное слагаемое жизни современного человека;
- вид образовательной деятельности, которая сопутствует человеку всегда и способствует ускоренному развитию личности;
- механизм и средство самосовершенствования;
- средство предупреждения личностно-профессиональных деформаций.

Литература

1. Асмолов А.Г. Психология личности. - М., 1990. - С. 88.
2. Зеер Э.Ф. Психология профессионального развития. - М.: Академия, 2006. - 239 с.
3. Рубинштейн С.Л. Проблемы общей психологии. - М., 1973. - С. 221.
4. Современный словарь по педагогике / сост. Е.С.Рапацевич. - Мн.: Современное слово, 2001. - С. 684.

Педагогические науки

Пименова И.Б.
старший преподаватель кафедры специальной педагогики,
психологии и предметных методик
Челябинского государственного педагогического университета
Электронный адрес: bulgariomnia@yandex.ru

СОВРЕМЕННОЕ СОСТОЯНИЕ ПРОБЛЕМЫ ПО ОСУЩЕСТВЛЕНИЮ ПЕДАГОГИЧЕСКОГО СОПРОВОЖДЕНИЯ ДЕТЕЙ С ОГРАНИЧЕННЫМИ ВОЗМОЖНОСТЯМИ ЗДОРОВЬЯ В УСЛОВИЯХ НАДОМНОГО ОБУЧЕНИЯ

Ключевым моментом модернизации современной системы образования является положение о том, что в системе образования должны быть созданы условия для развития и самореализации любого ребенка. Современная педагогическая парадигма предполагает активное творческое участие ребенка в образовательном процессе как полноценного и полноправного субъекта.

Оказание своевременной психолого – педагогической помощи детям с ограниченными возможностями является наиболее важным направлением современной специальной психологии и коррекционной педагогики. В этом случае особенно остро встает вопрос образования детей, имеющих ограниченные возможности развития.

В последнее десятилетие в нашей стране обозначилась устойчивая тенденция увеличения количества детей с отклонениями в физическом и психическом развитии. Здоровье детского населения Российской Федерации представляет на сегодняшний момент серьезную проблему. Отклонения в состоянии здоровья выявлены у 54% российских детей, прошедших осмотр у специалистов в рамках Всероссийской детской диспансеризации, где ведущими нарушениями являются нарушения опорно – двигательного аппарата [2,21].

В настоящее время в стране насчитывается 617 тыс. детей-инвалидов, среди них около 34 тыс. детей и подростков с ограниченными возможностями здоровья не имеют возможности получать коррекционную и образовательную помощь в традиционной системе образования.

Целью образовательной политики нашего государства является обеспечение равного доступа для всех детей к качественным образовательными услугам, отвечающим интересам ребенка и запросам семьи. Современные подходы к образовательному процессу требуют учета потребностей каждого ребенка и максимальной индивидуализации.

Тенденции последних десятилетий конца XX — начала XXI века к совершенствованию процессов реабилитации детей-инвалидов вызвали в науке потребность в разработке технологий, наиболее полно отражающих содержание и характер помощи детям с ограниченными возможностями здоровья. Разнородность и нетипичность детей с ограниченными возможностями здоровья не позволяют организовать полноценную работу в рамках традиционной системы специального обучения [2,91].

Инвалиды в большей степени нуждаются в образовательных услугах, чем люди с нормальным развитием, так как многие из них не могут обеспечить себе достойный уровень жизни. Право на образование людей с комплексными, множественными нарушениями в развитии отражено во многих нормативно – правовых документах.

В Законе Российской Федерации «Об Образовании» (1996г.), Концепции модернизации Российского образования до 2010г., Федеральной программе развития системы образования (2000г.) и Национальной доктрине образования в РФ (2000г.) отражены принципы образовательной политики в нашей стране, важнейшими из которых являются гуманистический характер, общедоступность и адаптивность системы образования к особенностям развития и подготовки учащихся.

Опыт отечественных и зарубежных исследователей А. Бине, Т. Симон, Л. С. Выготского, А. Н. Леонтьева, Д. Б. Эльконина, Е. И. Грачевой, Ж. Демор показал, что благодаря своевременной комплексной помощи, оказанной через создание развивающей, адаптивной, комфортной среды позитивно менялась личность ребенка, наблюдались позитивные изменения в мотивационно – потребностной, познавательной, эмоционально – волевой сфере.

В последние годы значительную роль в организации коррекционно – педагогической помощи детям с ОВЗ играет организация психолого – педагогического сопровождения в условиях надомного обучения, которая в настоящее время является достаточно альтернативной формой получения образования данной категорией детей.

Проблема организации и содержания оптимального психолого-педагогического сопровождения детей с ограниченными возможностями остается актуальной не только в специальной, но и в общей педагогике, а также в психологии, социальной педагогике и ряде других отраслей научного познания. Актуальность развития системы психолого-педагогического сопровождения детей с ограниченными возможностями рассматривали в своих исследованиях Б.С. Братусь, О.С. Газман, В.Е. Летунова, Н.Н. Михайлова, А.В. Мудрик, А.Т. Цукерман и др.

Специальных исследований, изучающих вопросы организации коррекционно - образовательного процесса для детей с ограниченными возможностями здоровья в условиях надомного обучения недостаточно. Имеются единичные исследования, посвященные вопросам воспитания и обучения слабослышащих дошкольников со сложными (комплексными) нарушениями развития» Головчиц Л.А., а также программно-методические материалы И. М. Бгажноковой, отражающие современные подходы к организации и содержанию воспитания детей с тяжелыми нарушениями психофизического и интеллектуального развития.

Данное обстоятельство позволяет констатировать, что в научном, теоретическом плане проблема индивидуального надомного обучения детей с ограниченными возможностями здоровья является недостаточно разработанной, поскольку отсутствует методология, систематизация и научное осмысление опыта, технологий и возможных организационных решений индивидуального обучения на дому.

В то же время, индивидуальное надомное обучение детей с комплексными нарушениями в развитии позволяет максимально реализовать все имеющиеся возможности и способности ребенка, сформировать наиболее рациональную программу обучения и воспитания.

В связи с этим проблема разработки и практической реализации системы коррекционно-педагогической помощи детям с ограниченными возможностями здоровья, обеспечивающей максимальную компенсацию нарушений развития и его социальную адаптацию приобретает особую актуальность.

М. К. Куложенкова в своих исследованиях неоднократно подчеркивала, что для детей с ограниченными возможностями здоровья, имеющих противопоказания к постоянному пребыванию в школе, именно надомное индивидуальное обучение является наиболее целесообразным и продуктивным, так как позволяет максимально реализовать все возможности конкретного ученика с учетом его индивидуальных особенностей. Еще одним существенным положительным моментом мы считаем наличие в данной форме обучения вариативности в подборе методов и способов обучения, определении оптимальной учебной нагрузки с учетом всех особенностей каждого ребенка [3,21].

Значимость данной проблемы заключается также в том, что реабилитация детей с ограниченными возможностями здоровья средствами образования является важнейшей составной частью программы их комплексной реабилитации, направленной на максимальную реализацию личностного потенциала детей и их полноценное вхождение в общество.

Литература:

1. Левченко, И.Ю. Технологии обучения и воспитания детей с нарушениями опорно-двигательного аппарата [Текст] / И.Ю. Левченко, О.Г. Приходько. – М. : Издательский центр «Академия», 2012. – 192 с.
2. Тьюторство в открытом образовательном пространстве: профессиональный стандарт тьюторского сопровождения. Материалы IVмеждународной научно-практической конференции и 16 научно-практической Межрегиональной тьюторской

конференции /Сост. И науч. Ред. Т. М. Ковалева, С. Ю. Попова (Смолик).-М.:МПГУ; АПКиППРО, 2011.-248 с.
3. Шипицина, Л. М. Необучаемый ребенок в семье и обществе. Социализация детей с нарушением интеллекта [Текст] Л. М. Шипицина /.- 2-е изд., перераб. и дополн.-СПб.: Речь, 2005.-477 с.

Ковалева А.А.
старший преподаватель кафедры специальной педагогики, психологии и предметных методик,
Федеральное государственное бюджетное образовательное учреждение высшего профессионального образования «Челябинский государственный педагогический университет» (ФГБОУ ВПО «ЧГПУ»),
г. Челябинск
Карасова Е.А.
студентка 5 курса ЗФ 540-5 факультета коррекционной педагогики, специальность «Логопедия»,
воспитатель, МОУ детский сад № 153, г. Волгоград

КОРРЕКЦИЯ ЗВУКОПРОИЗНОШЕНИЯ У ДЕТЕЙ СТАРШЕГО ДОШКОЛЬНОГО ВОЗРАСТА С МИНИМАЛЬНЫМИ ДИЗАРТРИЧЕСКИМИ РАССТРОЙСТВАМИ ПОСРЕДСТВОМ ЛОГОРИТМИКИ

Минимальные дизартрические расстройства часто встречаются в детском возрасте. Ведущими в структуре данного речевого дефекта являются стойкие нарушения звукопроизношения, сходные с другими артикуляторными расстройствами и представляющими значительные трудности для дифференциальной диагностики и коррекции (И.Б. Карелина, Л.В. Лопатина, Р.И. Мартынова, Л.В. Мелехова, И.И. Панченко, Э.Я. Сизова, Е.Ф. Соботович, О.А.Токарева и др.) [1].

При данном речевом нарушении отмечается ряд симптомов микроорганического поражения центральной нервной системы: недостаточная иннервация органов речи; нарушение мышечного тонуса артикуляционной и мимической мускулатуры, наличие синкинезий, замедленный темп артикуляции движений, трудности в переключении артикуляционных движений и удержания артикуляционной позы, стойкость нарушения звукопроизношения и трудности автоматизации поставленных звуков [2].

Смазанная, невнятная речь этих детей не дает возможности для формирования четкого слухового восприятия и контроля. Это еще более усугубляет нарушения звукопроизношения, так как трудности различения и неправильное произношение затормаживают процесс «подлаживания» собственной артикуляции с целью достижения определенного акустического эффекта. Следовательно, выраженные нарушения звукопроизношения отрицательно влияют на формирование и фонематической и лексико-грамматической сторон речи, затрудняют процесс школьного обучения детей, вызывая специфические ошибки при письме и чтении.

Нарушения звукопроизношения при минимальных дизартрических расстройствах имеют свой специфический механизм. Данные нарушения обусловлены паретичностью или спастичностью отдельных групп мышц артикуляционного, голосового и дыхательного отдела речевого аппарата. Вариативность и мозаичность этих нарушений обусловливают разнообразие фонетических дефектов: межзубное произношение переднеязычных звуков в сочетании с горловым [р], боковое произношение свистящих, шипящих, аффрикат, дефект смягчения и озвончения. Недостаточно сформированы слуховая и произносительная дифференциация звуков, наблюдаются стойкие нарушения звукопроизношения: замены, искажения, смешения [2].

Нами было проведено экспериментальное исследование состояния звукопроизношения у детей старшего дошкольного возраста с минимальными дизартрическими расстройствами на базе МОУ детский сад № 163 г. Волгограда.

Анализ полученных результатов показал, что при обследовании кинестетического орального праксиса детям было сложно определить положение языка при произнесении предложенных звуков. В процессе исследования кинетического орального праксиса отмечалось замедленное и напряженное выполнение предложенных упражнений, быстрая истощаемость органов артикуляции, время фиксации артикуляционных поз было ограничено во времени, многие дети выполняли упражнения с большим количеством ошибок, при этом наблюдался длительный поиск артикуляционных поз, отклонения в их конфигурации.

В ходе обследования динамической координации артикуляционных движений отмечалось замедленное и напряженное выполнения переключения с одного движения на другое, количество правильно выполняемых упражнений ограничивалось двумя-тремя, также было отмечено выполнение упражнений с ошибками, длительный поиск позы, замены одного движения на другое, синкинезии, гиперсаливация. При обследовании мимической мускулатуры отмечалось неточное выполнение некоторых движений, незначительные нарушения тонуса мимической мускулатуры, нарушения единичных движений.

Изучение мышечного тонуса и подвижности губ выявило неточное выполнение движений, незначительное нарушение тонуса губной мускулатуры, также отмечались напряжение верхней губы и ограничение ее подвижности. При обследовании мышечного тонуса языка и наличия патологической симптоматики было отмечено неточное выполнение заданий детьми, незначительное нарушение тонуса языка, которое проявлялось в гипертонусе и гипотонии, саливация, усиливающаяся при функциональной нагрузке, девиация языка.

Обследование звукопроизношения у детей экспериментальной группы выявило замены, искажения и отсутствия звуков в словах. У всех детей наблюдалась смазанная, монотонная и невнятная речь. Нарушения произношения свистящих и шипящих звуков у изучаемой категории дошкольников преобладали. Менее распространенными оказались нарушения произношения сонорных [л] и [р].

Таким образом, анализ результатов проведенного экспериментального исследования позволил выявить некоторые особенности состояния звукопроизношения у старших дошкольников с минимальными дизартрическими расстройствами.

Исходя из вышесказанного, подход к коррекции нарушений звукопроизношения у детей исследуемой группы должен носить комплексный, системный характер. По нашему мнению для достижения эффективности коррекционной работы необходимо взаимодействие всех анализаторных систем, которое возможно при использовании логоритмики.

Логопедическая ритмика – особая система музыкально-двигательных, речедвигательных, музыкально-речевых заданий и упражнений, осуществляемых в целях логопедической работы (В.А. Гринер, В.А. Гиляровский, Е.В. Конорова, Е.А. Румер, Е.В. Чаянова и др.). Основной целью логоритмики является преодоление речевого нарушения путем развития и коррекции двигательной сферы.

Каждое движение совершается в определенном ритме. Чувство ритма в основе имеет моторную, активную природу и сопровождается моторными реакциями. Сущность этих реакций заключается в том, что восприятие ритма вызывает многообразие кинестетических ощущений. С понятием музыкального ритма связано понятие ритмического чувства, которое характеризуется как способность активно переживать музыку и тонко чувствовать эмоциональную выразительность временного хода музыкального движения [3].

Следовательно, основываясь на использовании взаимосвязи слова, музыки и движения можно решить ряд коррекционных задач по развитию как психомоторики и речевой системы в целом, так и по звукопроизношению в частности, поскольку использование логоритмики позволит преодолеть речевой дефект путем развития и коррекции двигательной сферы.

Литература

1. Архипова, Е.Ф. Стертая дизартрия у детей [Текст] /Е.Ф. Архипова. – Владимир.: Астрель, ВКТ, 2008. – 332 с.

2. Логопедия: Учеб. для студентов дефектол. фак. пед. высших учебных заведений [Текст] /Под ред. Л.С. Волковой, С.Н. Шаховской. – 3-е изд., перераб. и доп. – М.: ВЛАДОС, 2003. – 680 с.

3. Шашкина, Г.Р. Логопедическая ритмика для дошкольников с нарушениями речи: учеб. пособие для студ. высш. пед. учеб. заведений [Текст] / Г.Р. Шашкина. – М.: Издательский центр Академия, 2005. – 192 с.

Лапшина Л.М.
к.б.н., доцент кафедры специальной педагогики, психологии и предметных методик
ФГБОУ ВПО «Челябинский государственный педагогический университет»
lapshinalm728@mail.ru

Оськина Н.Н.
педагог-валеолог, руководитель медицинского блока МБ СКОУ СКОШ№36III—IV вида г. Озёрска, магистрант ФГБОУ ВПО «Челябинский государственный педагогический университет» кафедры коррекционной педагогики
oskina777@mail.ru

ОРГАНИЗАЦИЯ ДЕЯТЕЛЬНОСТИ СЛУЖБЫ ПСИХОЛОГО-МЕДИКО-ПЕДАГОГИЧЕСКОГО СОПРОВОЖДЕНИЯ В МБСКОУ СКОШ № 36 III-IV ВИДА

Учащиеся с нарушением зрения представляют собой достаточно широкую и неоднородную по индивидуальной структуре дефекта категорию детей с ограниченными возможностями здоровья. Психофизических нарушений, проявляющихся в ограниченном зрительном восприятии или его отсутствии, влияют не только на качество усвоения образовательной программы, но и на весь процесс формирования и развития личности ребенка.

У школьников с нарушениями зрения возникают специфические особенности деятельности, общения и психофизического развития. Они проявляются в отставании нарушении и своеобразии развития двигательной активности, пространственной ориентации, формировании представлений и понятий, в способах предметно-практической деятельности, в особенностях эмоционально-волевой сферы, социальной коммуникации, интеграции в общество, адаптации к труду.

Выше сказанное обуславливает рост значимости психолого-медико-педагогического сопровождения таких учащихся даже в условиях специальных коррекционных образовательных учреждений (СКОУ). Одной из таких моделей службы сопровождения учащихся стал школьный психолого-медико-педагогический консилиум (ПМПк), который строит свою деятельность по принципу команды.

Школа № 36 г. Озёрска - СКОУ III-IV видов, организованное для обучения и воспитания учащихся с нарушениями зрения, имеющее в своей структуре школьный ПМПк. ПМПк в данном учреждении — это служба, которая объединят усилия учителей, педагога-психолога, учителей-дефектологов, социального педагога, врачей, медицинских работников, родителей и администрации ОУ для решения вопросов своевременного выявления, отслеживания результатов обучения, социальной адаптации и интеграции в обществе сверстников детей с нарушениями зрения.

В своей деятельности специалисты и участники консилиума опираются на основные принципы функционирования ПМПк коррекционных учреждений, сформулированные в своих исследованиях Л.М. Шипицыной [2]. Имея классические формулировки и названия, школьный ПМПк наполняет их собственным содержанием, определенным спецификой контингента обучающихся и их родителей, приоритетными направлениями развития самого учреждения и его материально-техническим оснащением:

1. Принцип непрерывности сопровождения. Ребенок с отклонениями в развитии испытывает потребность в получении помощи специалистов до тех пор, пока проблемы его обучения, развития и адаптации не будут решены или будет выбран очевидный подход к их решению. Поэтому ПМПк включается в сопровождение психического развития ребенка с момента поступления его в школу, которое завершается уже после окончания учащимся образовательного учреждение и выражается в анализе данных катамнеза. Полученные данные, во-первых, передаются на следующий этап обучения выпускника, а, во-вторых, пополняют информационную базу ПМПк эффективными формами, правилами и рекомендациями сопровождения ребенка с нарушенным зрением.

2. Принцип комплексности сопровождения требует согласованной работы всей команды специалистов сопровождения, разделяющей общие взгляды, понимающей сущность проблем в развитии ребенка, владеющей методологическими основами проведения диагностической и коррекционной работы. Данный принцип реализуется и через совместные заседания, и через коллегиальность принятия решения и формулирования рекомендаций, и через ведение общей, так называемой «сквозной» документации

3. Принцип индивидуального сопровождения реализуется в формировании индивидуальной программы комплексного психолого-медико-педагогического сопровождения категории с нарушениями зрения, в подборе и использовании конкретных методик и приемов для оказания специальной помощи. Разработанные программы направлены на преодоление трудностей ребенка, связанных с его обучением, развитием и воспитанием. В реализации индивидуальных программ принимают участие все специалисты с первого дня и до того момента, когда ребенок самостоятельно сможет осваивать программу.

4. Принцип системного сопровождения прослеживается в разработке мониторингового инструментария для отслеживания эффективности реализуемых индивидуальных

коррекционно-образовательных программ для каждого ученика, поступившего в образовательное учреждение с особенностями в развитии.

Выбор данных принципов в качестве основополагающих в функционировании ПМПк школы № 36 г. Озерска, учет классификационных характеристик ПМПК, охарактеризованных в литературе [1], позволяет выделить достаточно широкий спектр направлений его деятельности:

1. Проведение организационных мероприятий по осуществлению диагностики всеми специалистами консилиума, значимой для всех детей, поступивших в школу, с целью выявления потенциальной «группы риска».

2. Выделение из потенциальной «группы риска» тех учащихся, у которых есть психофизические нарушения или трудности в усвоении образовательной программы. Проведение индивидуальной диагностики и определение сущности проблем ребенка.

3. Разработка индивидуальных коррекционно-образовательных маршрутов для каждого ученика с особенностями в развитии.

4. Реализация индивидуальных программ сопровождения, преодоление трудностей в обучении, определение направлений консультативной деятельности.

5. Отслеживание результативности психолого-медико-педагогического сопровождения.

По данным направлениям каждый специалист (учитель-логопед, педагог-психолог, учитель-дефектолог, социальный педагог) работает с учетом своей специализации. Деятельность специалистов консилиума по осуществлению индивидуального сопровождения учащихся с нарушением зрения и с особенностями в развитии в условиях образовательного пространства условно предполагает этапность деятельности.

Таким образом, школьный ПМПк, функционирующий в СКОУ III-IV вида школе № 36 г. Озерска, координирует и объединяет усилия администрации учреждения, специалистов и родителей, направленные на решение вопросов обучения, развития, воспитания и адаптации детей с нарушениями зрения.

Литература

1. Шевчук, Л.Е. Внутришкольный психолого-медико-педагогический консилиум в образовательной школе: методические рекомендации / Л.Е. Шевчук, Е.В. Резникова. — Челябинск : ИИУМЦ «Образование». - 2007.

2. Шипицына, Л.М. «Необучаемый» ребенок в семье и обществе. Социализация детей с нарушением интеллекта / Л.М. Шипицына. — СПб. : Дидактика Плюс. - 2002.

Яремчук В. В.
преподаватель, аспирант Уманского государственного педагогического университета имени Пала Тычины

УКРАИНОВЕДЕНИЕ/НАРОДОВЕДЕНИЕ КОНЦА XX ВЕКА

Введение с 1994/95 образовательного года нового предмета – украиноведения вызвало некую напряженность среди многих научных работников.

Ученые-народоведы осуждали идеологизацию и политизацию, пока Министерство не добавило в учебный план предметы народоведческого цикла. Украиноведы в свою очередь выступали против идей первых, так как они было противниками украинства и разделяли Украину на этнические, географические, языковые и социально-классовые микрочастицы. Бытовало мнение, что ведется некая «война» против украиноведения и ведется полемика «народоведение или украиноведение» [1, 14].

Мы в свою очередь серьезно заявляем, что никто из народоведов не критиковал украиноведение, и тем более не вел никакой войны или полемики по этому поводу, а все потому, что никаких причин для этого просто не было.

Мы определяем народоведение как систему фундаментальных знаний о конкретном народе, особенностях его трудовой деятельности и быта, менталитете и духовной культуре, историческом опыте, традициях, обрядах, знания и так далее. В предмет народоведение входят такие науки как: история, этнография, археология, фольклористика, философия, народная педагогика и другие. Нечто подобное в это понятие вкладывали и другие ученые. В первую очередь В. Кубийович в «Энциклопедии украиноведения» а также И. Франко «народознавство – це наука, яка стягує до себе й об'єднує в одне ціле усі науки, всі галузі людських знань» [5, 235].

Поэтому о народоведение, что показывает жизнь украинского, болгарского, гагаузского, крымскотатарского и других народов (народностей, этнических групп), проживающих в Украине, можно говорить как об украинском, болгарском, крымскотатарском. В этом случае украинское народоведение является синонимом украиноведения.

На этом основании и теперь задают вопрос: имели ли мы и имеем ли вообще украиноведение, и если да, то каков его смысл? Остальные же либо отрицают его существование вовсе, либо относят к трудам зарубежных исследователей 30-80 годов XX века, полагая, что его отечественный аналог – это народоведение. Научная история украиноведения начинается с конца XIX века.

Истоки украинского народоведения (украино-народоведения, украиноведения) идут своими корнями очень глубоко – еще в дохристианские времена (праздники Коляды, Пасхи, Купала, Троицы, резьба, писанки и т.п. пришли к нам именно с тех времен). Оно переживало свое бурное развитие в периоды, когда Украина имела свою государственность, а также в период потери самостоятельности. Как наука, народоведение начинается в конце XVIII в. [5, 258].

Таким образом, вкладывая в понятие «народоведение» и «украиноведение» сумму фундаментальных знаний об Украине и украинцах, ученые никогда не разделяли эти понятия, и тем более не противопоставляли их друг другу. Народоведение помогало пробуждению национального самосознания украинского населения, воспитанию подрастающих поколений в патриотическом духе. Поэтому и в наше время нужно не отрицать, не критиковать их, а совместно прилагать усилия к построению украинской национальной системы образования, которая могла бы успешно формировать достойных граждан Украины [1, 20].

Становится очевидным, что страноведение имеет своим объектом природу, историю, культуру определенного государства и возникает на самом раннем периоде. Народоведение может возникнуть лишь на этапе дифференциации племен, народностей, наций и знаний о них, как и обществознание на определенном этапе развития науки социологии. Украиноведение не может сформироваться до появления как украинского этно-территориального феномена, так и всех указанных форм самопознания и самосознания, к в Украине так и вне ее, и является следствием не только анализа, но и синтеза накопленного опыта. [2, 47].

Другая часть исследователей стремится увидеть и органическую связь между страно-народо-украиноведением и их специфические особенности и обусловленные ими различия. Это связано и с тем, что украинцы – самодостаточный этнос, следовательно, требует научного изучения именно в своей суверенной сущности, но он – и народ, который развивается во взаимодействии и взаимозависимости с другими даже на территории Украины. И с тем, что украинский этнос, его материальная и духовная культура – это реальность стран Востока и Запада, а значит – мировой истории и цивилизации. Поэтому он требует изучения на всех этапах, широтах и глубинах истории своего развития, во всех формах самовыражения как феномена общечеловеческого, а тем самым и космического. [2, 45].

Прошлое в развитии народа не прошло бесследно и для формирования науки самопознания. Для некоторых украиноведение и сегодня все еще остается на уровне элементов фольклора, этнологии и народоведения, бытовых обычаев, обрядов, традиций, для других – сводится к коротким историческим обзорам, справках по краеведению и народоведению. При этом такие параметры включаются и в учебные программы в школах и высших учебных заведениях. И часто все это подается лишь как незначительный компонент в изучении мировой истории [3, 81].

Обидно, но народоведение было и остается мало сопряжено с развитием украинского народа в целом, с решением его важных и неотложных проблем. Оно ориентировано на его отраслевые, региональные составляющие или на далекое прошлое, оставляя без внимания наше настоящее и будущее [3, 82].

Украиноведение не являются классической наукой, оторванной от других наук, отчужденной от человека, окружающей среды.

Украиноведение – это наука нового интегративного типа, которая рассматривается как философия бытия, целостная реальность в пространстве и времени. На пространстве сотен тысяч квадратных километров или даже в распылении по всему миру. Во времени – на протяжении веков [4, 4].

Все точки над «и» в несуществующей дискуссии поставило Министерство образования, которое ввело в учебный план «Украино(народо)ведение», что дает возможность продолжать изучать народоведение или начать – украиноведение в соответствии или в зависимости от имеющихся условий, педагогических кадров, пожеланий учащихся, их родителей. Поэтому снимается и напряженность в связи с критикой народоведения, и то неприятие украиноведения во многих русскоязычных школах, где оно, по непонимания, а то и упорное нежелание понять, отождествляется с украинизацией.

Литература:

1. .Ігнатенко П.Р. Народознавство чи українознавство? // Педагогіка і психологія. Вісник АПН України. – 1994. – №3.

2. Кононенко П. П. Українознавство: Підручник для вищих навчальних закладів. – К., 2005. – 680с.

3. .Токар Леонід. Українознавство в період побудови незалежної української держави. //Українознавство. – 2007. – №2.

4. Усатенко Т. Міфи в… лабораторній пробірці // Освіта. – 1994. – 16 лютого.

5. Франко І. Найновіші напрямки в народознавстві // Зібр. Творів у 50 т. – Т. 45. – К., 1986.

Бурова Н.И.
кандидат педагогических наук, доцент,
Челябинский государственный педагогический университет

МЕТОДИЧЕСКИЕ КОМПЕТЕНЦИИ ТЬЮТОРА СПЕЦИАЛЬНОЙ (КОРРЕКЦИОННОЙ) ОБРАЗОВАТЕЛЬНОЙ ОРГАНИЗАЦИИ

Проблема введения института тьютората в условиях отечественного коррекционного образовательного пространства является актуальной в аспекте решения проблемы сопровождения детей с ограниченными возможностями здоровья, помощи родителям. Введение должности тьютора, позволяет решить принципиальную проблему координации работы учителя, воспитателя, педагога-дефектолога, психолога, которая до сих пор решалась в рамках коррекционно-образовательной деятельности в соответствие с профилем специальной (коррекционой) образовательной организации, не учитывая личностных потребностей самих учащихся. С введением должности тьютора, появляется возможность, используя резервы субъект-субъектного учебно-педагогического взаимодействия, организовать индивидуально-ориентированный образовательный процесс на основе индивидуальных образовательных программ. Однако, профиль деятельности тьютора, определенный в требованиях к такой должности, не уточнен для специальных (коррецинных) образовательных организаций, особенно в аспекте исполнения методических компетенций, которые являются одними из основных в его деятельности.

Мы будем исходить из того, что тьютор это наставник, посредник, человек, который научит самостоятельно решать проблемы (переводить их в задачи) и его позиция, сопровождающая, поддерживающая процесс самообразования, индивидуальный образовательный поиск. В учреждении специального (коррекционного) образования тьютор – это специалист, который организует условия для успешной интеграции ребенка с ограниченными возможностями здоровья в образовательную и социальную среду.

Тьюторская практика обеспечивает сопровождение процесса проектирования и построения с подопечным его образовательной программы. Сопровождение метод, обеспечивающий создание условий для принятия субъектом развития оптимальных решений в различных ситуациях жизненного выбора. Тьюторское сопровождение – это сопровождение процесса индивидуализации в открытом образовании. Сфера тьюторской деятельности: построение на материале реальной жизни подопечного (учебной, трудовой) практики расширения его собственных возможностей, на самоопределение, подключение субъектного отношения к построению собственного продвижения к успеху.

Цель деятельности тьютора при работе с детьми с ограниченными возможностями здоровья: помощь ребенку в решении актуальных задач развития, обучения, социализации; психологическое обеспечение адекватных и эффективных образовательных программ; развитие психолого-педагогической компетентности, психологической культуры педагогов, учащихся, родителей. Исходя из цели мы можем выделить задачи.

1. Помощь в усвоении соответствующих общеобразовательных программ, преодоление затруднений в обучении. При необходимости адаптация программы и учебного материала, с опорой на зоны ближайшего развития ребенка, его ресурсы, учитывая индивидуальные физические, психические особенности.

2. Работа с педагогическим коллективом, родителями, учениками с целью создания единой психологически комфортной образовательной среды.

3. Социализация – помощь в присвоении ребёнком культурных и нравственных ценностей общества, формирование личностных качеств, определяющих взаимоотношения с другими детьми и людьми, развитие самосознания, осознание своего места в обществе.

4. Организация, при необходимости, сопровождения другими специалистами. Обеспечение преемственности и последовательности разных специалистов в работе с ребенком.

5. Осуществление взаимодействия с родителями, включение родителей в процесс обучения.

6. Оценка результатов деятельности, отслеживание положительной динамики в деятельности ребенка.

Такое разнообразие организационных, образовательных и методических направлений деятельности необходимо систематизировать в виде компетенций и конкретных результатов работы.

На наш взгляд, методическую работу можно признать основой деятельности тьютора специальной (коррекционной) образовательной организации, т.к. в рамках методической работы создается сценарий профессионального и учебно-педагогического взаимодействия, закрепляемы определенным документом (индивидуальной программой).

Методическая работа представляет собой вид педагогической, управленческой деятельности, которая направлена на обеспечение образовательного процесса, и основана на взаимодействии ее субъектов в образовательной, инновационной и научной деятельности. А тьютор как раз та фигура, которая организует взаимодействии субъектов образовательной, инновационной и научной деятельности в рамках своей методической работы. Приведем группы методических компетенций тьютора специальной (коррекционной) образовательной организации.

1. Компетенции осуществления организационно-методической работы: работа в методической службе, группе, объединении; и других постоянных или временных коллективах; посещение занятий преподавателей; ведение документации (рекомендации специалистов для работы с ребенком с ограниченными возможностями здоровья, дневник наблюдений за ребенком) и т.д.

2. Компетенции осуществления научно-методической работы: отбор содержания образования; разработка методического замысла образовательного процесса (конструкта образовательной программы); методическая проработка учебного материала; научно-экспериментальная работа по совершенствованию методики преподавания и т.д.

3. Компетенции осуществления учебно-методической работы: составление индивидуальной образовательной программы – совокупность образовательных мероприятий и учебных курсов, которые осваивает обучающийся, форм и способов их освоения как в образовательном учреждении, так и за его пределами, которые являются ресурсами для максимального удовлетворения запроса ученика на образование с учетом возможностей системы образования, социума и самого ребенка.

Таким образом, методическая работа является основой деятельности тьютора специальной (коррекционной) образовательной организации, а компетенции методической работы заключаются в организации взаимодействия с педагогическим составом и учащимися, с целью разработки индивидуальной образовательной программы. Тьютор, это тот человек, который составляет индивидуальный маршрут, план, индивидуальную программу для ребёнка. Результатом методической работы тьютора является совокупность документов, которыми обеспечивается образовательный процесс, а основным из них: отобранное им содержание деятельности подопечного, индивидуальная программа, ядром которой будет индивидуальный образовательный план, который составляется на основе учебных планов и программ, планов социальной реализации и презентации; важным при этом является умение состыковки, координации и взаимообусловленности этих планов.

Былим Т.А.
ГБОУ ВПО Ставропольский государственный педагогический институт
Плугина М.И.
ГБОУ ВПО Ставропольский государственный медицинский университет
г. Ставрополь

ФАКТОРЫ ВЛИЯЮЩИЕ НА ВОЗНИКНОВЕНИЕ НАРУШЕНИЙ ПИЩЕВОГО ПОВЕДЕНИЯ

Сегодня одной из значимых проблем в изучении личности и деятельности человека является организация здорового образа жизни. Это обусловлено тем, что благосостояние всего общества и каждого отдельного его субъекта во многом зависит от степени его продуктивности, активности, его готовности проявлять творчество и проектировать позитивную жизненную стратегию. К сожалению, процесс развития человека как субъекта жизнедеятельности сопровождается целым рядом факторов риска. Среди них ведущее место занимают те факторы, которые оказывают негативное влияние не только на физическое, но и психическое здоровье человека. Сегодня к факторам, которые оказывают негативное влияние на психоэмоциональное состояние человека, правомерно отнести отсутствие навыков ведения здорового образа, «неправильное» с точки зрения диетологии питание, низкий уровень двигательной активности, следствием чего являются различные заболевания. И здесь, в первую очередь, необходимо вести речь об ожирении.

В большинстве развитых стран Европы от 15 до 25 % взрослого населения страдает ожирением. ВОЗ рассматривает ожирение как глобальную эпидемию, охватывающую миллионы людей. Избыточный вес и ожирение по значимости являются пятым в мире фактором риска смерти. Ожирение уменьшает продолжительность жизни при небольшом избытке веса в среднем от 3-5 лет, при выраженном ожирении до 15 лет. В результате излишнего веса и ожирения 2,8 миллиона взрослых людей ежегодно умирают [2,5]. Часто развиваются тяжелые сопутствующие заболевания. К ним можно отнести: артериальную гипертонию, сахарный диабет 2 типа, атеросклероз и связанные с ним заболевания, репродуктивную дисфункцию, остеохондроз, желчекаменную болезнь и т.д. Ожирение снижает устойчивость к инфекционным и простудным заболеваниям, кроме того, резко увеличивает риск осложнений при травме и оперативных вмешательствах. В настоящее время и в России наблюдается неуклонный рост больных ожирением.

Ожирение часто является следствием неправильно организованного питания и пищевых зависимостей [1,12]. И эта проблема сегодня рассматривается не только представителями медицины, но и психологами. Именно психологи акцентируют внимание на причинах, которые вызывают пищевую зависимость и приводят к нарушению пищевого поведения, а также определяют индивидуально эффективные способы его коррекции.

Анализ различных точек зрения на заявленную проблему показывает, что нарушение пищевого поведения – это разновидность девиантного поведения (Донских Т.А., Короленко Ц.П., Краснопёрова Н.Ю., Краснопёров О.В, Менделевич В.Д. и др.). Исходя из этого, можно определять методы, способы и формы коррекции данного нарушения. Но процесс коррекции возможен в том случае, если выявлены истинные причина возникновения и проявления того или иного нарушения.

Поэтому в данной работе мы подробно остановимся на причинах, которые приводят к патологиям пищевого поведения. Существующий анализ научных исследований показывает, что к ним, прежде всего, относятся следующие причины.

1. Давление культурных норм. В частности, Россия с давних времен считается хлебосольной страной. Любой праздник, прием гостей, да и простой семейный ужин обязательно сопровождается пиршеством.

2. Неосознанное желание набрать вес, чтобы защититься от близости и любви. Психотерапевтическая практика показывает, что многие люди с пищевой зависимостью стараются подавить или скрыть проявление их сексуальности. Так же они с помощью переедания избегают душевной близости. На страсть к еде тратиться огромная часть психической энергии. Иначе говоря, человек делает выбор: или «объедаться», или тратить силу на то, чтобы свои желания «обуздать». При том и другом выборе у человека для нормальных отношений энергии уже не остается. В такой ситуации человек может набрать такой вес, при котором полностью теряется интерес к партнеру. Часто у партнера возникает соответствующая ответная реакция. Следствием такого патологического пищевого поведения является потеря чувственности, уверенности в себе, своем теле, а секс становится неприятным и даже не возможным.

3. Еда как способ получить немедленное удовольствие. С младенческих времен еда воспринимается для человека как удовольствие. Когда мама кормит ребенка, то он получает телесный контакт, восхищение, внимание. Ребенок запоминает это и во взрослом возрасте бессознательно стремиться есть, вспоминая те минуты полного удовлетворения и безопасности. Человек, который, повзрослев, не научился получать удовлетворения от интересных, увлекательных занятий, от позитивных взаимоотношений, обязательно будет искать удовольствие в каком-то дополнительном стимулировании. Часто в роли такого «допинга» рассматривается еда.

4. Еда как успокоительное средство. Многие люди начинают есть, когда их охватывает беспокойство, тревога. Каждый раз, когда мы едим что-нибудь вкусное, мозг стимулирует выработку гормонов - эндорфинов. Они снимают боль и успокаивают, принося удовольствие. Следствием этого также является возникновение пищевой зависимости.

5. Озабоченность едой позволяет избежать решения проблем. У пищевых зависимых часто присутствует состояние неопределенной тревоги. И даже в тех случаях, когда они понимают ее причины, видят пути их преодоления, они не проявляют активности для разрешения проблемной ситуации. Срабатывают механизмы психологической защиты, которые позволяют человеку найти оправдание своему «бездействию». Следствием такого поведения становится не только пищевая зависимость. Но и апатия, снижение общей активности, лень и т.д.

6. Переедание как способ наказания себя или других. У некоторых людей присутствует глубокое чувство вины. Агрессия, злость, направленные на себя за те или иные проступки, приводит к мысли, что он не заслуживает того, чтобы быть хорошим, красивым, привлекательным и пр. Тогда лишний вес – это и есть результат такого наказания, оплата долга за свою вину перед кем-то или самим собой. Такое же наказание может распространяться и на других, т.е. человек, набирая вес, бессознательно «мстит» близким (родителям, партнеру), чтобы те видели его страдания, связанного с лишним весом, а также были лишены возможность видеть рядом с собой более привлекательного партнера (Например, мой муж не заслуживает стройной и красивой жены).

7. Еда как средство преодоления депрессии и снятия напряжения. Человек неизбежно начинает толстеть, если постоянно ест, чтобы облегчить свое угнетенное состояние, или расслабиться после тяжелого рабочего дня.

8. Переедание, как выражение протеста против себя или других. Когда человек сам или в силу влияние других людей пытается взять высокую планку, соответствовать идеальным требованиям или добиться идеальной фигуры, выдержать немыслимую диету, то часто следствием такой поставленной и практически невыполнимой задачи является разочарование, усталость, агрессия. В том случае, когда человек не смог достичь поставленной цели, связанной с формированием «идеальной фигуры», то он начинает действовать методом «от противного», т.е. начинает «заедать» неудачную попытку. Иначе говоря, способом выражения протеста против невыполненного собственного обещания, внешнего давления становится переедание. Переедание и анорексия - это два сильных способа сказать "НЕТ", если человек не может это выразить прямо.

9. Пищевые нарушения как проявление скрытой потребности все контролировать.

Повышенная склонность к тотальному контролю - серьезная проблема, часто связанная с различными нарушениями процесса воспитания. В частности, большинство зависимых людей - это старшие в семье дети, к которым, как правило, предъявляются повышенные требования и они пользуются в меньшей степени свободой по отношению к младшим детям. Родители стараются воспитать "хорошего" ребенка и поэтому тщательно контролируют все, что с ним происходит. С одной стороны, такие дети могут много достигнуть в различных сферах деятельности (в искусстве, науке, спорте и т.д.), с другой стороны, такой тотальный контроль приводит к серьезным личностным нарушениям, в том числе и к пищевой зависимости.

Следует отметить, что стремление к контролю наблюдается и у тех людей, которые сами выросли в неблагополучных семьях. В семьях, где кто-то из родителей выпивал, где члены семьи подвергались психологическому, физическому или сексуальному насилию, дети привыкают всего бояться. И во взрослой жизни, чтобы себя защитить и обезопасить от боли, они стараются максимально взять управление жизнью в свои руки, контролировать не только себя, но своих детей. В этом случае пища является средством снятия напряжения.

10. Искаженное восприятие своего тела. Неадекватное восприятие и оценка своего тела приводит к голоданию или, наоборот, к навязчивому перееданию. Такая особенность наиболее характерна для больных анорексией. Какими бы истощенными люди не были, в зеркале они видят себя по-другому и, сравнивая себя с людьми, у которых вес еще меньше, пытаясь достичь желаемого результата, стремятся похудеть еще больше.

У людей с избыточным весом есть аналогичная проблема. Они сравнивают себя с более полными людьми, считая, что у них все не так уж плохо. Такое сравнение приводит к тому, что человек не проявляет беспокойства, продолжает принимать пищу в том же объеме, что усиливает пищевую зависимость, приводит к ожирению и серьезным нарушениям как физического, так и психического здоровья.

11. Установки и переживания, сформированные под влиянием родителей и близких родственников. Такие установки являются следствием тех традиций, правил, которые сложились в семье. И, если все, что связано с едой, воспринимается как праздник (обилие, многообразие) или как наказание (принудительное кормление, лишение пищи, отказа в дополнительном питании и пр.), то это также может привести в последующем к нарушениям пищевого поведения.

12. Еда как способ утолить дефицит любви, принятия, признания. Если у человека не удовлетворяются названные выше жизненно важные потребности, то он ищет им замену. Часто дефицит, связанный с проявлением «особых» межличностных отношений приводит к неконтролируемому принятию пищи. И вместо того, чтобы что-то менять в

этих отношениях, наполнять их новым содержанием, человек начинает «наполнять» свой желудок, следствием чего становится зависимое пищевое поведение [1,17].

Можно назвать и другие причины, которые приводят к нарушению пищевого поведения, как сильнейшего фактора риска для здоровья человека. Актуальность рассматриваемой проблемы делает необходимым поиск эффективных способов, методов ее решения.

В современной практической психологии, в психотерапии сложился определенный опыт работы с людьми, имеющими нарушения пищевого поведения. Большинство врачей, психотерапевтов, психологов акцентируют внимание на физическом совершенствовании личности. Иначе говоря, одним из важных способов снижения веса при нарушении пищевого поведения являются физические упражнения (фитнес, бодифлекс, йога, бег - аэробные нагрузки). Чаще всего этот метод рекомендуется в сочетании с другими, не менее эффективными методами методиками. Наибольшей популярностью пользуются:

- физиотерапевтические методы (массаж, баня, одежда для похудения, мезо- и миотерапия, акупунктура);
- лекарственные методы (препараты, снижающие аппетит, ускоряющие обменные процессы, снижающие всасывание жиров и углеводов, слабительные и мочегонные средства, имитаторы насыщения, заменители жира и сахара и пр.);
- диетологические методики (кремлевская диета, вегетарианство, голодание);
- нетрадиционная диетология (гемокод, похудение по группам крови);
- питательные и травяные смеси (низкокалорийные питательные смеси, БАДы);
- хирургические методы (балонирование, бандажирование и шунтирование желудка, липосакция) и пр. [2,8]

В последнее время все больше людей с нарушениями пищевого поведения обращаются к практическим психологам, которые используют совокупность различных методов, обеспечивающих минимизацию нарушений и их коррекцию. Психологические методы (кодирование, 25 кадр, работа в групповых сеансах, комплексный подход) [3,10]. Но здесь следует предостеречь людей с пищевой зависимостью от возможности оказаться в ситуации взаимодействия с псевдопсихологами, врачами, которые используют псевдонаучные способы коррекции и лечения (целители и экстрасенсы, астрологи, маги и т.д). Результатов такого влияния может стать не просто отсутствие желаемого результата, но общее ухудшение психического и физического здоровья при больших материальных затратах.

Современные специалисты, как правило, используют в основе своей деятельности научный подход в выявлении и преодолении возникшей проблемы, а главным принципом воздействия на психику человека является принцип «не навреди».

Чтобы помочь человеку разобраться в себе и своей болезни, предусмотреть факторы, которые влияют на появление и усиление нарушений пищевого поведения необходимо не только знание проблемы, но и соблюдение правил эффективной работы с такими клиентами.

С точки зрения психологии коррекция пищевой зависимости должна осуществляться с позиции всестороннего анализа био-психо-социо-духовных составляющих человека. И, исходя из того, что «болезнь» оказывает патологическое, разрушающее воздействие на все эти четыре структуры, важно актуализировать внутренний потенциал человека, с помощью которого можно достаточно эффективно проводить коррекционную работу. В процессе коррекции следует учитывать и доносить до сознания клиента, что когда тело страдает от избыточного веса (или его недостатка), то появляются разные заболевания. У зависимого человека формируется много психологических комплексов, развивается чувство вины. Он начинает ограничивать свои контакты с окружающими людьми. И перестает верить в себя и окружающих. Поэтому так важно в коррекционных программах акцентировать внимание на восстановление Я - концепции, повышение самооценки, исправление своих ошибок, построение конструктивных и доверительных отношений с окружающими, укрепление и взращивание духовности. Восстановление веры в самого себя, в свои силы является основой для преодоления пищевой зависимости, гармонизации психоэмоционального и физического состояния личности.

Литература:

1. Минирт, Фрэнк. Наркотик под названием еда / Фрэнк Минирт, Пол Майер, Роберт Хемфельт, Шарон Снид, Дон Хокинс; пер. с англ. - М.: Триада, 2009. - 304с.

2. Сидоров А. В. Стили пищевого поведения и психологические характеристики клиентов программ снижения веса с алиментарным ожирением: автореферат дис. ... кандидата психологических наук: 19.00.04 / Сидоров Александр Витальевич [Место защиты: Российском государственном педагогическом университете им. А.И. Герцена].- Санкт-Петербург, 2012.- 26 с.

3. Святенко Л.В. Психологические факторы расстройств адаптации женщин с избыточным весом: автореферат дис. ... кандидата психологических наук: 19.00.04 / Святенко ЛюдмилаВладимировна;[Место защиты: Российском государственном педагогическом университете им. А.И. Герцена].- Санкт-Петербург, 2012.- 26 с.

4. Руководство по аддиктологии /Под ред. проф. В.Д. Менделевича. Спб.: Речь 2007.- 768 с.

Мушенок Н.И.
доцент кафедры социологии и психологии Самарский Государственный Экономический Университет
Сагадатов И.М.
магистрант второго курса
Самарского Государственного Университета

ЗНАЧЕНИЕ ТРЕНИНГОВОЙ РАБОТЫ В ФОРМИРОВАНИИ ПРОФЕССИОНАЛЬНОГО САМОСОЗНАНИЯ

Обратившись к проблеме конкретных и эффективных методов, позволяющих стимулировать расширение и рост самосознания, и ознакомившись с имеющимся в нашей стране и за рубежом опытом, мы пришли к предположению о том, что одной из наиболее удобных, конструктивных, быстро действующих форм психологической работы со специалистами, чья деятельность связана с активным общением, является специально организованный тренинг развития профессионального самосознания, включающий в себя, помимо специальных психотерапевтических и психокоррекционных техник, деловые и организационно-управленческие игры, дискуссионные методы группового принятия решений и т. д.

Поскольку большинство существующих видов тренингов направлено на снятие ограничений и преодоление трудностей, мешающих оптимальному развитию тех или иных сторон личности и ее эффективной жизнедеятельности, на раскрытие внутренних потенциалов человека и расширение его самосознания, именно тренинг позволяет реализовать все необходимые психологические условия развития профессионального и личностного самосознания участников.

Теоретические положения, изложенные выше, легли в основу разработанной нами специальной тренинговой программы, целью которой являлось развитие профессионального самосознания (50 часов). В качестве базовых тренинговых методик были использованы техники и приемы, применяемые в различных психологических и психотерапевтических школах – в гештальттерапии, психодраме, нейролингвистическом программировании, трансакционном анализе и групп-анализе, телесно-ориентированной терапии и арт-терапии. Кроме того, применялся ряд авторских методик.

Следует оговориться, что использование техник разных психологических школ, имеющих кардинально различающиеся, а порой и противоречащие друг другу теоретические основания, диктовалось не желанием продемонстрировать яркую компиляцию приемов, рассчитанных на дешевый эффект, но не связанных единой целью, а стремлением обогатить программу наиболее действенными практическими методиками, имеющими собственную психокоррекционную ценность вне зависимости от теоретического контекста от создававших их школ. Эти техники использовались и при необходимости интерпретировались в рамках описанного выше подхода к пониманию профессионального самосознания.

Детальное изложение всех процедурных моментов психологического тренинга развития профессионального самосознания не представляется возможным вследствие, во-первых, недостатка места и, во-вторых, отсутствия однозначного алгоритма и широкого варьирования сценарного плана этой работы. Для каждой группы готовится своя программа, содержательный и формальные аспекты которой зависят от целого ряда факторов: ситуация в стране, конкретных событий, произошедших в последние время в данном городе и в данном учреждении, личностных особенностей участников группы, их социального статуса, профессиональной принадлежности, заявленных жизненных проблем, уровня общей психологической культуры, возраста и т. д. Наполнение программы конкретными психотехниками и упражнениями меняется с учетом перечисленных факторов, а также особенностей групповой динамики в данной группе.

Вместе с тем, разумеется, **тренинг развития профессионального самосознания** имеет достаточно устойчивую обобщенную структуру, включающую в себя обязательные содержательные блоки и процедурные моменты.

Тренинговая программа состоит из **трех** взаимосвязанных тематических блоков.

Первый блок посвящен *осознанию участниками некоторых своих личностных особенностей и оптимизации отношения к себе, к своей личности*. Блок содержит упражнения, ориентированные на то, чтобы сфокусировать внимание участников тренинга на собственные личности, на своих переживаниях, мыслях, привычных способах поведения, на своих представления о самом себе.

Второй блок направлен на *осознание участниками себя в системе профессионального и личностного общения и оптимизацию межличностных отношений с коллегами, администрацией и членами семьи*. Особое внимание уделяется развитию психологических возможностей личности, ее социально-перцептивных и коммуникативных способностей, осознанию привычных способов общения, анализу ошибок в межличностном взаимодействии.

Третий блок ориентирован на *осознание участниками себя в системе профессиональной деятельности и на оптимизацию отношений к этой системе*. На этом этапе основной упор делается на закрепление новых поведенческих паттернов, отработку умений самоанализа профессиональной деятельности, а также на способы высвобождения своего творческого потенциала.

Во всех блоках участники тренинга знакомятся с короткими и эффективными способами снятия внутреннего напряжения, с приемами саморегуляции (релаксационные и медитативные техники, аутотренинг и т. п.), в результате применения которых **профессиональное самосознание поднимается на более высокий уровень.**

Список используемой литературы

Макшанов С. И. Профессиональный тренинг // Психология профессиональной подготовки / под ред. Г. С. Никифорова. СПб., 2005.

Мельник С. Н. Теоретические и методологические основы социально-психологического тренинга. Владивосток, 2005.

Рудестам К. Групповая психология. СПб., 2006.

Шульц Д. Психология и работа / Д. Шульц, С. Шульц. М.; СПб., 2006.

Емельянова Е.В.
магистр психологии, Восточно-Сибирская государственная академия образования, г.Иркутск

К ВОПРОСУ О СТРУКТУРЕ МАТЕМАТИЧЕСКИХ СПОСОБНОСТЕЙ У ШКОЛЬНИКОВ В ПРОЦЕССЕ ОБУЧЕНИЯ

Современная образовательная практика системы школьного образования нацелена на создание условий для развития каждого ребенка с учетом его индивидуальных особенностей. В связи с этим возникает острая необходимость разработки психологически обоснованных подходов к идентификации специальных способностей и разработки программ школьного обучения, всемерно содействующих раскрытию и реализации потенциала обучающихся. В отечественной психологии накоплен значительный объем исследований в изучении математических способностей и их развития в трудах: Н. В. Метельского, А.Ф. Лазурского, Р. Атаханова, В.А. Крутецкого, С.Л. Рубинштейна, А.Г. Ковалева, А.Н. Колмогорова, Н.А. Менчинской, В.Н. Мясищева, М.А. Холодной, И.С. Якиманской, Л.Т. Ямпольского и др.

В условиях изменяющегося знаниевого и информационного пространства меняется темп и ритм жизни обучающихся, их реальные способности и возможности. Таким образом, организация самих знаний требует нового подхода с точки зрения объема информации, способов ее получения и осмысления. Происходит смещение образовательных акцентов на развитие мыслительных операций, связанных с логическим мышлением, обобщением, усвоением понятий и т.д.

Целью и задачами нашего исследования являлось проведение теоретического анализа состояния научных подходов к изучению проблемы математических способностей в психолого-педагогической литературе, выявление особенностей развития структуры математических способностей у школьников в процессе их обучения.

Основным вопросом в исследовании математических способностей был и остается вопрос о сущности этого сложного психологического образования. Основные проблемы, которые подлежат изучению, это: специфичность математических способностей; структурность математических способностей; типология различий в математических способностях. Данная классификация проблем хорошо согласуется с моделью характеристик человека по Б.Г.Ананьеву: 1) субъект деятельности —операциональные механизмы (структурность способностей); 2) индивид – функциональные механизмы (специфичность способностей); 3) личность – мотивационные механизмы (типология различий в способностях) [1, 15].

В отечественной психологии большой вклад в изучение структуры способностей внесли многие исследователи. Так, В.Д.Шадриков в структуре способностей выделяет два важных компонента: функциональный и операциональный. Последний рассматривается через призму деятельности, является приспособлением к требованиям действительности [7, 38]. В.Н.Дружинин представляет трехкомпонентную структуру общих способностей: интеллект (способность решать задачи на основе имеющихся знаний), обучаемость (способность приобретать знания) и креативность (способность преобразовывать знания с участием воображения и фантазии) [2, 12]. М.А.Холодная в своей концепции интеллекта как формы организации ментального опыта расширяет структуру общих способностей до четырех компонентов: обучаемость, креативность, познавательные стили и конвергентные способности [6, 13]. Под конвергентными способностями она подразумевает следующие составляющие: вербальный интеллект, невербальный интеллект, комбинаторные свойства интеллекта, процессуальные свойства интеллекта. Следует остановиться поподробнее на процессуальных свойствах интеллекта, так как они включают в себя процессы переработки информации, а также операции (анализ, синтез, обобщение, сравнение, абстракция, конкретизация, систематизация, классификация), приемы (знания и умения) и стратегии интеллектуальной деятельности.

Длительное время изучая специальные способности – математические, В.А.Крутецкий выделял в их структуре четыре основных компонента: получение математической информации (формализованное восприятие задачи), переработка или другими словами – процессуальный компонент (логичность рассуждений, обобщение математического материала, свернутость математического мышления, гибкость мыслительных процессов, стремление к изяществу решения), хранение математической информации (математическая память) и общий синтетический компонент (математическая направленность ума, определяющая типологию математических способностей) [5, 375]. Для сравнения приведем структуру математических способностей, предложенную А.Н.Колмогоровым - знаменитый математик считал, что математические способности состоят из трех основных компонентов: логических рассуждений, алгоритмических вычислительных способностей и геометрического воображения [4, 227]. Модель структуры математических способностей В.А.Крутецкого выгодно отличается от модели предыдущего автора, так как в ней выделены процессуальные свойства. Таким образом, если отбросить типологию различий в математических способностях, как проблему, которая изучает мотивационные механизмы личности, то остаются три основные компоненты в модели В.А.Крутецкого, характеризующие структурность математических способностей, а именно: получение, переработка и хранение математической информации, что сближает автора с представителями когнитивного подхода в психологии.

Для выявления структуры математических способностей нами была разработана методика [3, 38], в основу которой вошли отдельные серии математических задач, используемых В.А.Крутецким в [5 ,186]. Методика по выявлению структуры математических способностей представляет сокращенный вариант заданий (5 серий из 26) по классификации, предложенной В.А.Крутецким:

- *получение и хранение математической информации* - задачи с постепенной трансформацией из конкретного в абстрактный план (формализованное восприятие задачи и математическая память – 1 серия);

- *переработка математической информации*: эвристические задания (обобщение математического материала и свернутость математического мышления – 1 серия); задачи общематематические и логические (отражают логичность рассуждений и свернутость математического мышления – 2 серии); задачи с различной степенью наглядности решения (шесть тестов с нарастающей сложностью - характеризуют гибкость мышления и стремление к изяществу решения – 1 серия).

Всего было составлено 9 тестов по 6 – 11 задач. Максимальное время, отводимое на тестирование по каждой серии – 60 минут.

Решение каждой задачи во всех сериях оценивалось по дихотомической шкале, затем результат выражался в процентном соотношении по числу правильно решенных заданий в серии. Подробно методика описана в совместной монографии [3] и прошла успешную апробацию на выборке более, чем 300 учащихся, углубленно изучающих математику в возрасте от 11 до 18 лет.

Выводы, которые нами получены, следующие: с увеличением возраста школьников наблюдается общая тенденция повышения показателей тестов, но при этом неоднородная. Анализ выполнения тестов показал, что учащиеся легко решают системы задач с постепенной трансформацией из конкретного в абстрактный план, задачи на логическое рассуждение, общематематические, но с трудом выполняют задания, относящиеся к категории задач, которые можно решить с опорой на наглядные представления и схемы, либо путем словесно-логического рассуждения. Только к 13-14 годам (7 классы) у таких подростков вырабатываются навыки решения задач, требующих в наибольшей степени наглядную опору, а также «мыслительных» задач, которые решаются чисто мыслительным путем, и значительно возрастают навыки решения геометрических и эвристических задач. К 10 классу у этих школьников навыки решения всех перечисленных типов задач достигают наибольшего уровня, но при этом уровень решения логических задач и задач, которые можно решить с опорой на наглядные представления и схемы, остаются сравнительно неизменными. На различных возрастных ступенях основные структурные компоненты математических способностей отличаются качественным своеобразием и специфической формой проявления.

В работе [3, 66] приводятся результаты сравнения лонгитюдного исследования структуры математических способностей у школьников с развитыми математическими способностями (классы: 6, 7, 8, 9, 10). P-уровень значимости выявленных различий в разновозрастных группах при решении серии подобранных нами тестов по критерию χ^2 составил от 0,001 до 0,02. Корреляционный анализ результатов тестов на выявление структуры математических способностей показал, что общий показатель уровня математических способностей высоко коррелирует со всеми структурными компонентами: значения корреляции составили от 0,67 до 0,93, что говорит в пользу хорошей валидности этих тестовых методик.

Таким образом, подтвердился вывод В.А.Крутецкого, что такие структурные компоненты математических способностей, как: обобщение математического материала, свернутость математического мышления, гибкость мыслительного процесса, стремление к изяществу решений, математическая память неразрывно связаны между собой и имеют тенденцию к увеличению с возрастом [5, 375].

Литература:

1. Ананьев Б.Г. О соотношении способностей и одаренности.// Проблемы способностей М., 1962 - с.15-32.
2. Дружинин В.Н. Психология общих способностей. - СПб.: Издательство «Питер», 1999. — 368 с.
3. Емельянова Е.В. Тест структуры математических способностей. Монография под ред. Ларионовой Л.И. "Психология детской одаренности и творческих способностей", - Иркутск: ВСГАО, 2009. с.38-71.
4. Колмогоров А. Н. Математика –наука и профессия. М., 1988. – 288 с.
5. Крутецкий В.А. Психология математических способностей школьников. - М.: Институт практической психологии; Воронеж: НПО МОДЕК, 1998, 416 с.
6. Холодная М.А. Основные направления изучения психологии способностей в Институте психологии РАН // Психологический журнал. 2002. Т. 23.№ 3.С. 13–22.
7. Шадриков В. Д. О структуре познавательных способностей.// Психологический журнал. 1985. № 3. - с.38-47.

Аверина Е.А.
НИ Томский государственный университет

ОБ АКТУАЛЬНОСТИ ИССЛЕДОВАНИЯ РЕГИОНАЛЬНОЙ СОЦИАЛЬНОЙ ПОЛИТИКИ В ОБЛАСТИ ЗАЩИТЫ ИНВАЛИДОВ

Тот факт, что уровень развития любого общества определяется не только экономическими характеристиками, но и его отношением к социально незащищённым и депривированным группам - сегодня не вызывает сомнения среди ученых, журналистов, политиков. Мировой процесс гуманизации общественных отношений определяет новые направления взаимоотношений между здоровыми и инвалидами.

Переход от фактической изоляции инвалидов, связанный в нашей стране с особенностями организации системы помощи и поддержки данной группе в советский период, к пониманию необходимости их интеграции в общество формируется в первую на нормативно-правовом уровне. Так в ФЗ № 181 "О социальной защите инвалидов в Российской Федерации" впервые появляются понятия «безбарьерная среда», «информационная доступность» и некоторые другие. Однако факт принятия закона не изменяет ситуацию немедленно.

Понимание необходимости и возможности интеграции людей с ограниченными возможностями в общество - процесс длительный и связан с пересмотром представлений об инвалидах и их реальных возможностях, а значит изменении их статуса в обществе. На сегодняшний день можно проследить трансформации в научном, экономическом, политическом и социальном дискурсах исследования проблем инвалидов и инвалидности как социального явления. Создание оптимальных условий для их успешного развития, адаптации и социальной интеграции относятся к важнейшим социальным задачам в развитых странах.

Об актуальности обращения к данной проблематике свидетельствует мировая и региональная статистка. Согласно официальным данным сайта ВОЗ численность инвалидов - 650 миллионов человек, что составляет около 10 процентов населения в мире. [1] В России по информации Министерства труда и социального развития от 03 апреля 2013 численность инвалидов составляет 12,8 млн. человек [2], что составляет примерно 9% от общей численности населения.

Также необходимость изучения данной темы обусловливается мировоззренческими, политическими, демографическими, экономическими и иными факторами.

К мировоззренческим факторам, прежде всего, относятся представления об инвалидах, их возможностях, месте, которое они могут занимать в социальной структуре общества. Постепенно в массовом сознании установка на жесткое разделение «здоровых» и людей с «патологией» трансформируется в представление о своеобразной «норме допуска» к социальным ресурсам, ранее табуированным для инвалидов. Важную роль в этом сыграло развитие идеи прав человека.

В условиях повышения правовой и социальной информированности проявляются политические факторы, влияющие на исследование проблем инвалидности. Необходимо отметить постепенный переход от гарантированности прав к доступности их реализации, а также осуществление антидискриминационных мероприятий, связанных с созданием безбарьерной среды. Развивающееся сегодня в России движение за права инвалидов, например деятельность общественных организаций инвалидов ("Перспектива" г. Москва, «ДИВО» г. Томск и др.), активное развитие доступной среды, свидетельствуют о постепенном понимании обществом необходимости и возможности использования потенциала людей с ограниченными возможностями.

Мировоззренческие и политические факторы во многом связаны с действием демографических и экономических факторов.

Действие первых связано с тем, что в условиях демографического старения населения страны, а значит и увеличения нагрузки на трудоспособное население каждый работник будет на счету. Это положение тесно связано с экономическими факторами, которые можно рассматривать как необходимость привлечения дополнительной рабочей силы. Кроме того развитие новых технологий позволяет изменить подход к организации принципа и способа приема инвалида на работу (например, использование удаленного труда через сеть Internet и телефонную связь), Развитие технических приспособлений дает возможность оборудовать места для людей с инвалидностью на предприятии.

Необходимо отметить, что действие описанных факторов тесно взаимосвязано и изменения в одной сфере неизбежно сказываются в других. В конечном итоге формируется система помощи и поддержки данной группы.

Созданная в условиях сложной экономической ситуации 90-х годов система социальной помощи, позволяла лишь сдерживать чрезмерные эффекты формирующейся рыночной экономики и уже в начале 2000-х гг. стало понятно, что в существующем виде государственная система помощи не справляется со значительным числом организационных, материальных и методологических проблем, в том числе и в сфере решения проблем инвалидов.

Исходной точкой значительных изменений в организации помощи и поддержки людям с ограниченными возможностями стал федеральный закон от 22.08.2004 № 122 - ФЗ "О внесении изменений в законодательные акты Российской Федерации и признании утратившими силу некоторых законодательных актов Российской Федерации в связи с принятием федеральных законов "О внесении изменений и дополнений в федеральный закон "Об общих принципах организации законодательных (представительных) и исполнительных органов государственной власти субъектов российской федерации" и "Об общих принципах организации местного самоуправления в российской федерации". Данные документы определили круг полномочий органов региональной и муниципальной власти по организации социальной защиты инвалидов.

В настоящее время основы социальной защиты инвалидов закладываются на федеральном уровне, а реализуются на региональном и муниципальном уровнях. Таким образом, фактическое решение проблем инвалидности зависит от областной и муниципальной социальной политики, которые формируются с учетом индивидуальных особенностей области и города, их ресурсов и потенциала.

И возникает ряд вопросов, требующих изучения: обладают ли региональные и муниципальные власти необходимыми финансовыми, организационными, кадровыми и прочими ресурсами для реализации данной политики? Существует ли артикулированная «идеология», определяющая дискурс социальной политики по решению проблем инвалидов на федеральном и региональном уровне? Наконец, могут ли сами инвалиды и их объединения участвовать в разработке и реализации проводимой социальной политике и как они её оценивают.

Все это актуализирует необходимость анализа региональных особенностей социальной политики в области защиты инвалидов.

Список литературы:

1. О реализации мер, направленных на развитие трудовой занятости инвалидов// Банк документов Министерства труда и социального развития Российской федерации [Электронный ресурс] URL: http://www.rosmintrud.ru/docs/mintrud/migration/12 (Дата обращения: 03.10.2013)
2. ООН и инвалиды - Фактологический бюллетень по вопросам инвалидов [Электронный ресурс] URL: http://www.un.org/russian/disabilities/default.asp?navid=31&pid=1186 (Дата обращения: 03.10.2013)

Аргунова В.Н.
доцент, доктор социологических наук, Вятский государственный гуманитарный университет, v_argunova@mail.ru
Нурутдинова А.Н.
кандидат социологических наук, Казанский (Приволжский) федеральный университет, Институт массовых коммуникаций и социальных наук
aida-nur@mail.ru

НОВЫЕ ОБЩЕСТВЕННЫЕ ИНИЦИАТИВЫ В УСЛОВИЯХ ИНСТИТУАЛИЗАЦИИ ГРАЖДАНСКОГО ОБЩЕСТВА В РОССИИ

Современные исследователи высказывают сдержанные суждения о наличии и деятельности гражданского общества в России. Между тем, в последнее время активно идет процесс его институализации. Об этом свидетельствует появление общественных организаций, созданных самодеятельно, без участия административных структур, новые практики и инициативы в общественно-политической жизни.

Гражданская активность особенно возросла в последние два года из-за недовольства людей процедурой проведения и результатами выборов депутатов Государственной Думы и Президента страны 2011 – 2012 гг. Точечные акции протеста, прошедшие сразу после выборов, не решили главной проблемы – выборного законодательства, устанавливающего множество фильтров для отсева неугодных власти кандидатов и простор для фальсификаций. Уличные акции протеста, не имеющие юридической силы, могли способствовать дестабилизации ситуации, не предлагая рациональных путей выхода из ситуации. В 2013 г. в Самаре было организовано движение «Выбери открыто!», которое не только высветило проблемные места действующего российского выборного законодательства, но и юридически обосновало необходимость его изменения, возможность проведения открытых выборов.

Движение «Выбери открыто!» в настоящее время широко распространяется по всей стране, охватывает десятки тысяч людей, для которых судьба собственного государства является личным делом, гражданским долгом. Действия общественного движения говорят о том, что его участники чувствуют личную ответственность за происходящее в стране, стремятся к диалогу с представителями различных слоев населения и с властью. Активный диалог с властью может быть возможен при наличии общественного мнения, которое должно быть услышано властью. При этом важно получить объективную информацию о том, какова позиция граждан страны по вопросам, касающимся изменений в политической системе страны. Основным способом получения достоверной информации является социологический опрос. Однако, как верно заметил П. Бурдье, «общественное мнение», демонстрируемое на первых страницах газет в виде процентов есть попросту чистейший артефакт. Его назначение – скрывать то, что состояние общественного мнения в данный момент есть система сил, напряжений и что нет ничего более неадекватного, чем выражать состояние общественного мнения через процентное отношение. Ученый подчеркивает, что доминирующая проблематика, которой занимаются институты опросов, интересует, прежде всего, власть предержащих, желающих быть информированными о средствах организации своих политических действий. Однако разные социальные классы склонны вырабатывать свою контрпроблематику [Бурдье, 2005, с. 274, 280].

Движение «Выбери открыто!» в июне 2013 провело независимое от официальных социологических служб исследование по изучению мнения граждан о новых гражданских инициативах на всей территории Российской Федерации, во всех федеральных округах, в 68 субъектах г. Для достижения репрезентативности, составление выборки осуществлялось на основе требований, предъявляемых к проведению национальных социологических опросов. Выборка – стратифицированная, трехступенчатая, пропорциональная. Конструирование выборки производилось в несколько этапов по территориальному принципу. Ошибка выборки составила 3%

На первом этапе для каждого федерального округа было рассчитано число респондентов пропорционально численности избирателей округа в общей численности электората страны по данным выборов 2012 г. В зависимости от численности избирателей в федеральном округе определялась количество субъектов РФ, охваченных опросом – чем выше численность, тем больше регионов. На втором этапе внутри региона заданное число респондентов распределялось по 7 группам, соответствующим 7 типам административно-территориальных единиц (города с населением 1 млн. и более, города с населением 500 – до 1 млн., города с населением 50 – 100 тыс., города с населением менее 50 тыс., поселки городского типа, сельские районы) пропорционально удельному весу каждого типа в населении каждого субъекта. На третьем этапе осуществлялся расчет респондентов по полу и возрасту в каждой административно-территориальной единице, принимавшей участие в опросе (по данным всероссийской переписи 2010г.). На четвертом этапе заданное число респондентов пропорционально распределялось по территории опроса. Для этого учитывались границы избирательных участков, т.к. численность населения в них примерно одинаковая.

Основу выборки составляли домохозяйства (группа людей, проживающих в одном жилом помещении или его части, совместно обеспечивающих себя пищей и всем необходимым для жизни, то есть полностью или частично объединяющих и расходующих свои средства). Использование домохозяйств в качестве основы выборки позволяет проводить вероятностный отбор. Вместо случайного отбора людей, которые находятся в постоянном движении, происходит случайный отбор жилищ, которые всегда на своем месте и имеют четкую географическую привязку. Это позволяет однозначно определить вероятность попадания респондента в выборку. В каждом домохозяйстве опрашивался один взрослый член семьи (от 18 лет и старше). Отбор домохозяйств производился маршрутным методом. Составлялись маршрутные листы для контроля работы интервьюеров.

Учитывая значимость результатов этого опроса, анкетирование проводилось в письменной форме, а респонденты оставляли свои паспортные данные и согласие на обнародование результатов социологического опроса. Методика, использованная в исследовании, приближена к классическому типу опроса в социологии, которым принято считать модель, предложенную Гэллапом. Для типичного гэллаповского опроса характерны следующие признаки: общенациональный характер; отбор респондентов, достигших избирательного возраста; приближенность по времени проведения к проведению выборов или референдумов; случайный или квотный характер выборки; личный опрос респондентов по месту жительства; закрытый характер вопросов; сбор индивидуальных данных (каждый опросный лист может быть соотнесен с конкретным индивидом в выборке), т.е. отсутствие анонимности личного мнения [Сикевич, 2005, с. 80].

В опросе приняли участие 7044 человека, что заметно превышает аналогичные замеры, осуществляемые ведущими российскими федеральными социологическими центрами. Исследование показало низкий уровень доверия к власти, избранной тайным голосованием (табл. 1).

Таблица 1

Степень доверия власти, избранной тайным голосованием
n=7044, (%)

Степень доверия	%
Доверяю	5
Скорее доверяю, чем не доверяю	8,0
Скорее не доверяю, чем доверяю	26,5
Не доверяю	60,5
Всего	100

Характеристики доверия/недоверия слабо варьируются по территориям и типам поселений. На них не влияют такие объективные факторы, как уровень денежных доходов и темпы социально-экономического развития региона, в котором проживают респонденты. Одним из доказательств такого утверждения служат результаты ответа респондентов на вопрос о том, чьи интересы выражает верховная политическая власть. Большинство опрошенных считают, что она выражает интересы чиновников (89,4%) и олигархов (81,8%). Лишь 6,7% респондентов полагают, что власть выражает интересы всего народа; 8,5% респондентов – интересы средних слоев населения;1,5% - бедных слоев.

Очевидно, именно с этим связано желание видеть в должности президента выходца из народа, а не из бюрократических и олигархических структур. В последнее десятилетие в России фактически прекратилось обновление политической элиты, власть сосредоточена в руках замкнутой группы лиц, принадлежащих к высшим слоям государственных чиновников и олигархам. Опрос показал, что 83,2% респондентов хотят видеть на должности президента выходца из народа, а не из бюрократических и олигархических структур; 3,4% - не хотят, 13,4% - затруднились ответить (табл.2).

Таблица 2
Желание видеть на должности президента выходца из народа, а не из бюрократических и олигархических структур
n=7044, %

Желание видеть на должности президента выходца из народа	%
Да	83,2
Нет	3,4
Затрудняюсь ответить	13,4
Всего	100

Обновление политической элиты, в т.ч. высшего руководства страны, «допуск» в ее ряды представителей других социальных слоев в условиях сформированного в последние годы избирательного законодательства фактически невозможно. В качестве выхода из сложившейся ситуации анализируется гражданская инициатива по смене процедуры тайного голосования открытым голосованием. Открытое голосование коренным образом меняет избирательную систему, исключает возможность фальсификации, в то время как опыт тайного голосования дает повод усомниться в честности подсчета голосов. Мнения респондентов об этом представлены в табл.3.

Таблица 3
Согласие с тем, что открытое голосование исключает возможность фальсификации
n=7044, %

Степень согласия	*%*
согласен	75,2
скорее согласен, чем не	15,9

согласен	
скорее не согласен, чем согласен	4,7
не согласен	4,2
итого	100

91,1% опрашиваемых считают, что открытое голосование исключает возможность фальсификации. Не согласных с этим – 8,9% участников опроса. Существует различие в ответах на данный вопрос в зависимости от возраста. Чем моложе респонденты, тем меньше они соглашаются с тем, что открытое поименное голосование исключает возможность фальсификации. Очевидно, это связано с тем, что за постсоветский период выросло целое поколение людей, которое уже ничего не ждет от власти, от общественных институтов, действует, по выражению В.В. Петухова, в «автономном режиме» [Петухов В.В., с.49].

Идея открытых выборов очень притягательна для респондентов. Об этом свидетельствуют ответы на вопрос о том, согласны ли они с тем, что необходимо внести поправки в Конституцию – сделать голосование на выборах открытым (табл.4).

Таблица 4

Мнения респондентов о необходимости внесения поправок в Конституцию – сделать выборы в России открытыми

n=7044, %

Степень согласия	%
Согласен	89,4
Скорее согласен, чем не согласен	7,9
Скорее не согласен, чем согласен	1,3
Не согласен	1,4
Всего	100

Подавляющее большинство опрошенных – 89,4% - полностью разделяют предложение внести изменения в Конституцию. Не определившихся с окончательным ответом – 9,2%, не согласных – 1,4%.

Таким образом, предложение открытых выборов и внесения поправок в Конституцию находит широкую поддержку среди населения всей страны, во всех федеральных округах, во всех типах поселений, среди всех социально-демографических групп.

За последние годы в выборном законодательстве России произошли изменения, идущие вразрез с основополагающими конституционными принципами, в т.ч. правом участвовать в управлении делами государства, как непосредственно, так и через своих представителей, право избирать и быть избранным в органы государственной власти и органы местного самоуправления. На выборах президента в 2012 г. кандидатам-самовыдвиженцам ставилось заранее невыполнимое условие – собрать с соблюдением особых правил 2 млн. подписей в поддержку выдвижения в течение 40 дней. Отведенный на сбор подписей срок на счет новогодних каникул и действий Центральной избирательной комиссии фактически сократился до 20 дней. При этом кандидаты, выдвинутые от партий, имеющих свое представительство в Государственной Думе, автоматически участвовали в выборах Президента без каких-либо дополнительных условий, т.е. без сбора подписей вообще. (Для сравнения: Путин, идя на первый срок, собирал 500 тыс. за 2 месяца, имея административные рычаги). Оценивая разные условия допуска к выборам кандидатов от власти и кандидатов от народа, 82,3% респондентов посчитали это нарушением Конституции и их гражданских прав.

Отвечая на вопрос о справедливости требования для кандидатов-самовыдвиженцев абсолютное большинство респондентов считают, что нарушены условия равного избирательного права – 82,7%, затруднились ответить – 14,1%, и лишь 3,2% считают, что соблюдены условия равного избирательного права. 89% опрошенных считают, что собрать 2 млн. подписей за 20 дней нереально. В результате работы почти 2000 сборщиков подписей с принципиальным соблюдением всех требований закона за время, предоставленное ЦИКом, было собрано 243 тыс. подписей граждан в поддержку самовыдвижения Светланы Пеуновой. По оценке экспертов (политолога Е. Минченко; директора Института избирательных технологий Е. Сучкова; заместителя руководителя независимой Ассоциации защиты прав избирателей «ГОЛОС» Г. Мельконьянца), это практически максимально возможное количество подписей, которое можно было собрать в этих условиях, не прибегая к фальсификации.

На этом основании спрашивалось мнение избирателей о том, должна ли кандидат в президенты С.М. Пеунова участвовать в выборах при сборе 243 тыс. подписей (табл.5).

Таблица 5
Мнения респондентов об участии С.М. Пеуновой в выборах президента
n=7044, %

Должна/не должна принимать участие	%
должна, потому что требования закона изначально невыполнимы	27,6
должна, потому что собрала реальное количество подписей	52,4
нет, не должна	3
затрудняюсь ответить	17
Всего	100

Результаты показывают, что 80% респондентов считают, что С.М. Пеунова должна была принимать участие в выборах президента.

Такое мнение респондентов обусловлено тем, что, во-первых, респонденты считают, что существующее выборное законодательство нарушает Конституцию страны; во-вторых, они оценивают требования к кандидатам-самовыдвиженцам как несправедливые; в-третьих, они желают видеть в должности президента народного кандидата.

На вопрос о том, за кого бы Вы проголосовали, если бы выборы президента состоялись сегодня, 69% - выбрали Пеунову С.М., 8,6% - Путина В.В., 16,6% - затруднились ответить, 5,8% - выбрали другого кандидата. Среди других кандидатов наиболее популярны: Зюганов – 1,4%, Жириновский – 1,2%, остальные набрали менее 1% (табл.6).

Таблица 6

За кого бы отдали свой голос, если бы выборы были сегодня n=7044, %

Кандидат	%
Пеунова	69
Путин В.В.	8,6
Затрудняюсь ответить	16,6
Другой кандидат	5,8
Всего	100

Некоторым образом на предпочтения респондентов влияют социально-демографические характеристики. Среди женщины больше тех, кто выбирает Пеунову С.М. Мужчины чаще выбирают Путина В.В. и затрудняются с ответом Люди старше 60 лет чаще отдают предпочтение С.М. Пеуновой. Как показал анализ данных, на выбор того или иного кандидата не оказывает влияния то, доверяет респондент власти, избранной тайным голосованием, или нет (табл.7).

Таблица 7

Соотношение ответов респондентов на вопросы о доверии власти и о том, за кого бы они проголосовали, если бы выборы президента состоялись сегодня, n=7044, %

Ответы респондентов о доверии власти, избранной тайным голосованием	Ответы респондентов на вопрос «За кого бы отдали свой голос, если бы выборы были сегодня»			
	С. М. Пеунову	В. В. Путина	затрудняюсь ответить другой кандидат	итого
доверяю	45,8	37,4	16,8	100
скорее доверяю, чем не доверяю	43,5	30,5	26	100
скорее не доверяю, чем доверяю	63	7,5	29,5	100
не доверяю	76,9	3,8	19,3	100

Как показал анализ данных, среди респондентов, не доверяющих власти полностью или частично, больше готовых проголосовать за С.М. Пеунову. Среди доверяющих власти, процент популярности В.В. Путина выше, чем в среднем по выборке. В целом же, во всех группах респондентов предпочтение отдается С.М. Пеуновой.

Исследование показало, что население страны волнует состояние российской политической системы. Проявлением активной гражданской позиции явилось само участие респондентов в опросе. Люди оставляли свои паспортные данные, согласие на обработку результатов социологического исследования. Граждане России знают основные положения Конституции, имеют свою оценочную позицию по отношению к действующему выборному законодательству. Широкую поддержку получили новые гражданские инициативы по демократизации общественной жизни, установлению подлинного народовластия. Население страны разделяет предложение по внесению поправок в Конституцию, связанных с отменой тайного голосования и введением открытого голосования.

Полученные результаты резко контрастируют с утверждениями о социальной апатии, отстраненности народа от участия в политической жизни. В этой связи уместно вспомнить замечание Э. Гидденса о том, что термином «апатия» оперируют политики, характеризуя общественное недоверие к себе и другим властным структурам. Подлинной причиной недоверия выступает возрастающая рефлексивность современного общества и уровня его самоорганизации [Гидденс Э. С.9].

Во всех регионах страны выявлен низкий уровень доверия власти, избранной тайным голосованием, в т.ч. и президенту В.В. Путину. Широкую поддержку всех участников опроса получила С.М. Пеунова, принимавшая участие в президентской кампании 2012г. Это свидетельствует о политической активности населения, желании российских избирателей видеть во главе российского государства новую личность, человека, способного выразить интересы широких слоев населения.

Проведенное исследование мы рассматриваем как выполнение социологией своей гражданской миссии, которая, по мнению академика М.К. Горшкова, заключается в содействии развитию социократии, понимаемой как власть всего общества над своей судьбой, научный контроль над социальными силами посредством коллективного разума социума [Горшков, с.28]. Оно позволяет утверждать, что гражданское общество в России институализировано, представлено реальными общественными структурами и общественно-политическими практиками граждан.

Литература

1. Бурдье П. Общественное мнение не существует // Бурдье П. Социальное пространство: поля и практики. Санкт-Петербург: Алетейя; Москва: Институт экспериментальной социологии, 2005 – 576 с.
2. Гидденс Э. Демократизируя демократию: государство и гражданское общество // Социология: Научно-теоретический журнал. – 2010. - №1.- С. 4-9. / Режим доступа: http://elib.bsu.by/handle/123456789/6286
3. Горшков М.К. Общество – социология – власть: к вопросу о взаимодействии // Социологические исследования. 2012. №7. С.23-28
4. Петухов В.В. Гражданское участие в контексте политической модернизации России // Социологические исследования. 2013. №1. С.48-60
5. Сикевич З.В. Социологическое исследование: практическое руководство. Санкт-Петербург: Питер, 2005. – 320 с.

Романова Н.П.
доктор социологических наук, доцент,
Забайкальский государственный университет
Романова И.В.
доктор социологических наук, доцент,
Забайкальский государственный университет

ЖЕНСКОЕ ОДИНОЧЕСТВО КАК АКТУАЛЬНАЯ ПРОБЛЕМА СОВРЕМЕННОСТИ

Новый этап развития России стимулирует необходимость изучения широкого круга вопросов, связанных с человеком, личностью вообще и женщиной, в частности. Исследование роли и места женщин в современном российском обществе, условий и механизмов включения женского социума во все сферы общественной жизни особенно важно на этапе становления и развития общества с новыми социально-экономическими отношениями.

Значительную часть женского населения России представляют одинокие женщины, доля которых только в возрастном диапазоне активной брачности составляет около 25 %, а около половины женского социума в России в той или иной мере затрагивают проблемы одиночества [1, 130-131]. Одинокие женщины отличаются специфическими социальными, психологическими и демографическими особенностями, многоролевыми функциями и определенным социальным статусом.

Интегративной формой отражения положения в обществе любого его члена является занимаемая им позиция в рамках иерархически организованной шкалы социальных неравенств, или иначе его социальный статус. Закономерным следствием этого является актуализация научного интереса ко всем факторам, определяющим социальный статус женщины в обществе.

Проблема оценки статуса женщин вообще и одиноких, в частности, значительно усложнилась и представляет сегодня значительные методологические и практические трудности. Понятие социального статуса, на наш взгляд, приобретает характер ключевого в рамках социологического подхода к изучению положения женщин в обществе вообще и одиноких, в частности. Поэтому необходим научный анализ реального статуса одиноких женщин, осваивающих роли, достаточно нетрадиционные с точки зрения гендерных идеалов и стереотипов.

В современном обществе, характеризующемся сложным переплетением различных сфер деятельности, социальный статус личности определяется несколькими признаками, например: престижностью профессии, уровнем дохода, уровнем образования, позицией во властной сфере. Перемены, которые привели к изменению всей социальной структуры общества, коренным образом отразились и на социальном статусе одиноких женщин.

На протяжении последних лет качественно изменились структура общества и социальный статус большинства его членов. Женщины и мужчины занимают неравные позиции в социальной структуре общества. Гендерное неравенство, более ощутимо проявляющееся по отношению к одиноким женщинам, определяется степенью различия в получении социальных благ, дохода, власти, престижных занятий [2, 17].

Создающаяся в стране новая социальная среда выдвигает и новые требования к женскому социуму, изменяет диапазон социальных ролей, их содержание и место одиноких женщин в социальной структуре общества, что находит свое отражение и в изменении их социального статуса. В сфере экономики они в первую очередь ощущают дискриминацию в оплате труда, приеме на работу [1, 141-142]; в частном секторе одинокие женщины поставлены в полную зависимость от работодателя. Одинокие женщины составляют группу населения с самым высоким риском бедности. Занятость одиноких женщин не урегулирована и не стабильна. На рынке труда одинокие женщины практически не имеют шансов занять руководящую должность. Они вытесняются в социально менее престижный сектор, что не дает гарантии прожиточного минимума, жилья, услуг здравоохранения, благоприятных перспектив жизненного устройства детей. Одинокие женщины первыми страдают в случае увольнений, поэтому угроза потерять работу является для них серьезной проблемой.

Установлены несовпадения позиций одиноких женщин в разных фрагментах социального пространства, получившие название статусной рассогласованности, или статусной неконсистентности [3, 21]. Особенно они заметны в образовании и доходах, профессиональном опыте и занимаемой должности, выполняемой работе и имеющейся квалификации.

Наши исследования показывают [4, 215], что современная социальная среда способствует движению ценностной структуры одиноких женщин в сторону преобладания индивидуалистических целей жизни над социальными. В целом актуализируются ценности, основу которых составляет удовлетворение витальных потребностей. Индивидуально-ориентированные жизненные цели находятся сейчас в согласии с такой же индивидуалистической ориентацией большинства форм идеологии в реформируемом российском обществе.

В обществе определенно увеличивается численность одиноких женщин, которые важнейшим смыслом считают простую непритязательную жизнь, основу которой составляет удовлетворение простых органических и материальных (витальных) потребностей. Предельные трудности, связанные с необходимостью физического выживания, заставляют женщин все чаще переоценивать смыслы жизни в пользу самого простого существования. И то, что большинству из них приходится непрерывно выдумывать многочисленные, разнообразные адаптационные стратегии, тактики борьбы за существование, угнетает и дезориентирует многих. Непосредственными реакциями на это оказываются уменьшение трудовой активности и устойчивое снижение эмоционального статуса, фона повседневного настроения.

Число одиноких женщин, значимый смысл жизни которых состоит в активной деятельности, в индивидуалистическом стремлении к успеху, к достижению результата, остается крайне незначительным и определяется, в основном, их личностными качествами [5, 151-155].

Актуальность проблемы поддерживает социальная значимость женского одиночества, заключающаяся в том, что большое количество одиноких женщин репродуктивного возраста затрагивает интересы общества в его биологическом воспроизводстве и воспроизводстве социальной структуры.

Проявляющаяся в обществе идеология одинокой жизни ведет к переоценке ценности семьи как важного института социализации молодого поколения. В неполных семьях происходит искажение ролевых функций как мальчиков, так и девочек, получающее отражение в их будущих семейных взаимоотношениях.

Женское одиночество содержит в себе множество негативных аспектов, касающихся непосредственно личности женщины. Спектр их проявления достаточно широк: от психологической подавленности до глубокой депрессии и суицидальных намерений [6, 121].

Кроме того, все названные факторы практически всегда имеют отягощенную региональную специфику, связанную с более слабой экономикой, более узкой сферой выбора профессии и приложения труда, существованием более ярко выраженных реликтов патриархатных установок в сфере брачно-семейных отношений. Однако вынужденная и непредписанная этими установками роль по материальному обеспечению себя и детей заставляет их реализовывать и мужскую роль добытчика, которую реализовать в полной мере им не удается из-за специфики современной рыночной среды.

Переход одиноких женщин в посттрудовой период еще более усугубляет их социально-экономическое положение и практически низводит эту социальную группу до уровня нищеты (4, 178-179) . Весь опыт предыдущей созидательной (общественной и личной) жизни таких женщин вступает в противоречие с настоящим, маркируемым ими как социальный катаклизм, что в значительной мере осложняет их адаптацию к современным социально-экономическим условиям.

В связи со сказанным изучение всех проблем одиноких женщин, обусловленных изменением сложившихся стандартов поведения, потребностей и целей одиноких женщин, их жизненных ценностей и ориентаций, в конечном итоге влияющих на социальный статус, является актуальным.

Кризисное состояние, в котором оказалась преобладающая часть одиноких женщин, выражающееся в неосвоенности новых образцов хозяйственного поведения, адекватных складывающимся институциональным формам, а также несформированности устойчивой социальной идентичности является объективной характеристикой переходного периода в развитии российского общества. Невозможность в сегодняшнем российском обществе для большинства одиноких женщин реализовать свои социально-экономические притязания, повысить или хотя бы поддержать социальный статус блокирует продвижение по всем другим направлениям преобразований, создает социальное напряжение, в пределе разрушающее общественное согласие.

В современных условиях требуется иное осмысление социального статуса одиноких женщин и, соответственно, иные подходы к формированию социальной политики в отношении семьи, женщин и детей, направленной на создание условий для самореализации одиноких женщин, раскрытия их духовного, творческого и интеллектуального потенциалов, что также актуализирует обсуждаемую проблему.

Библиографический список

1. Романова Н.П. Социальный статус одиноких женщин: научное издание. – Чита: ЧитГУ, 2006.- 369 с.

2. Айвазова С.Г. Гендерная асимметрия российского общества/ Женщина Плюс… - 2002. - № 2 (26). – С. 17-19.

3. Саблина С.Г. Статусные рассогласования: методология анализа и практика исследований.- Новосибирск: Новосиб. гос. университет. 2000. – 60 с.

4 . Романова И.В. Образ жизни одиноких женщин посттрудового периода в условиях современного российского общества: научное издание/ Чита: Изд-во ЧитГУ, 2011. 295 с.

5. Романова И.В. Роль личностных ресурсов в процессе адаптации одиноких женщин к воздействиям социально-экономической среды/ Социально-демографическое развитие общества и проблемы постарения: материалы международной научно-практической конференции (19-20 октября 2005 г.), Улан-Удэ: БГУ. -2005. – С. 152-155.

6. Кузнецов О.Н., Лебедев В.И. Психология и психопатология одиночества. – М., Медицина, 1972.- 335 с.

Данченко-Морозова Л.В.
кандидат социологических наук, доцент кафедры
Социологии и педагогики
ФГБОУ ВПО «Самарский государственный экономический университет»,
Самара, Россия, эл. lvmorozova-d@mail.ru

СТАНОВЛЕНИЕ СОЦИАЛЬНОГО ГОСУДАРСТВА: ТЕНДЕНЦИИ РАЗВИТИЯ В СОВРЕМЕННОЙ РОССИИ

Россия завершает в конце XX века виток своего непростого, во многом противоречивого развития. Всё столетие ознаменовалось поисками идеальных моделей общественного и государственного устройства. При этом практика, социальное экспериментирование в масштабах всей страны далеко опережало теоретическое осмысление происходящих процессов.

За последнее десятилетие в России произошли перемены, коренным образом изменившие общественное устройство страны. Современное состояние российского общества можно охарактеризовать как нестабильное, кризисное. Идёт непрерывный поиск приемлемых путей развития страны.

Многообразие и сложность происходящих в России социально-экономических и политических перемен, их противоречивость, низкая эффективность актуализируют необходимость теоретико-методологического осмысления виртуальных и реальных перспектив развития российского общества. Сегодня необходимы системные теоретические и прикладные научные исследования российского общества, на базе которых возможно разработать методологические подходы к изучению современных общественных процессов и методическую основу для создания социальных технологий по многоуровнему и качественному преобразованию государственного управления, совершенствованию институтов гражданского общества и пр. Формирование социального государства и гражданского общества в России проходит в неразрывной связи с коренными изменениями в государственной сфере. Государство создает необходимую субъектную среду общественных процессов развития, и от степени адекватности этой среды потребностям развития общества зависит успех формирования гражданского общества в России. Оно призвано создать систему субъектно-объектных отношений, характеризуемых как правовое, социальное, демократическое государство, обеспечивающих правовое поле цивилизованным отношениям «человек - общество - государство», без которых невозможно действие институтов гражданского общества.

Становление социального государства и гражданского общества, гуманитарная и социальная ориентация правового государства определяют взаимосвязь основополагающих факторов и процессов общественного развития. Среди этих факторов - принцип социальной справедливости, способствующий реализации функций социального государства и устойчивого закрепления института социального партнерства. Развитие гражданского общества происходит во взаимосвязи с процессом этико-правового совершенствования личности. В общественных процессах личность выступает в двух качествах - гражданина государства и члена гражданского общества. Для позитивного становления гражданского общества необходимо наличие у личности таких качеств, как гражданственность, патриотизм, социальная активность, нравственность, духовность, высокий культурный уровень. Именно они могут создать основные предпосылки гармонизации отношений личности и общества, личности и государства, а также обеспечить единство целей общественного, государственного и личностного развития.

Процессы становления социального государства и гражданского общества и развития государства сопровождаются постоянным возникновением и разрешением противоречий между ними, что обусловлено диалектикой отношений в системе «общество - государство». При этом многие субъектные функции государства переходят в сферу действия институтов гражданского общества, что во многом и определяет характер современных противоречий между государством и обществом в России. Поэтому становится все более актуальным вопрос о гуманитарно-правовых способах разрешения этих противоречий. Совершенствование государственной и муниципальной службы и повышение её роли в жизни российского общества является основой ее трансформации в цивилизованную систему управления, способной профессионально удовлетворять требованиям становления гражданского общества, утверждения правового, социально ориентированного государства.

Таким образом, социальное государство и Гражданское общество - результат прогрессивного исторического развития человеческой цивилизации, выступающий в виде широкой демократизации всех сторон общественной жизни, создания мощной технико-экономической базы, расширения и укрепления прав и свобод всех членов общества, реального обеспечения им всех видов образования, здравоохранения, создания наилучших условий для развития науки и культуры, Россия как активный участник мирового процесса прогрессивного развития человечества имеет собственные условия для построения социального государства и гражданского общества. Их позитивное использование включает в себя создание набора макросоциальных технологий по формированию российского гражданского общества во всей полноте его институтов, элементов и связей.

Список литературы:

1. Мамут Л.С. Гражданское общество правовое государство и право. М.2011 С. 31.
2. Матузов Н.И. Гражданское общество// Политология. М., 2011. С335.
3. Матузов Н.И. Гражданское общество// Политология. М., 2011. С335-339.
4. Нерсесянц В.С. Общая теория права и государства. // Проспект. М., 2010. С.285, 315-329.Четвертин В.А. Общество и государство. С22.
5. Четвернин В.А. Общество и государство//Феноменология государства. М., 2010. Вып.2. С.20.

Социологические науки

Лебедева Л.Г.
доцент кафедры Социологии и педагогики
ФГБОУ ВПО «Самарский государственный экономический университет»,
Самара, Россия
ludleb@mail.ru

КРИЗИС СОВРЕМЕННОЙ СЕМЬИ В ДИАЛЕКТИЧЕСКОЙ ПРЕЕМСТВЕННОСТИ ПОКОЛЕНИЙ

Modern crises considerably influenced on the character of social relations. It includes a number of interconnected issues such as the crisis of education, management, politics, family, etc. Are the notions of self-expression, quality of life of individuals, from the one side, really opposed in their importance to family, children, from the other? In fact, there are some differences in the understanding of meaning of life and life values including family and children.

Современные кризисы повлияли на характер социальных отношений. Это кризис и образования, у управления, и политики, и семьи и т.д. – это ряд взаимосвязанных вопросов. А действительно ли противостоят самовыражение, качество жизни индивидов и семья, дети как ценности?! Существуют различия в понимании смысла и ценностей жизни, в том числе таких, как семья и дети.

Кризисы (и не только 2008-2009 гг., но, разумеется, и более ранние) в России и в других странах повлияли на характер социальных реалий, что является широко признанной аксиомой. При этом, как справедливо замечает С.А. Кравченко, речь о фазе (по словам П.А. Сорокина) "великого кризиса", корни которого уходят в 40-50-е годы XX века. И его нельзя сводить только к экономическому, тем более финансовому кризису. Это кризис и образования, и управления, и политики, в общем «основополагающих», но не всех форм западной культуры и общества [4, 23]. Справедливо говорить в подобном «ключе» и о сегодняшних Российских социальных реалиях – хотя бы в меру включения страны в глобальные социальные процессы и «рыночную» социально-экономическую среду.

Естественно, что показатели качества жизни, социального самочувствия граждан у всех отличается, разные люди воспринимают условия существования и реагируют на них по-разному. И это относится не только к отдельным людям, но и к целым поколениям. Это определяется, в конечном счёте, различным пониманием смысла и ценностей жизни, в том числе таких, как семья и дети. Люди разных поколений определяют ценности семьи и брака с разных позиций, связывая это и с местом их проживания (город, село), и возрастом самих родителей (молодые родители или родители в возрасте), и количеством детей в семье нуклеарной, и количество детей в расширенной семье, и с социально-экономическими проблемами страны и т.д. и т.п. И, по мнению С.И. Голода, всё больше утверждается супружеская семья как своеобразная кооперация с уникальными возможностями для отхода от зависимых отношений и раскрытия всесторонней деятельной палитры по всем структурным каналам: «муж-жена», «родители-дети», «супруги-родственники», «дети-прародители» [1, 13]. При этом муж и жена отказываются безоговорочно подчинять собственные интересы интересам детей. А дети в угоду родителям не хотят уступать и вмешивать родителей в свою жизнь, в свое пространство, окружение и знакомить со всеми своими претендентами на личную жизнь.

Профессор В.Т. Лисовский, как обратил внимание С.И. Голод, ещё в конце 1960-х годов «засёк» начало изменений, происходящих с семьёй в нашей стране. Уже в то время юноши и девушки не видели в каждом партнёре будущего супруга/супруги, подразумевалось, что любовные отношения могли привести к заключению брака, но они ценны и сами по себе, встретить любимого/любимую и создать семью для одних и тех же респондентов - события не тождественные. Продолжение указанной тенденции зафиксировано в обследовании в Тверской области в начале XXI столетия. В молодёжных практиках была зафиксирована автономия сексуальности от института брака [1, 8]. Естественно, что речь не только о сознании, но и поведении.

С чем же связаны подобные трансформации семьи? [6, 176]. Один из ответов (его дал, например, американский учёный Р. Инглхарт) состоит в том, что место экономических достижений как высшего приоритета в обществе занимает всё большее акцентирование качества жизни, что происходит сдвиг от "материалистических" ценностей - с упором на экономической и физической безопасности, к ценностям "постматериальным" - с упором на проблемах индивидуального самовыражения и качества жизни [3, 10].

При этом напрашивается, однако, ряд взаимосвязанных вопросов. А действительно ли противостоят самовыражение, качество жизни индивидов и семья, дети как ценности?! Однозначен ли (прямолинеен ли) ответ на подобный вопрос? И необратимо ли движение по указанной траектории?

Пока же нет как будто бы оснований спорить с тем, что в результате метаморфоз ценностей и смысла жизни для многих людей (и прежде всего – молодых) рождение и воспитание детей становится, говоря словами И. Забаева, «слишком большим и пугающим проектом» [2, 97]. А, между прочим, ведь именно от этого «проекта» зависит судьба не только отдельных людей, но и всего общества!

Знаменательно, что в ряде случаев описываются стратегии «молодых взрослых», связанные с организацией их приватной жизни. Эти стратегии сопоставляются с дискурсивными предписаниями и государственными управленческими практиками, направленными не только (и не столько) на улучшение демографической ситуации, но и на создание приемлемых, с точки зрения государства, форм семейных союзов. И заслуживает поддержки позиция И.Н. Тартаковской, что такой аспект изучения государственной социальной и гендерной политики является весьма актуальным [см.: 5, 7].

Отмеченные тенденции и проблемы подчёркивают важность научного изучения и решения вопросов о низкой рождаемости и о характере социальной политики в отношении семьи и детства в современной России как вопроса, без преувеличения, государственной важности. Речь и об адекватном отражении указанных проблем в сфере образования и воспитания, в том числе – в учебных курсах по социологии, социологии семьи и т.п.

В условиях кризиса необходимо не только говорить, но и действительно хотя бы что-то делать и правительству Российской Федерации и другим государственным организациям в плане оказания материальной помощи семьям желающим иметь детей, иметь более одного и двух детей, то есть поддерживать направление семьи на многодетность. Только таким образом, можно будет решить проблему демографии России, образования последующих поколений и преодолеть любой кризис.

Литература

1. Голод С.И. Социолого-демографический анализ состояния и эволюции семьи // Социологические исследования. 2008. Т. 7. № 1. С. 1-24.
2. Забаев И. «Своя жизнь», образование, деторождение: мотивация репродуктивного поведения в современной России // Вестник общественного мнения. 2010. № 3 (105). С. 87-97.
3. Инглхарт Р. Постмодерн: меняющиеся ценности и изменяющиеся общества // Полис. 1997. № 4. С. 10.
4. Кравченко С.А. Динамика современных реалий: инновационные подходы // Социс. 2010. № 10. С. 14-25.
5. Тартаковская И.Н. Гендерные отношения в приватной сфере: постсоветские трансформации семьи и интимности // Laboratorium. Журнал социальных исследований. 2010. № 3. С. 5-11.
6. Лебедева Л.Г. Социология семьи и брака Социология: концепции, отраслевые теории и методика прикладного исследования: учебно-методическое пособие / В.Г.Зарубин (науч.ред.) – Ростов н/Д: Легион, СПб: РГПУ им. А.И.Герцена, 2011. – С.174-188.

Журавлев А.В. - докторант, доцент, кандидат технических наук, ФГБОУ ВПО «ВГУИТ», **Бородкина А.В.** - соискатель ФГБОУ ВПО «ВГУИТ», **Нестеров Д.А.** - аспирант ФГБОУ ВПО «ВГУИТ»

МОДЕЛИРОВАНИЕ ТЕПЛОМАССООБМЕНА ПРИ СУШКЕ ДИСПЕРСНОГО МАТЕРИАЛА В АППАРАТЕ СО ВЗВЕШЕННО-ЗАКРУЧЕННЫМ СЛОЕМ

Постановка задачи. Процессы тепло- и массообмена в сушильных аппаратах в значительной мере определяются гидродинамической обстановкой в его внутреннем объеме. Учитывая сложность геометрии и структуры поля скорости во взвешенно-закрученном слое, которое в общем случае является существенно трехмерным, необходимо декомпозировать гидродинамическую задачу на две суперпозиционные части. Из анализа физической картины следует, что траектории линий тока по своим близки к семейству винтовых кривых. Поэтому логично рассмотреть структуру течения в поперечных сечениях аппарата и наложить на определенную таким образом картину течения, осевую составляющую, которую положить близкой к структуре идеального вытеснения. Это правомочно допустить ввиду значительной скорости осевого потока.

Процесс сушки дисперсного материала рассмотрим для одиночной частицы, а затем с учетом суммирования итоговых потоков влаги для всего материала найдем макрокинетические закономерности [2].

Для анализа выберем цилиндрическую систему координат, расположив ось oz по оси аппарата и пренебрегая массовыми силами, тогда уравнение движения в цилиндрических координатах (r,θ,z) запишется в виде (1) с учетом постоянства плотности сушильного агента ρ и его динамической вязкости μ:

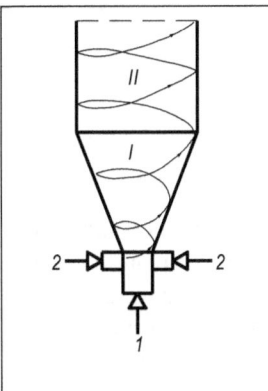

Рис. 1. Расчетная схема: 1 – осевая подача теплоносителя; 2 – тангенциальная симметричная подача воздушного потока; I – конусная часть аппарата; II – цилиндрическая часть аппарат.

$$\rho\left(\frac{\partial v_r}{\partial t}+v_r\frac{\partial v_r}{\partial r}+\frac{v_\theta}{r}\cdot\frac{\partial v_r}{\partial \theta}-\frac{v_\theta^2}{r}+v_Z\frac{\partial v_r}{\partial z}\right)=$$
$$=-\frac{\partial P}{\partial r}-\left[\frac{1}{r}\frac{\partial}{\partial r}(r\tau_{rr})+\frac{1}{r}\frac{\partial \tau_{r\theta}}{\partial \theta}-\frac{\tau_{\theta\theta}}{r}+\frac{\partial \tau_{rz}}{\partial z}\right]; \quad (1)$$

$$\rho\left(\frac{\partial v_\theta}{\partial t}+v_r\frac{\partial v_\theta}{\partial r}+\frac{v_\theta}{r}\cdot\frac{\partial v_\theta}{\partial \theta}+\frac{v_r v_\theta}{r}+v_Z\frac{\partial v_\theta}{\partial z}\right)=$$
$$-\frac{1}{r}\frac{\partial P}{\partial \theta}-\left[\frac{1}{r^2}\frac{\partial}{\partial r}(r^2\tau_{r\theta})+\frac{1}{r}\frac{\partial \tau_{\theta\theta}}{\partial \theta}-\frac{\tau_{\theta\theta}}{r}+\frac{\partial \tau_{\theta z}}{\partial z}\right]; \quad (2)$$

$$\rho\left(\frac{\partial v_z}{\partial t}+v_r\frac{\partial v_z}{\partial r}+\frac{v_\theta}{r}\cdot\frac{\partial v_z}{\partial \theta}+v_z\frac{\partial v_z}{\partial z}\right)=$$
$$-\frac{\partial P}{\partial r}-\left[\frac{1}{r}\frac{\partial}{\partial r}(r\tau_{rz})+\frac{1}{r}\frac{\partial \tau_{\theta z}}{\partial \theta}+\frac{\partial \tau_{zz}}{\partial z}\right]; \qquad (3)$$

а уравнение неразрывности

$$\frac{1}{r}\frac{\partial}{\partial r}(rv_r)+\frac{1}{r}\frac{\partial v_\theta}{\partial \theta}+\frac{\partial v_z}{\partial z}=0, \qquad (4)$$

где v_r, v_θ, v_z - компоненты радиальной, угловой и осевой скорости соответственно; τ - тензор напряжений, компоненты которого для неньютоновских жидкостей таковы

$$\tau_{rr}=-\mu\left[2\frac{\partial v_r}{\partial r}-\frac{2}{3}(\nabla\cdot\bar{v})\right]; \qquad (5)$$

$$\tau_{\theta\theta}=-\mu\left[2\left(\frac{1}{r}\frac{\partial v_\theta}{\partial \theta}+\frac{\partial v_r}{\partial r}\right)-\frac{2}{3}(\nabla\cdot\bar{v})\right]; \qquad (6)$$

$$\tau_{zz}=-\mu\left[2\frac{\partial v_z}{\partial z}-\frac{2}{3}(\nabla\cdot\bar{v})\right]; \qquad (7)$$

$$\tau_{r\theta}=\tau_{\theta r}=-\mu\left[r\frac{\partial}{\partial r}\left(\frac{v_\theta}{r}\right)+\frac{1}{r}\frac{\partial v_r}{\partial \theta}\right]; \qquad (8)$$

$$\tau_{\theta z}=\tau_{z\theta}=-\mu\left(\frac{\partial v_\theta}{\partial z}+\frac{1}{r}\frac{\partial v_z}{\partial \theta}\right); \qquad (9)$$

$$\tau_{rz}=\tau_{zr}=-\mu\left(\frac{\partial v_z}{\partial r}+\frac{\partial v_r}{\partial z}\right); \qquad (10)$$

$$\nabla\cdot\bar{v}=\frac{1}{r}\frac{\partial}{\partial r}(rv_r)+\frac{1}{r}\frac{\partial v_\theta}{\partial \theta}+\frac{\partial v_z}{\partial z} \qquad (11)$$

При стационарном течении дисперсный материал движется по кольцевым траекториям и компоненты скорости v_r и v_z равны нулю. Кроме этого считаем, что течение сушильного агента стационарное и градиенты давления вдоль координаты θ отсутствует. В этом случае все члены уравнения (4) равны нулю, а (1) - (3) с учетом (5) - (11) принимают вид:

$$-\rho\frac{v_\theta^2}{r}=-\frac{\partial p}{\partial r}; \qquad (12)$$

$$0=\frac{d}{dr}\left[\frac{1}{r}\frac{\partial}{\partial r}(rv_\theta)\right]; \qquad (13)$$

$$0=-\frac{\partial P}{\partial z}. \qquad (14)$$

Общее решение (13) таково

$$v_\theta=\frac{1}{2}rC_1+\frac{1}{r}C_2, \qquad (15)$$

где C_1 и C_2 - константы интегрирования, требующие интегрирования, они могут быть найдены из условий: при $r=0$ для сохранения физичности $C_2=0$; при $r=r_o$ (r_o - радиус поперечного сечения) $v_\theta=w_o$ (w_o - скорость тангенциального потока, которая определяется как

$$w_o = \frac{G_o}{\rho \cdot S},$$

где G - массовый расход тангенциального потока, S - площадь поперечного сечения закручивающего патрубка), тогда скорость будет

$$\upsilon_\theta = w_o \left(\frac{r}{r_o}\right). \qquad (16)$$

Пусть r_o - входной радиус области I, а r_1 - радиус цилиндрической области (считаем, что входная область аппарата представляет собой правильный усеченный конус), тогда скорость в тангенциальном направлении при входе в цилиндрическую часть II будет

$$\upsilon'_\theta = w_1 \left(\frac{r}{r_1}\right).$$

Значение w_1 найдем из уравнения сохранения, то есть $w_1 = \frac{r_o w_o}{r_1}$, тогда

$$\upsilon'_\theta = \frac{w_o r_o r}{r_1^2}, \qquad (17)$$

Поэтому среднее значение будет

$$\overline{\upsilon'_\theta} = \frac{1}{r_1}\int_0^{r_1} \upsilon'_\theta \partial r = \frac{w_o r_o}{r_1^3} \frac{1}{2} r^2 \bigg|_0^{r_1} = \frac{1}{2} w_0 \frac{r_o}{r_1}.$$

Осевая составляющая скорости υ'_z находится (считая потери на сопротивление потоку несущественными) из формулы

$$\upsilon'_z = \frac{G_n}{\rho \cdot S_1}, \qquad (18)$$

где G_n - массовый расход через осевой подающий патрубок; S_1 - площадь поперечного сечения цилиндрической области II.

Из (17) и (18) следует оценка скорости движения сушильного агента в цилиндрической области сушильного аппарата

$$\upsilon = \sqrt{(\overline{\upsilon'_\theta})^2 + (\upsilon'_z)^2} = \sqrt{\left(\frac{1}{2}\frac{w_o r_o}{r_1}\right)^2 + \left[\frac{G_n}{\pi \rho r_1^2}\right]^2}, \qquad (19)$$

по которой можно рассчитать локальные значения коэффициентов тепло- и массоотдачи.

Расчет процесса сушки выполним из следующих соображений. Будем рассматривать этот процесс для одиночной частицы дисперсного материала, считая его форму близкой к сферической. Затем с учетом суммирования итоговых потоков влаги для всех частиц найдем макрокинетические закономерности.

Для этого вначале на основе линейной термодинамики явлений переноса в капиллярно-пористых телах обобщенная система дифференциальных уравнений диффузионно-фильтрационного тепло-влагопереноса записывается в следующем виде [1]:

$$\frac{\partial u}{\partial \tau} = a_m \nabla^2 u + \left(a_{m1}^T + a_{m2}^T\right)\nabla^2 t + \frac{k_p}{\rho_o}\nabla^2 p; \qquad (20)$$

$$\frac{\partial t}{\partial \tau} = \frac{r^*\varepsilon}{c} a_m \nabla^2 u + \left(a_q + \frac{\varepsilon r^*}{c} a_m \delta\right)\nabla^2 t + \varepsilon r^* \frac{a_m}{c} \delta_p \nabla^2 p; \qquad (21)$$

$$\frac{\partial p}{\partial \tau} = -\frac{\varepsilon a_m}{c_p}\nabla^2 u - \frac{\varepsilon a_m}{c_p}\delta \nabla^2 t + \left(a_p - \frac{\varepsilon a_m}{c_p}\delta_p\right)\nabla^2 p, \qquad (22)$$

где u - влагосодержание, кг/кг; t - температура, К; p - давление влажного воздуха, Па; τ - время, сек.; a_m - коэффициент диффузии влаги во влажном материале, м^2/с; K_p - коэффициент фильтрационного переноса влаги; ρ_o - плотность материала, кг/м^3; r^* - удельная теплота испарения жидкости, Дж/кг; c – удельная теплоемкость частиц материала, Дж/(кг·К); a_q - коэффициент температуропроводности частиц материала, м^2/с; ε - коэффициент, характеризующий отношение потока жидкости и пара при нестационарном влагопереносе, $\varepsilon = a_{m1}/a_m$, a_{m1} - коэффициент диффузии парообразной влаги во влажном материале, м^2/с; $\delta_p = K_p/(a_p \cdot \rho_o)$ - относительный коэффициент фильтрационного потока влаги; $a_p = K_p/(c_p \cdot \rho_o)$ - коэффициент конвективной фильтрационной диффузии, м^2/с; c_p - коэффициент емкости влажного воздуха, Па^{-1}; ∇^2 - оператор Лапласа.

Будем считать, что на распределение влагосодержания и температуры внутри частицы давление не оказывает существенного влияния ввиду малоинтенсивности процесса сушки. Поэтому система (20) - (22) упроститься до вида:

$$\frac{\partial u}{\partial \tau} = a_m \nabla^2 u + \left(a_{m1}^T + a_{m2}^T\right)\nabla^2 t; \qquad (23)$$

$$\frac{\partial t}{\partial \tau} = \frac{r^*\varepsilon}{c} a_m \nabla^2 u + \left(a_q + \frac{\varepsilon r^*}{c} a_m \delta\right)\nabla^2 t. \qquad (24)$$

К системе (23), (24) добавляются начальные условия:

$$u|_{\tau=0} = u_0, \; t|_{\tau=0} = t_0 \qquad (25)$$

где u_0, t_0 - начальное влагосодержание и температура частиц материала. Условия симметрии частицы из-за сферической симметрии

$$\nabla u|_{(\bullet)0} = \nabla t|_{(\bullet)0} = 0 \qquad (26)$$

Граничные условия теплообмена на поверхности частицы

$$-\lambda_q (\nabla t)_n + j_q(\tau) - (1-\varepsilon) r^* j_m(\tau) = 0, \qquad (27)$$

где λ_q - теплопроводность частиц материала; $j_q(\tau)$ - плотность теплового потока через поверхность частиц за счет конвективного теплообмена с окружающей средой; $j_m(\tau)$ - плотность потока массы влаги через поверхность частиц высушиваемого материала.

Граничное условие массообмена на поверхности дисперсного материала:

$$\lambda_m(\nabla u + \delta\nabla t)|_{\Pi} + j_m(\tau) = 0, \qquad (28)$$

где λ_m - массопроводность частиц материала.

Уравнения (23) - (28) образуют математическую модель.

В силу интенсивного перемешивания дисперсного материала в аппарате будем считать поверхность частицы равнодоступной для тепловых и массовых потоков, поэтому можно рассматривать математическую модель в зависимости от одной радиальной координаты. В этом случае в координатном виде система (23), (24) будет выглядеть:

$$\frac{\partial u}{\partial \tau} = a_m\left(\frac{\partial^2 u}{\partial r^2} + \frac{2}{r}\frac{\partial u}{\partial r}\right) + \left(a_{m1}^{\text{т}} + a_{m2}^{\text{т}}\right)\left(\frac{\partial^2 t}{\partial r^2} + \frac{2}{r}\frac{\partial t}{\partial r}\right); \qquad (29)$$

$$\frac{\partial t}{\partial \tau} = \frac{r^*\varepsilon}{c}a_m\left(\frac{\partial^2 u}{\partial r^2} + \frac{2}{r}\frac{\partial u}{\partial r}\right) + \left(a_q + \frac{\varepsilon r^*}{c}a_m\delta\right)\left(\frac{\partial^2 t}{\partial r^2} + \frac{2}{r}\frac{\partial t}{\partial r}\right); \qquad (30)$$

где r - текущий радиус частицы дисперсного материала.

Начальные условия примут вид

$$u(r,0) = u_o, \quad t(r,0) = t_o; \qquad (31)$$

Условия симметрии будут выглядеть

$$\frac{\partial u(0,\tau)}{\partial r} = \frac{\partial t(0,\tau)}{\partial r} = 0. \qquad (32)$$

С учетом того, что тепловой и массовый потоки по определению есть соответственно

$$j_q(\tau) = \alpha_q(t_c - t_n), \quad j_m(\tau) = \alpha_m(u_n - u_c),$$

где α_q - коэффициент теплоотдачи от окружающей среды к поверхности частицы материала; t_c - температура дисперсной среды; t_n - температура поверхности частицы; α_m - коэффициент теплоотдачи от поверхности частицы к окружающей среде; u_n - влагосодержание поверхности частицы; u_c - влагосодержание окружающей среды; то условие (27) примет вид

$$-\lambda_q\frac{\partial t(r_o,\tau)}{\partial r} + \alpha_q[t_c - t(r_o,\tau)] - (1-\varepsilon)r^*\alpha_m[u(r_o,\tau) - u_c] = 0, \qquad (33)$$

а условие (4.28) станет

$$\lambda_m\left[\frac{\partial u(r_o,\tau)}{\partial r} + \delta\frac{\partial t(r_o,\tau)}{\partial r}\right] + \alpha_m[u(r_o,\tau) - u_c] = 0. \qquad (34)$$

Система уравнений (29) - (34) образует окончательный вид математической модели конвективной сушки сферического частицы дисперсного материала. Запишем систему (29) - (34) в безразмерном виде с помощью относительных переменных

$$R = \frac{r}{r_o}; \quad Fo = \frac{a_q\tau}{r_o^2}; \quad T(R,Fo) = \frac{[t(r,\tau) - t_o]}{(t_c - t_o)}; \quad U(R,Fo) = \frac{[u(r,\tau) - u_o]}{(u_c - u_o)},$$

То есть

$$\frac{\partial U}{\partial Fo} = L_u \left(\frac{\partial^2 U}{\partial R^2} + \frac{2}{R}\frac{\partial U}{\partial R} \right) + LuPn \left(\frac{\partial^2 T}{\partial R^2} + \frac{2}{R}\frac{\partial T}{\partial R} \right); \qquad (35)$$

$$\frac{\partial T}{\partial Fo} = \frac{FeLu}{Pn} \left(\frac{\partial^2 U}{\partial R^2} + \frac{2}{R}\frac{\partial U}{\partial R} \right) + (1+FeLu) \left(\frac{\partial^2 U}{\partial R^2} + \frac{2}{R}\frac{\partial U}{\partial R} \right); \qquad (36)$$

$$U(R,0) = T(R,0) = 0; \qquad (37)$$

$$\frac{\partial U(0,Fo)}{\partial R} = \frac{\partial T(0,Fo)}{\partial R} = 0; \qquad (38)$$

$$\frac{\partial U(1,Fo)}{\partial R} + Pn\frac{\partial T(1,Fo)}{\partial R} + Bi_m[U(1,Fo) - 1] = 0; \qquad (39)$$

$$-\frac{\partial T(1,Fo)}{\partial R} + Bi_q[1 - T(1,Fo)] - (1-\varepsilon)Bi_m KoLu[U(1,Fo) - 1] = 0, \qquad (40)$$

где $Lu = a_m / a_q$ - критерий Лыкова; $Pn = \delta(t_c - t_o)/(u_c - u_o)$ - критерий Поснова; $Fe = \delta r^* \varepsilon / c$ - критерий Федорова; $Bi_q = \alpha_q r_o / \lambda_q$ - теплообменное число Био; $Bi_m = \alpha_m r_o / \lambda_m$ - массообменное число Био; $Ko = r^*(u_c - u_o)/(c_p(t_c - t_o))$ - критерий Коссовича.

Предлагаемая математическая модель позволяет проводить расчет процесса сушки, а также получать кривые процесса сушки дисперсного материала во взвешенно-закрученном слое. Данная модель базируется на фундаментальных уравнениях А. В. Лыкова, описывает тепло-влагоперенос в капиллярнопористых средах в линейном термодинамическом приближении учитывая конвективный способ подвода теплоты и малые размеры высушиваемого материала.

Литература

1. Антипов, С.Т. Новые технические решения в технике сушки дисперсных материалов [Текст] / С.Т. Антипов, Д.А. Казарцев, Е.С. Бунин, И.М. Черноусов // Техника машиностроения. 2009. № 1. С. 55-58.

2. Антипов, С.Т. Тепло- и массообмен при сушке послеспиртовой зерновой барды в аппарате с закрученным потоком теплоносителя [Текст] / С.Т. Антипов, А.В. Журавлев; Воронеж. гос. технол. акад. Воронеж: ВГТА, 2006. 252 с. – с. 161-164.

3. Лыков, А. В. Теория сушки [Текст] / А. В. Лыков. – М.: Энергия, 1968. С. 230.

Красных А.А.
Казаковцев В.В.

А.А. Красных, д.т.н., профессор, заведующий кафедрой электротехники и электроники ФГБОУ ВПО «Вятский государственный университет», г. Киров, Кировской области, Россия.

В.В. Казаковцев, инженер кафедры электротехники и электроники ФГБОУ ВПО «Вятский государственный университет», г. Киров, Кировской области, Россия.

ВЫБОР ОПТИМАЛЬНОГО МЕСТА РАСПОЛОЖЕНИЯ КАСОЧНЫХ СИГНАЛИЗАТОРОВ НАПРЯЖЕНИЯ

Сигнализаторы напряжения (СН) наряду с изолирующими штангами, клещами и указателями напряжения классифицированы [1] как электрозащитные средства (ЭЗС). Использование СН в электроэнергетике было признано сначала целесообразным, а затем – обязательным. Необходимость применения при работе на электроустановках устройств контроля наличия напряжения подтверждается материалами расследований несчастных случаев, происшедших в отрасли. Анализ материалов по электротравматизму, в т.ч. и со смертельным исходом, показывает, что большое число травм связано с тем, что не было проверено наличие напряжения.

Известно также много примеров, когда использование СН спасало людям жизни.

Индивидуальные СН делятся на неавтоматические, удерживаемые при проверке в руке, и автоматические, устанавливаемые на защитную каску. Основные места расположения касочных сигнализаторов напряжения (СНК) приведены на рис. 1.

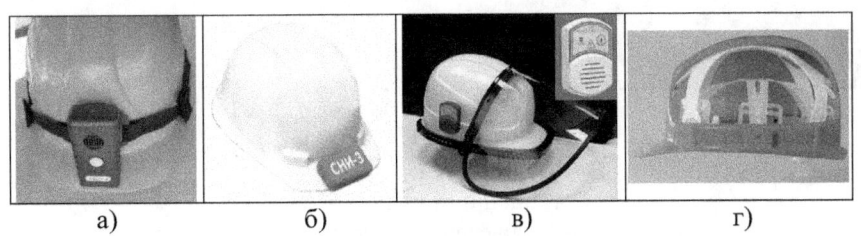

Рис. 1 Варианты расположения СНК на каске
а) спереди, б) на козырьке, в) сбоку, г) внутри

Исследования электрических полей воздушных линий электропередачи (ВЛ) показали, что СНК целесообразно располагать сверху и как можно ближе к голове, так как в этой зоне электрическое поле имеет максимальную напряженность.

После этого сотрудниками НПЦ «Электробезопасность» ВятГУ был проведен опрос экспертов (специалисты в области электробезопасности) по выбору оптимального места расположения СНК с точки зрения эксплуатации. Экспертам были предложены пять параметров, по которым они должны были выставить оценки:
- защищенность от воздействия атмосферных осадков;
- возможность зацепов, спадания СН с каски;
- длительность работы без замены элемента питания;
- распознаваемость звукового сигнала;
- зона контроля электрического поля.

Данные опроса показали, что наивысшие оценки получило место расположения СНК внутри каски между корпусом каски и оголовьем (рис. 1г).

Анализ существующей нормативной документации подтвердили отсутствие запретов на установку СНК внутри каски при соблюдении ряда вполне выполнимых условий.

На основании полученных данных в НПЦ «Электробезопасность» ВятГУ был разработан СНК «Радиус» (рис.2) , в виде гибкой пластинки, монтирующийся внутри защитной каски.

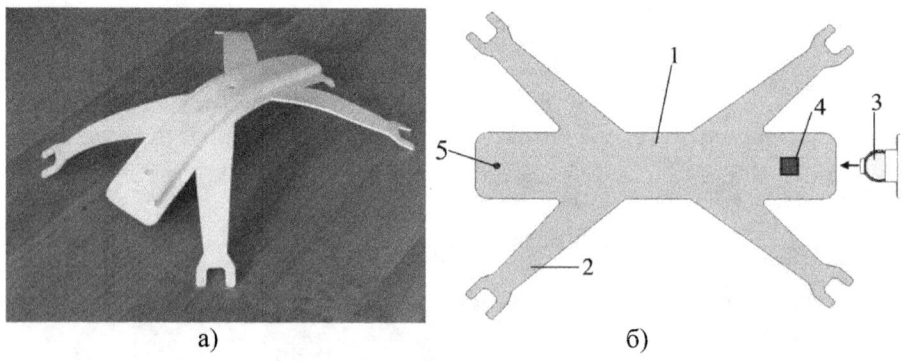

Рис. 2. СНК «Радиус»
а) внешний вид; б) эскиз СНК;
1- гибкая вставка; 2 –крепежные вилки;
3 – элемент питания; 4 – кнопка самодиагностики;
5 – контакт для повышения чувствительности

Опытная эксплуатация СНК «Радиус» подтвердила ожидавшиеся преимущества расположения его внутри каски:
- исключена возможность зацепов и срыва СНК;

- сигнализатор защищен поверхностью каски от внешнего воздействия, атмосферных осадков;
- длинная антенна, проходящая по всему ребру жесткости каски, обеспечивает широкую зону контроля электрического поля;
- звуковой сигнал направлен внутрь каски, что дало возможность значительно снизить требуемую для надежного восприятия мощность сигнала.

Использование современной элементной базы позволило обеспечить автоматическое включение (с помощью миниатюрного датчика движения) и отключение СНК. Возможность перехода в режим повышенной чувствительности позволяет с помощью СНК «Радиус» производить предварительную проверку наличия напряжения на проводах ВЛ 6-10 кВ с земли без подъема на опору.

Список использованных источников

1. Инструкция по применению и испытанию средств защиты, используемых в электроустановках. – М.: Изд-во НЦ ЭНАС, 2003. – 96 с.
2. Красных А.А., Морозов А.С. Определение порогов и зон срабатывания различных типов сигнализаторов напряжения на воздушных линиях электропередачи// Новое в российской энергетике. – 2004. №11 с. 41-53.

Чернядьева В.В
Смолий В.В.
доцент, к.т.н.
vitasev@yandex.ru

ОСОБЕННОСТИ МНОГОКРИТЕРИАЛЬНОГО ВЫБОРА В ЗАДАЧАХ ПРОЕКТИРОВАНИЯ ЭЛЕКТРОННЫХ УСТРОЙСТВ

Целью данной работы является рассмотрение методов многокритериального выбора технологических конструкторских решений электронного оборудования.

Главными задачами являются уменьшение потребляемой мощности, тепловыделения, снижение объёма, веса и оптимизация других параметров.

Характеристики оборудования закладываются уже на этапе проектирования, поэтому особенно важно правильно выбрать конструктивное решение.

Разрабатываемая конструкция должна отвечать: конструктивно-технологическим, эксплуатационным, экономическим требованиям и требованиям по надежности. Все эти требования взаимосвязаны и оптимальное их удовлетворение определит наилучший вариант конструкции.

В данное время при конструировании электронных схем применяют системы автоматизированного проектирования. Анализ многих реальных практических проблем, с которыми сталкивались специалисты по исследованию операций, естественным образом привел к появлению класса многокритериальных задач. [1, 62]

Существует большое количество методов и алгоритмов многокритериального выбора альтернатив. Эти методы помогают конструктору правильно принять решение на этапе проектирования.

При принятии решения на конструктора возлагается задача выбора наиболее важного параметра для каждой конкретной ситуации.

Обычно процесс принятия решений включает в себя следующие составляющие:планирование, генерирование ряда альтернатив, установление приоритетов, выборнаилучшей линии поведения после нахождения ряда альтернатив, распределение ресурсов, определение потребностей, предсказание исходов, построение систем, измерение характеристик, обеспечение устойчивости системы, оптимизация и разрешение конфликтов. [2, 11]

Для выбора наилучшего варианта решения в практических конструкторских задачах необходим компромисс между оценками по различным критериям. Выбор метода реализации электронной схемы всегда будет являться многокритериальной задачей. Практически, все факторы зависят друг от друга и влияют на друг на друга. Эта глобальная взаимозависимость приводит к тому, что в отдаленной перспективе оптимизация по любому такому фактору, выступающему в качестве критерия, становится эквивалентной оптимизации по всей группе факторов и по показателю эффективности.

Существует большое количество методов и алгоритмов многокритериального выбора альтернатив, [3, 22] например, наиболее часто используемые из них в проектных работах:

1. Метод анализа иерархий. Его можно применять не только для сравнения объектов, но и для решения более сложных задач: планирования и управления, прогнозирования и др. Поэтому основным достоинством данного метода является высокая универсальность – метод можетприменяться для решения самых разнообразных задач. [3, 22]

2. Метод комплексной оценки, основанный на вычислении обобщенной оценки с учетом оценок по всем критериям. Основное его преимущество – минимальный объем информации, которую требуется получить от человека (эксперта). [3, 27]

3. Сравнение с использованием функций полезности. Наиболее и наименее желательные значения каждого критерия указываются человеком (экспертом). В качестве наиболее желательного значения он указывает значение критерия, которое его полностью удовлетворяет. В качестве наименее желательного указывается предельно допустимое значение критерия; если альтернатива имеет оценку хуже наименее желательной, то она считается неприемлемой. [3, 37]

Анализ рассмотренных материалов, указывает на то, что:

1) Метод анализа иерархий наиболее эффективно применять, когда имеется большая противоречивость данных. Применяя его можно выбрать наиболее оптимальное решение, которое будет учитывать все факторы.

2) Метод комплексной оценки позволяет определять целесообразные ограничения конструкторских параметров в зависимости от области применения электрорадиоэлементов.

3) Сравнение с использованием функции полезности по степени теоретической обоснованности превосходит остальные методы. Важное достоинство рассматриваемой методики – возможность ее применения для выбора вариантов решений в условиях риска и неопределенности, т.е. в условиях, когда оценки альтернатив когут изменяться в зависимости от некоторых внешних факторов. [3, 37]

Однако, как показывает практика при оценки того или иного технологического решения используются различные методы оценок, что затрудняет процесс принятия объективного решения и тем более построения автоматизированных инструментов САПР, призванных упростить работу проектировщика в условиях ограниченной информации.

Таким образом, актуальной является задача поиска минимального и оптимального набора критериев, а так же анализ или синтез методов оценки с точки зрения их универсальности, который мог бы быть использован как алгоритмическая база для построения автоматизированных средств подсистем САПР.

Литература:

1. Ларичев О. И. Теория и методы принятия решений, а также Хроника событий в Волшебных Странах: Учебник. — М.: Логос, 2000
2. Т. Саати. Принятие решений. Метод анали за иерархий. Перевод с английского Р. Г. Вачнадзе Москва «Радио и связь»1993
3. Гудков П.А. Методы сравнительного анализа. Учебное пособие. – Пенза: Изд-во Пенз.гос. ун-та, 2008.

Бурдинский А.А.
Дальневосточный федеральный университет
aleks-burdinsk@yandex.ru

ЭМПИРИЧЕСКАЯ ФУНКЦИЯ РАСПРЕДЕЛЕНИЯ И ВЗВЕШЕННЫЙ МЕТОД НАИМЕНЬШИХ КВАДРАТОВ В ОЦЕНИВАНИИ ПАРАМЕТРОВ ПОЛОЖЕНИЯ И МАСШТАБА

Ключевые слова: оценки параметров положения и масштаба, эмпирическая функция распределения, метод наименьших квадратов, взвешенный метод наименьших квадратов.

В [1, 144-145] предложен следующий способ применения эмпирической функции распределения для построения оценок параметров масштаба и положения статистических распределений: если $X_1, X_2, \ldots, X_n$ – повторная выборка, соответствующая распределению $F(x) = F_0\left(\frac{x-a}{b}\right)$, здесь F_0 - известная функция распределения («стандартное» распределение), a – параметр сдвига $-\infty < a < \infty$, b - параметр масштаба $b > 0$, то

$$\hat{b} = \frac{\langle Yg \rangle - \langle Y \rangle \langle g \rangle}{\langle g^2 \rangle - \langle g \rangle^2}, \quad (1)$$

$$\hat{a} = \langle Y \rangle - \hat{b}\langle g \rangle, \quad (2)$$

где
$$g_i = F_0^{-1}\left(\hat{F}(Y_i)\right),$$

$Y_1, Y_2, \ldots, Y_M$ - некоторый заданный набор «уровней», для которых определяются значения эмпирической функции распределения:

$$\hat{F}(Y_i) = \frac{1}{n}|\{k: X_k \leq Y_i\}|,$$

$\langle \cdot \rangle$ - обозначает усреднение по уровням:

$$\langle z \rangle = \frac{1}{M}\sum_{i=1}^{M} z_i.$$

В работе [1, 145-146] доказаны состоятельность и асимптотическая нормальность полученных таким образом оценок и выведены формулы для асимптотических дисперсий σ_b^2, σ_a^2:

$$\hat{b} \xrightarrow{d} \aleph\left(b_*, \frac{\sigma_b^2}{n}\right), \hat{a} \xrightarrow{d} \aleph\left(a_*, \frac{\sigma_a^2}{n}\right)$$

($\xrightarrow{d}$ обозначает сходимость по распределению). В качестве стандартного распределения F_0 обычно рассматриваются такие распределения как нормальное, распределение Коши, распределение Лапласа, распределение экстремального значения и другие.

Оценки (1), (2) получены на основе метода наименьших квадратов как результат минимизации суммы квадратов отклонений:

$$\sum_{i=1}^{M}(a+bg_i-Y_i)^2. \qquad (3)$$

Каждое измерение (g_i, Y_i) порождает в параметрическом пространстве $\Theta = R^+ \times R = \{\vartheta = (b,a) : b > 0, -\infty < a < \infty\}$ прямую линию $\mathcal{L}_i$:
$\mathcal{L}_i = \{(a,b) : a + bg_i = Y_i\}$, $(i = 1, ..., M)$ и оценки (1), (2) означают минимизацию в среднем отклонений $a + bg_i - Y_i$.

Известно, что в некоторых ситуациях лучший результат дает другой вариант метода наименьших квадратов. А именно, вместо отклонения $a + bg_i - Y_i$ рассмотрим расстояние от точки (b,a) до линии $\mathcal{L}_i$. Обозначим это расстояние как $\rho(\vartheta, \mathcal{L}_i)$,

$$\rho^2(\vartheta, \mathcal{L}_i) = min\{(b-u)^2 + (a-v)^2 / (u,v) \in \mathcal{L}_i\},$$

тогда

$$\rho^2(\vartheta, \mathcal{L}_i) = \frac{(a + bg_i - Y_i)^2}{1 + g_i^2},$$

и в качестве оценок $\hat{b}, \hat{a}$ возьмем пару (b,a), которая минимизирует

$$\sum_{i=1}^{M} \frac{(a + bg_i - Y_i)^2}{1 + g_i^2}.$$

Взяв производные от этой целевой функции, получаем систему двух линейных уравнений для a и b, решение которой дается формулами (1), (2) с тем отличием, что $\langle z \rangle = \sum_{i=1}^{M} z_i w_i$, где

$$w_i = \frac{1}{1 + g_i^2}\left(\sum_k \frac{1}{1 + g_k^2}\right)^{-1}.$$

Условия, сформулированные в работе [1, 145-146], при которых имеют место упомянутые ранее асимптотические свойства, имеют место также и для новых оценок.

Разница между оценками (1), (2) и новыми оценками состоит в наличии весов, которые в некоторых случаях улучшают свойства оценок. Рисунок 1, где представлена зависимость величины весов $\{w_i\}$ от количества уровней M, поясняет этот эффект.

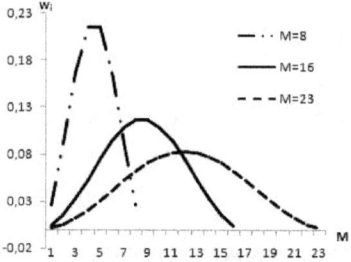

Рис. 1. Зависимость весов w_i от количества уровней M для нормального распределения.

Асимптотические свойства новых оценок в сравнении с оценками из работы [1] представлены на рисунке 2.

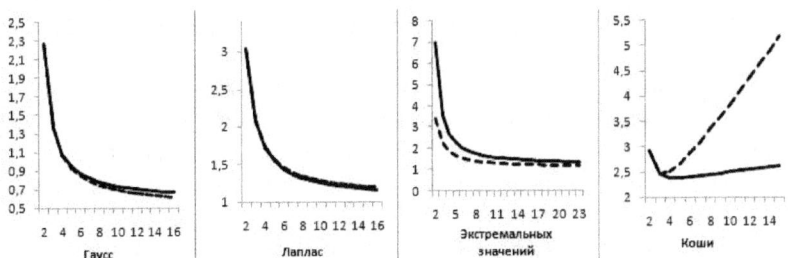

Рис. 2. Асимптотическая дисперсия $\sigma_{\hat{b}}^2$ оценки $\hat{b}$ как функция от количества уровней M для четырех типов распределений (пунктирной линией изображены дисперсии для оценки $\hat{b}$ из работы [1], сплошной – дисперсии оценки $\hat{b}$, полученной в этой статье).

На картинке видно, что свойства новых взвешенных оценок могут быть лучше, чем для первого варианта оценок, особенно для распределений F_0 с «тяжелыми хвостами».

Заключение. Задача оценивания является актуальной в наше время. Оценки, предложенные здесь и в работе [1, 144-148], достаточно легко вычисляются для широкого класса распределений, используемых в прикладной статистике. Благодаря возможности выбора управляемых параметров в алгоритме, предложенные методы могут быть использованы во многих прикладных задачах, связанных со статистическим анализом и управлением финансовыми рисками.

Список литературы

1. XXXVII Дальневосточная математическая школа-семинар имени академика Е. В. Золотова, 08 сентября - 14 сентября 2013 г., Владивосток: сб. докл. [Электронный ресурс]. – Владивосток: Дальнаука, 2013 – 262 с.; объем 5,4 Мб; 1 опт. Компакт-диск (CD-ROM)

Хусаинова Г.В.
доцент,канд. физ.-мат. наук, УралГАХА
Хусаинов Д.З.
доцент,канд. физ.-мат. наук, УралГАХА

ПРОСТЕЙШЕЕ ВЫРОЖДЕННОЕ СОЛИТОННОЕ РЕШЕНИЕ МОДИФИЦИРОВАННОГО УРАВНЕНИЯ КОРТЕВЕГА-ДЕ ФРИЗА

В теории солитоны возникают как особый класс решений нелинейных интегрируемых уравнений. Наиболее значительным и впечатляющим по количеству результатов для нелинейных уравнений, допускающих солитонные решения, является метод Хироты [1,1192; 2,64]. Он основан на следующих идеях:
1) для рассматриваемого нелинейного уравнения необходимо найти функциональное преобразование исходной переменной величины к одной (или нескольким) новым переменным. Это преобразование приводит исходное уравнение к уравнению (или нескольким уравнениям), которое является квадратичным по новым переменным (Хирота назвал уравнения такого вида билинейными).
2) полученные билинейные уравнения решаются при помощи рядов формальной теории возмущений. Вопрос о сходимости рядов в данной теории возмущений не обсуждается, так как в случае солитонных решений эти ряды обрываются, поскольку содержат только конечное число ненулевых членов. Это обстоятельство является очень важным при построении решений в явном виде.

Ранее в ряде работ [4,492; 5,1] был построен новый класс солитонных решений-вырожденных солитонов или полиномиально-экспоненциальных (ПЭ) решений.

В данной статье мы получим новое простейшие ПЭ решение для модифицированного уравнения Кортевега – де Фриза (МКдФ) .

$$v_t + 24v^2 v_x + v_{xxx} = 0 \quad . \qquad (1)$$

Оно возникает при рассмотрении колебаний атомов одномерной цепочки с кубической ангармоничностью в континуальном пределе [20]. Уравнение МКдФ описывает распространение упругой волны в данной нелинейной одномерной решетке, причем волна может перемещаться как вправо, так и влево.

Подстановка [3,1457]:

$$v = \left(arctg \frac{g(x,t)}{f(x,t)} \right)_x \qquad (2)$$

приводит к билинейным уравнениям:

$$(D_t + D_x^3)g \cdot f = 0 \qquad (3)$$

$$D_x^2(f \cdot f + g \cdot g) = 0 \ . \qquad (4)$$

где D - операторы Хироты

$$D_x^n D_t^m f(x,t)g(x,t) = \left(\frac{\partial}{\partial x} - \frac{\partial}{\partial x'}\right)^n \left(\frac{\partial}{\partial t} - \frac{\partial}{\partial t'}\right)^m f(x,t)g(x',t')\bigg|_{\substack{x=x'\\t=t'}}$$

Для решения системы (3),(4) и получения солитонных решений Хирота предложил формальную теорию возмущений [1,1192]. В соответствии с ней надо разложить функции g и f в ряды по степеням параметра ε

$$g = \varepsilon g_1 + \varepsilon^3 g_3 + \varepsilon^5 g_5 + ...$$
$$f = 1 + \varepsilon^2 f_2 + \varepsilon^4 f_4 + ...$$

Мы предлагаем выбрать начальную функцию g_1 в виде :

$$g_1 = Q_1 e^{\xi_1},$$

где $Q_1 = x - 3p_1^2 t + c_1$, $\xi_1 = p_1 x - p_1^3 \cdot t + \xi_1^0$, p_1, c_1, ξ_1^0 - произвольные постоянные. Отметим, что при получении простейшего солитонного решения эту функцию обычно выбирают в виде экспоненты, мы же берем в виде полинома ,умноженного на экспоненту. После решения системы, получающейся из (3),(4) найдем простейшее ПЭ решение уравнения МКдФ:

$$v = \left\{ arctg \frac{Qe^{\xi_1}}{1 + \frac{e^{2\xi_1}}{4p_1^2}} \right\}_x,$$

или

$$v(x,t) = \frac{(p_1 Q_1 + 1) \cdot 2ch(\xi_1 - \alpha) - Q_1 e^{\xi_1}}{Q_1^2 e^{\alpha} + e^{-\alpha} \cdot 2ch^2(\xi_1 - \alpha)} \qquad (5)$$

$(\alpha = ln2p_1)$.

На Рис.1 и Рис. 2 дана эволюция данного решения со временем. Из рисунков видно, что в начальный момент времени вырожденный солитон представляет собой локализованный импульс, который при $t > 0$ начинает распадаться на солитон и антисолитон. В результате мы наблюдаем взаимодействие слабосвязанной солитон – антисолитонной пары, причем солитон и антисолитон движутся в противоположных направлениях, удаляясь друг от друга.

Отметим, что аналогично можно построить N – солитонные вырожденные решения уравнения МКдФ, выбирая начальную функцию в виде $g_1 = \sum_{i=1}^{N} Q_i e^{\xi_i}$, где $Q_i = x - 3p_i^2 t + c_i$, $\xi_i = p_i x - p_i^3 \cdot t + \xi_i^0$, p_i, c_i, ξ_i^0 - произвольные постоянные.

Литература

1. Hirota R. Exact solution of the Korteweg – de Vries equation for multiple collisions of solitons. – Phys. Rev. Lett., 1971, v.27, p.1192 – 1194.
2. Hirota R., Satsuma J. A Variety of Nonlinear Network Equations Generated from the Backlund Transformation for the Toda lattice. Suppl. of Progress of Theoretical Physics, 1976, № 59, p.64 – 100.
3. Hirota R. Exact Solution of the Modified Korteweg – de Vries Equation for Multiple Collisions of Solitons. – J.Phys. Soc.Japan, 1972, v.33, № 5, p.1456 – 1458.
4. Bezmaternih G.V.(Khusainova G.V.) Exact solutions of the sine – Gordon and Landau – Lifshits equations: rational – exponential solutions. – Phys. Lett.A, 1990, v.146, № 9, p.492 – 495.
5. Bezmaternih G.V. (Khusainova G.V.), Borisov A.B. Rational – Exponential Solutions of Nonlinear Equations. – Lett.Math.Physics, 1989, v.18, p.1 – 8.

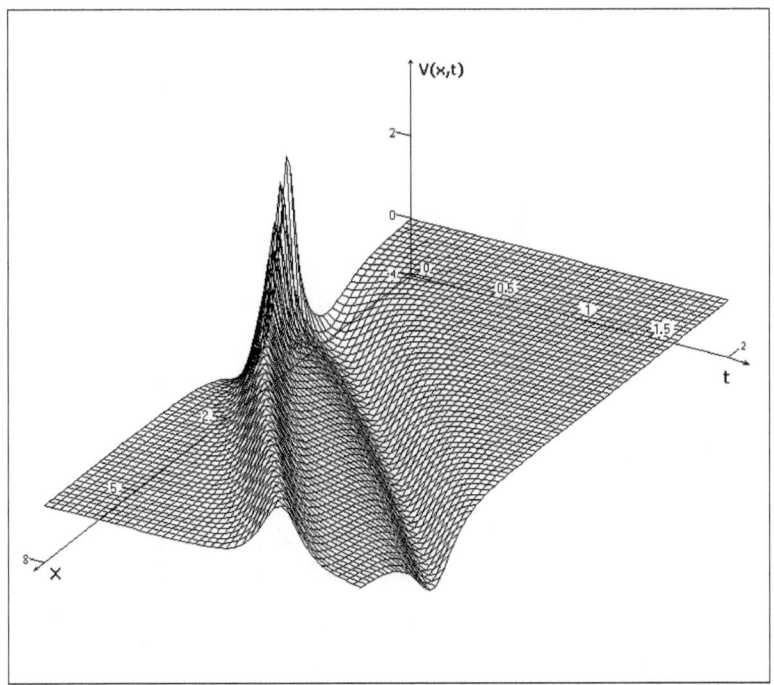

Рис.1
Вырожденное солитонное решение для уравнения МКдФ. ($p_1=2$, $c_1=0$)

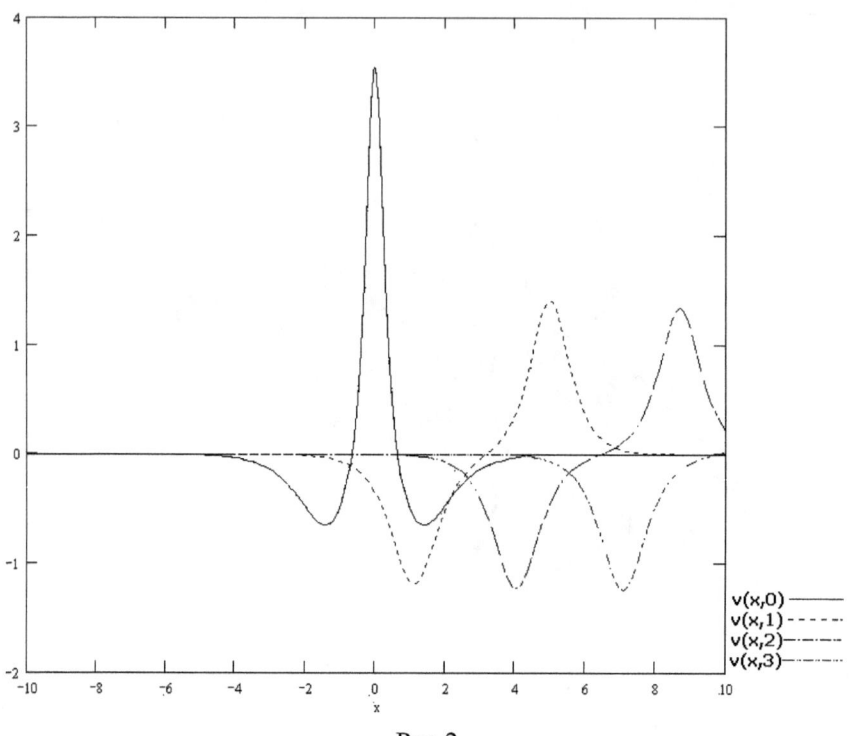

Рис.2

Вырожденное солитонное решение $v(x,t)$ уравнения МКдФ для значений $t=0, 1, 2, 3.$ ($p_1=1.8$, $c_1=0$)

Гатауллина Л.Р.
аспирант, КФУ
КОНЦЕПТ «РОДНОЙ ЯЗЫК» КАК ОБЪЕКТ «СУЩЕСТВОВАНИЯ»

От взаимодействия языка и культуры порождаются концепты. А в свою очередь, концепты – это средства выражения НЯКМ. Поэтому концепты являются системообразующим компонентом между картиной мира и науками, изучающими язык и культуру.

В нашей исследовательской деятельности мы оперируем концептом – ментальным образованием, где оно представляется как способ раскрытия культуры, где «к его понятийному ядру прикрепляется культурно-значимая информация» [1, 48].

Из анализа стихотворений выявилось, что концепт «родной язык», будучи носителем информации, выполняя функцию олицетворения, в стихотворениях татарской поэзии 80-90 гг. XX столетия может выступать в роли, как субъекта, так и объекта. Следовательно, субъект представляет собой носителя познания, чье действие направлено на объект. Объект же является предметом, вещью, явлением, на которое направлено действие.

В нашем случае, где язык выступает в роли объекта действия, мы выделяем несколько тематических зон, раскрывающих функции языка, как явления, на которое направлен познавательный процесс, и в том числе, с помощью чего познается мир. На данный момент рассмотрению подлежит «существование», как зона реализации концепта «родной язык» в качестве объекта.

Данная семантическая зона способствует восприятию языка как живого предмета, к которому присущи жизненные процессы, связанные с рождением, проживанием и исчезновением. Следует принять во внимание, что язык выступает в роли объекта, на которое направлено действие.

1. Яшәргә – жить, существовать.
Гомерегез озын булсын, кошкайларым,
Кайсыгыздыр юлдашына инде дәшми...
Онытмагыз: әнкәбез дә, илебез дә,
Телебез дә – барысы да бездә *яши* (Р.Әхмәтҗанов «Язлар быел соңга калды»).

(букв. Живите долго, мои птички,
Попутчику уже не молвят некоторые из вас.
Не забывайте: и наша мать, и наша страна,
И наш язык – все живет (есть) у нас).

Существование является самым важным фактором языка, так как это понятие, «определяющее отношение вещи к миру, – вещь существует, если она себя проявляет» [4].

Следует заметить, для существования народа важно 3 фактора: мать, страна, язык. И автор подтверждает их наличие, существование, которое раскрывает суть контекста.

2. Үтерергә – уничтожать, убивать.
Кайгылар китермәгез.
Һәр милләтнең үз тамыры –
Телемне *үтермәгез*!
Телемне *үтермәгез*.
Минутлык хискә алданып,
Шатлыктан исермәгез... (Э.Шәрифуллина «Каюм коесы»).
(букв. Не приносите огорчения.
У каждой нации свои корни –
Не уничтожайте мой язык!
Не уничтожайте мой язык!
Поддаваясь минутным чувствам,
От счастья не пьянейте...).

Глагол «үтермәгез» употреблен в повелительном наклонении, придавая контексту значение повеления, пожелания. Автор настораживает нас о том, что язык может исчезнуть. Чтобы предотвратить данный процесс, он обращается ко всем с просьбой сохранить язык.

3. Эттән талатырга – натравливать.
Ишетәсезме, канлы Моабиттан
Нәкъ сезгә бит Муса эндәшә:
– Эттән талатмагыз туган илне,
Эттән талатмагыз туган телне!
Мин китәмен, Илем, син – яшә! (Зөлфәт «Чык төшкәндә Парнос тавына»).
(букв. Слышите: из кровавого Моабита
Именно Муса к вам обращается:
Не натравливайте на родную страну,
Не натравливайте на родной язык!
Я ухожу, Страна, ты – живи!)

Процесс натравливания (эттән талату) характерен по отношению к врагам. В данном случае Муса (Муса Джалиль – татарский советский поэт) обращается к народу с просьбой не натравливать на язык, также на родную страну. Муса желает оповестить народ о том, что их родной язык не может быть им же врагом.

4. Тиярга – трогать.
Телгә тимә – аңга тимә,
Телгә тимә – канга тимә,
Телгә тимә – намга тимә,
Тимә, тимә – җанга тимә! (Ш.Галиев «Туган телем»).
(букв. Не трогай язык – не трожь сознание,
Не трогай язык – не трожь ты кровь,
Не трогай язык – не трожь ты честь,
Не трогай, не трогай – душу не трожь!)

Обращает на себя внимание, что для автора родной язык имеет огромное значение, так как для него язык это – сознание, кровь, честь и душа. Следовательно, трогать язык значит покалечить эти составляющие, одним словом, образ человека. Связь человека с языком дается в гармонии, в целостности, без которой полноценная жизнь на земле невозможна.

5. *Искә төшәргә – вспоминаться.*
Күп уйладым Дуга төннәрендә:
Онытылырга мөмкин җан дуслар,
Туган телең *искә төшә* икән
Хәл ителгән чакта язмышлар (С.Хәким «***»).
(букв. Много думал я в ночи на Дуге,
Забыться могут многие друзья.
Когда решаются наши судьбы,
Оказывается родной язык вспоминается).

Исходя из контекста, следует отметить, что родной язык имеет ностальгический характер. Спустя некоторое время, когда человек оказывается перед выбором, когда решается его судьба, вспоминается родной язык.

6. *Асарга – вешать.*
Ассалар да, киссәләр дә,
Үлмәдең син, калдың тере.
Чукындырган чагында да
Чукынмадың, татар теле (Н.Нәҗми «Татар теле»).
(букв. *Вешали* тебя, *резали* –
Не умер ты, остался вживых.
Татарский язык, ты не крестился,
Даже когда крестили.)

Из контекста понимаем, что на длительном пути своего существования татарский язык прошел сложный путь, в результате которого выжил. Заметим, что олицетворение языка ставит язык на биологическую позицию. Автор, представляя язык в биологическом облике, подчеркивает сложнейший путь выживания татарского языка.

Таким образом, поясним, что родной язык могут уничтожать, трогать, вешать, натравливать на него; также языку, как объекту, присущи процессы воспоминания, выживания, существования, которые раскрывают содержание концепта «родной язык», как объекта жизнедеятельности.

Литература

Маслова В.А. Лингвокультурология: Учеб. пособие для студ. высш. учеб. Заведений. – М.: Изд. цент «Академия», 2001. – 208 с.

Милли әдәбият китапханәсе. Татар шигърияте. 1980-2000 еллар. – Казан: Мәгариф, 2003. – 352 б.

Татар теле – шагыйрьләр теле. – Казан: Мәгариф, 2002. – 95 б.

http://www.onlinedics.ru/slovar/fil/t/suschestvovanie.html

Трофимова С.М.
кандидат филологических наук, старший преподаватель Приволжского межрегионального центра повышения квалификации и профессиональной переподготовки работников образования Казанского (Приволжского) Федерального университета.

ФИЛОСОФИЯ ЖИЗНИ И СМЕРТИ В ВОЕННОЙ ПРОЗЕ НАБИ ДАУЛИ (РОМАН «РАЗРУШЕННЫЙ БАСТИОН» И ПОВЕСТЬ «МЕЖДУ ЖИЗНЬЮ И СМЕРТЬЮ»)

АННОТАЦИЯ

В военной прозе сходятся все волнующие современного человека проблемы: проблемы долга и личной ответственности за судьбы Отечества и мира, проблемы и исторической памяти. Книги В.Быкова, А.Адамовича, Н.Даули, Г.Абсалямова, Ю.Бондарева, М.Карима, Г.Бакланова, В.Кондратьева, Е.Носова и других писателей второй половины XX века содержат материал огромного социально-патриотического значения. Именно, эти писатели принесли в литературу чувство ответственности и осознание того, что мы — часть этого великого мира.

Одним из лучших произведений татарской литературы, раскрывающим образ человека на войне в плену у врага является повесть Наби Даули «Между жизнью и смертью» (в архивных материалах писателя, первоначальное название книги называлась «Среди чужих»). Это произведение на героико-патриотическую тему, проникновенную балладу о силе интернациональной дружбы народов писатель создал через много лет спустя после войны (1957 г.). Правдивое и волнующее повествование ведется от первого лица, в форме живого рассказа участника описываемых событий, о бесконечных мытарствах, муках и страданиях, об изнурительной битве человека по ту сторону линии фронта. Писатель призывает грядущее поколение высоко нести знамя мира, жить, «не переставая видеть цветы, слышать песни и чувствовать радость». Вторая книга Наби Даули на тему войны называется «Разрушенный бастион» (Издан 1965 году). И этот роман был встречен читателями с живейшим интересом. В, навеянных филосовскими мотивами , произведениях писателя в центре внимания стоят такие понятия, как смысл жизни, смерть, быстротечность жизни.

КЛЮЧЕВЫЕ СЛОВА:

Исторический факт, документальный жанр, мемуаристическая повесть-воспоминаний, хронотоп произведения, перцептуальный характер, философия жизни и смерти, антиномия, идейно-философская направленность , историческое время, противостояние жизни и смерти.

После окончания Великой Отечественной войны в ранг идеологической потребности возводится создание произведений, в которых герои войны должны были быть возведены до уровня литературного образа. И такие произведения рождались: романы А.Абсалямова «Золотая звезда», «Газинур», рассказы А.Шамова «Девочка в деревянных башмаках», М.Амира «Земляк», Ф.Хусни «Один и мы», А.Расиха «Зерна счастья», повести Г.Губая «Дети эпохи», Г.Бакира «Юный партизан», Ш.Маннура «Девушка из Казани», поэма С.Хакима «Песнь степи», пьесы М.Амира «Песня жизни», Н.Исанбета «Муса» и др.

Для полноты освещения философии героизма татарские писатели пытаются на высоком художественном уровне использовать биографические материалы. В произведениях, посвященных войне, возрастает роль документа, исторического факта, биографии, в целом, в литературе усиливается документальное направление.

Помимо военной темы в литературе начинают освещаться и другие жизненные коллизии, в частности трагические последствия периода культа личности Сталина (поэзия Х.Туфана, роман-хроника И.Салахова «Рассказы Колымы» и др.). После смерти тирана репрессированные оказываются реабилитированными, но официальная идеология ведет себя более чем сдержанно. Поэтому в литературе 60-70-х годов актуальной становится тема правды, восстановленной истины. Но, поскольку, открыто высказываться возможности не было, оставалась одно – писать о произошедших событиях. А это, в свою очередь, стало причиной обращения писателей к документальному жанру. Примером тому могут быть «Жизнь не дается дважды» Э.Касимова, «Весенние зарницы» М.Хасанова, «Дочь Волги» Г.Ахунова, «Солдаты без шинели» В.Нуруллина, «Мы – дети сорок первого года» М.Магдеева. «Между жизнью и смертью» и «Разрушенный бастион» Н.Даули – тоже из этого разряда. Завоевавшая, вскоре после выхода, популярность в народе, повесть начала новую страницу в творчестве писателя. Она несколько раз переиздавалась и давала читателю возможность совершенно по-иному оценивать исторические события. В мемуаристической повести-воспоминании описывается тюремная судьба, трагедия, пережитая главным героем – автором-повествователем во вражеском плену.

В повести временные рамки ограничиваются 1941-1945 годами, композиционно она ретроспективна, состоит из воспоминаний. В повествовании автор стремится по возможности максимально соблюсти историческую правду. В повести много и героев, и сюжетных линий. Повествование ведется от первого лица. Произведение отличается своим ярко выраженным философским началом, что находит отражение в композиционной структуре, хронотопе, переживаниях героев на поле брани, и во вражеском плену.

Хронотоп произведения имеет исторический и психологический (перцептуальный) характер. Повесть необычайно психологична. Субъективный хронотоп автора-рассказчика предполагает передачу своеобразия его эмоционального отношения к товарищам по несчастью, фашистам, к жизни и смерти. И автор-повествователь, и его товарищи понимают свою невиновность, несправедливость судьбы. Они не приемлют пленение, им необходимо выйти за пределы узкого пространства. Им уже почти все равно: освобождение ли, смерть ли, лишь бы не плен. Синее небо для бежавших из плена - это свобода, стремление жить, надежда на будущее. Оно – еще и, связующая поколения, нить. Герои осуждают фашизм, отвергают войну, называют врагов «собака», «змей», «хищник». Но более всего страшны фашисты тем, что хотят походить на людей.

Композиционно произведение состоит из обращения к читателю, сюжета и заключительного слова. Позиция читателя становится оценивателем авторской позиции, она доминирует в качестве произносящего заключительное слово. Интересна и система образов, в которой сильно критическое, философское начало. С одной стороны, пленные, с другой, «собаки в человеческом обличье, хищники». Само существование (не жизнь!) пленных, их голодные муки, мучительная смерть – всем этим автор подвергает фашизм беспощадной критике. Фашизм, по его мнению, – бесчеловечен, основан на рабской психологии и труслив. В критическом плане выстроено противостояние фашист-коммунист. Осуждая фашизм, он не осуждает немецкий народ, поскольку и он страдает в этой войне. Он отвергает фашизм, но и к коммунистам чрезмерно привержен. В воспоминаниях автор писал, что сделал это для того, чтобы произведение было опубликовано.

Философский аспект содержит в себе философию жизни и смерти. Таким образом, возникает проблема смерти и бессмертия, которая разрешается через антиномии жизнь-смерть, смерть-бессмертие, жизнь-бессмертие. Герой постоянно находится на границе между жизнью и смертью. Возникает несколько философских мотивов. Первый: жизнь в надежде на будущее, в вере в освобождение. Второй: стремление к свободе, к родине, позволяющее выживать.

В повести понятие неотвратимости смерти поднимается до уровня понимания возможности освобождения из плена. Автор доходит до собственного понимания проблем смерти, вечности, ограниченности. В произведении отношение к смерти претерпевает изменение: от чувства неотвратимости, страха перед смертью до стремления к бессмертию, верности родине. Проводится мысль, что героическая смерть – это дорога к бессмертию. Отношение к жизни и смерти в литературе о войне соответствует философии жизни и смерти.

С одной стороны, если жизнь – это борьба за свободу, то смерть – это точка оправдания факта пленения. Пленные, несмотря на всю унизительность своего положения, не устают повторять, что они не предали отчизну. По их мнению, смерть в плену является оправдывающим фактом. Только погибнув, можно доказать верность родине. Такое понимание в те годы было распространенным. Смерть также подразделяется на: смерть на воле и смерть в неволе.

Написанный в 1965 году роман «Разрушенный бастион» по композиции, особенностям хронотопа, образной системе, освещению философии жизни и смерти близок к повести «Между жизнью и смертью». Внутренний мир главного героя в романе освещается в тесной связи с судьбой пленного. В структуре внутреннего монолога находит отражение сила духа героя. Не удивительно, что и в этом романе сохраняется лейтмотив предыдущей повести. Для автора, по-прежнему, жизнь – это не просто существование, а, прежде всего, противостояние злу. Несмотря на разные сюжеты, роман воспринимается логическим продолжением повести. По стилю он – дневник пленного, воспоминание-репортаж. В мемуарном романе-воспоминании «Разрушенный бастион» главный герой описывает пережитое во вражеском плену. В романе описываются события в тылу врага весной 1945 года. Полностью соответствуя требованиям жанра, роман состоит из ретроспекции и воспоминаний. Повествование ведется от лица автора-рассказчика. В романе много героев и сюжетных линий. Как и в повести, в романе философское начало передается через начальную композиционную структуру, хронотоп, жизнь героев, их внутренний мир. В романе также хронотом носит исторический и психологический (перцептуальный) характер. Особенность хронотопа в том, что он обладает психологическим содержанием. Главный герой романа – авторское "я" оказывает огромное влияние на вспомогательных и эпизодических героев, на перемены их внутренних переживаний, взглядов на жизнь. В субъективном хронотопе автора-рассказчика выражается его эмоциональное отношение к товарищам по неволе, фашистам, к вопросам жизни и смерти.

Суд над фашистами, с описания которого начинается роман, это еще и суд автора. Это своего рода литературный суд. Автор подписывается под обвинительным приговором над комендантом лагеря, его помощниками и полициями. Он призывает на суд тех, с кем делил неволю, а самый главный свидетель на этом суде – сам автор.

В душе рассказчика на протяжении всего романа во всей противоречивости предстает столкновение свободы и неволи, жизни на воле и плена, жизни пленных и фашизма. Это противоречие время от времени проявляется на всех уровнях произведения. В романе изображено два типа места. Первый – душевное пространство автора-рассказчика, второй – плен, реальное место пленного. Жизнь пленных протекает в закрытом пространстве, свобода означает открытое пространство. По мере развития сюжета герои романа пытаются из закрытого пространства попасть в открытое. В своем закрытом пространстве они передвигаются по горизонтальным путям. Внутренние монологи и разговоры отражают стремление выжить.

Хронотоп в романе тесно связан и с образом дороги. По концепции М.Бахтина[1] хронотоп дороги подразумевает дорогу судьбы. Дорога одного из героев романа Талиба с поля боя до Бухенвальда – путь к смерти. В то же время это и жизненный путь юноши. Хронотоп другого героя романа Шмаря – это отражение утраты самого себя. По дороге на расстрел он вспоминает прошлую жизнь и, словно, возвращается к ней. Но реальная дорога ведет в неизвестность. Его дорога: чужбина – родина – чужбина составляет замкнутое кольцо, из которого нет выхода. Эта безысходность еще более усиливается на фоне других пленных, которые стоически держатся и не идут в услужение к врагу. Для передачи его внутренних переживаний писатель прибегает к психологизму, к самоанализу героя. Его душевное состояние ведет к катарсису. Смерть с именем матери на устах означает раскаянье героя. Последней точкой движения в романе является могила, которая противопоставляется предательству. Могила – символ, связывающий жизнь и смерть.

Оппозиция хронотопа родная земля / чужбина связана с противостоянием свободы и плена; также активно писатель использует оппозицию хронотопа надежда / отчаяние, любовь / ненависть.

Главное противостояние романа: пленные – фашисты. На протяжении всего романа писатель беспощадно выявляет бесчеловечность последних. Но в то же время, автор, будучи предельно объективным, создает и положительные образы немцев (Франц, Герхард, Артур), показывая, что немецкий народ сам стал жертвой фашизма.

В романе смерть неразрывно связана с пленом, и каждый пленный живет на грани жизни и смерти. Рассуждения о жизни составляют два мотива романа: жизнь как надежда на будущее, вера в освобождение; человек жив лишь любовью к родине, к возлюбленной.

Некоторые герои от осознания того, что смерть неминуема, поднимаются до высот того, что есть возможность избавиться от ужасов плена. В связи с этим появляются философские мотивы, связанные со смертью: отношение к смерти наполняется в плане содержания, смерть становится средством избавления из плена; смерть трактуется как проявление отваги, храбрости, бессмертие побеждает страх перед смертью; смерть – данное Аллахом испытание, завершение жизненного пути.

Таким образом, исследуемые роман и повесть по композиции, идейно-философской направленности, освещению философии жизни и смерти имеют много общего.

В повести-воспоминании «Между жизнью и смертью» философия жизни и смерти раскрывается посредством сюжета, композиции, хронотопа, системой образов. Хронотоп носит исторический и психологический

---

[1] Бахтин М.М. Вопросы литературы и эстетики / М.М.Бахтин. – М.: Художественная литература, 1979. – С. 45.

(перцептуальный) характер. Историческое время отражает ход событий, а психологическое время используется для раскрытия внутреннего мира героев. Субъективный хронотоп автора раскрывает особенности эмоционального отношения к жизни и смерти, товарищам по плену, а также фашистам. В произведении присутствует два типа места: внутреннее, духовное пространство «я», а также реальные контуры места в жизни, что приводит к столкновению жизни со смертью.

Философия жизни и смерти – центральная в повести. Они возникает в неразрывной связи с понятиями «жизнь», «смерть» и «бессмертие». Жизнь у автора имеет две стороны и раскрывает противостояние жизни и смерти. В отношении жизни обозначаются несколько философских мотивов: жизнь как надежда на будущее, как освобождение из плена (когда жизнь – это борьба); стремление к свободе, родине обеспечивает жизнь. И в романе «Разрушенный бастион» философское начало достигается при помощи композиционной структуры, хронотопа, описанием жизни героев, их внутреннего мира. Философия проявляется во всех плоскостях организации места и времени. Хронотоп романа также носит исторический и психологический характер. Он также неразрывно связан с образом дороги.

Философия в романе передается через оппозиционные варианты. Оппозиция хронотопа родина / чужбина характеризует противостояние свободы и плена. Повторяется в романе и оппозиция надежда / отчаяние.

Философия составляет один из уровней романа, раскрывая философию жизни и смерти. Два мотива отражают жизнь: жизнь – надежда на будущее, вера в освобождение; человеку помогают выжить любовь к родине и возлюбленной. В романе возникают несколько философских мотивов: во-первых, смерть неизбежна; во-вторых, смерть – это отвага, храбрость.

ЛИТЕРАТУРА

1. Бахтин М.М. Вопросы литературы и эстетики / М.М.Бахтин. – М.: Художественная литература, 1979. – С. 45.
2. Богданов А. Мемуарная литература / А.Богданов / Словарь литературоведческих терминов. – М., 1974.
3. Волошинов В.Н. Слово в жизни и слово в поэзии / В.Н.Волошинов // Философия и социология гуманитарных наук. – СПб., 1996. – 72 с.
4. Гайнуллина Г. Развитие татарской автобиографической прозы в 60–70-е годы XX века / Г.Р.Гайнуллина. Автореф. дис. ... канд. филол.н. – Казань, – 2001. – 22 с.
5. Голубцов В.С. Мемуары как источник по истории современного общества / В.С.Голубцов. – М.: МГУ, 1970.
6. Давлетшина Л.Х. Мифологизм в татарской прозе конца XX начала XXI вв. /Л.Х.Давлетшина. – Казань: РИЦ "Школа", 2006. – 140 с.

7. Деревина Л.И. О термине "мемуары" и классификация мемуарных источников / Л.И.Деревина // Вопросы архивоведения. – 1963. – № 4.

8. Елизаветина Г.Г. Последняя грань в области романа / Г.Г.Елизаветина // Вопросы литературы. – 1982. – № 10.

9. Есин А.Б. Принципы и приемы анализа литературного произведения / А.Б.Есин. – М.: Флинта, 1999.

10. Жюльен Н. Словарь символов / Надя Жюльен. Челябинск, 1999. – 498 с.

11. Ибрагимов М.И. Миф в татарской литературе XX века: проблемы поэтики / М.И.Ибрагимов. – Казань: Татар. книж. изд–во, 2003. – 64 с.

12. Ильин И.П. Постмодернизм. Словарь терминов / И.П.Ильин. – М.:ИНИОН РАН (отдел литературоведения): INTRADA, 2001. – 384 с.

13. Ковский В. Литературный процесс 60–70–х годов / В.Ковский. – М.: Искусство, 1983. – 336 с.

14. Ковтун Е.Н. Поэтика необычайного: Художественные миры фантастики, волшебной сказки, утопии, притчи и мифа. (На материале европейской литературы первой половины XX века) / Е.Н.Ковтун. – М.: Изд–во МГУ, 1999. – 308 с.

15. Петров С. Проблема человека и литературы социалистического реализма // Концепция человека в эстетике социалистического реализма / С.Петров. – М., 1965. – С. 5–31.

16. Салихов Р. Герой и эпоха в татарском литературоведении / Р.Салихов. – Казань: «Мастер–Лайн», 1999. – 352 с.

17. Трессиддер Дж. Словарь символов / Дж.Трессиддер. – М., 2001.– 514 с.

18. Хализев В.Е. Теория литературы: Учебник для студентов вузов / В.Е.Хализев. – М.: Высшая школа, 2002. – 398 с.

19. Хатипов Ф. Духовный мир героя. Психологизм в современной татарской прозе / Ф.Хатипов. – Казань: Тат. книж. изд–во, 1981.

20. Шайтанов Н. "Непроявленный" жанр или литературные заметки о мемуарной форме / Н.Шайтанов // Вопросы литературы. – 1979. – № 2. – С. 53–54.

Nathan M. Solodukho
Professor, Doctor of Philosophy,
Head of the Philosophy Department of
Tupolev Kazan National Research Technical University, RUSSIA
E-mail: *natsolod@land.ru*

SITUATIONAL APPROACH IN XX-XXI CENTURIES

Abstract

In the paper "Manifesto of situational movement" (N.M.Solodukho, 2003) published initially in the journal «Field of being» (International Institute at Faierfield University (USA) under leadership of the director Lik Kuen Tong) one can read that the end of the XX century and the beginning of the XXI century are characterized in all spheres of being by the clearly marked situationalism. A state of these spheres can be adequately expressed by the notion "**situation**", having the below-indicated distinguishing features: the dynamism of successively changeable states, multi-factor determination, low degree of predicting the domination of this factor or another one. The most important characteristics of situational comprehension of world are hence the mobility, fortuity, uncertainty, fuzziness of boundaries, pluralism, factor equivalence, poly-variance, and "rhizomness".

The situational approach is internally heterogeneous; in it, the notions such as "situationality" and *"situativity"* must be clearly distinguished. As applied to the notion "situation", the notion "situationality*"* possesses a wider sense that comes close in its meaning to the notion "state" and comprises the contradictory unity of opposites – changeable and lasting, dynamics and statics, accidental and necessary, unitary and general, and the like. In this first meaning, a situation may be arbitrary lasting and arbitrary general (as is the case with the state; it was K.Jaspers who described such historical situations). As far as the notion "situativity", it gives a deeper insight into the idea about unitary and accidental, momentary and unexpected, uncertain and quickly variable: in many instances, we spend our days constantly encountering with many different situations and made the corresponding decisions in accordance with the problems of everyday life.

The so-obtained results can be successfully used as a methodological means in studies of different processes and phenomena, as well as in different practical spheres of activities. The situational movement as such must meet the humanistic demands of humankind of the twenty-first century.

In connection with the above-noted tendencies in the present-day science and philosophy, the Center for Situational research in Field-Being (CSRFB) is created on the basis of the Kazan State Technical University in 2004. It unites a large number of specialists in such fields of science as philosophy, ecology, chemistry, geography, mathematics, physics, technology, economics, psychology, pedagogics, linguistics, and some others.

The "control of situations" is the supreme task of the *situational approach*.

***

During almost entire last century, the prevailing characteristics of "situational" worldview were the stability and dynamic equilibrium, regularity, and causal determinacy of phenomena; all of them served as the principles of the basic scientific and philosophic concepts of evolution of societal development. The basic aims of scientific theories and inter-disciplinary studies were pursued mainly to discovery of recurrent phenomena, stable interactions with previously programmable result, search of unified theories and different invariants, e.g., symmetry in micro- and mega-world. In the middle of the twentieth century, a number of corresponding general scientific means of cognition was developed; among them, one can call the functional and structural analysis, cybernetic approach, as well as computer science and systems engineering. As the general methodology of scientific cognition, use was made of the system approach and general theory of systems. The founder of the latter was the Austrian biologist Bertalanfi. According to him, "the world is the system of systems".

Alongside these approaches and theories, the end of the twentieth century was marked by appearance of the crucially new theories in fundamental fields such as astronomy, physics, chemistry, and biology leading thereby to certain changes in the general pattern of the world. The swing-round in scientists' thinking ensued when they began to study the nonlinear processes in mathematics, irreversible processes in thermodynamics, cooperative processes in quantum physics, oscillatory and unstable processes in chemical reactions, self-organization processes in the inanimate nature and wildlife, unstable objects in astrophysics, poly-variance of human civilization development in social sciences, and some others. The primary emphasis was placed thereby not only upon the studies of processes as such but also upon the attainment of possibility of their immediate mathematical simulation [1, 172].

The new world vision with its unstable, chaotic, and ambiguous world pattern began to form as the theory of catastrophes, Prigozhin – Glensdorf – Nicolis – Stengers fluctuation theory of irreversible processes, synergetics of Eigen and Haken, computer-aided technologies of multidimensional virtual space were developed. These tendencies in the development of post-non-classical science were in harmony with the philosophy of post-modernism with its ideas of world treated as unpredictable chaos, indeterministic links, equiprobable possibilities of realization, equivalence of all structural elements of both natural and social order [2, 173].

The situation that is observed in the field of culture at the end of the XX-th century can be treated as the «post-modern situation». It was just such the title of a book written by J.F Liotar, one of the brilliant representatives belonging to the pleiad of French philosophers, philologists, and experts in culture in the period from the sixties to the nineties. This situation (that comes after the outdistanced "modern") reflects the high level and contrarieties of the present-day philosophy and science in the period of globalization and glocalization (specific combination of something global and local). In the philosophy, post-modernism was the successor of a great number of philosophic trends and tendencies such as post-structuralism, phenomenology, existentialism, hermeneutics, and many others.

The state of the sphere of cognition in the end of the twentieth century and beginning of the twenty-first century is characterized by its special position, which can be expressed, for purposes of adequate reflection of reality by the notion *situation*. This position has a number of distinguishing features such as the dynamism of successively changeable states, probabilistic character of qualitative changes, multi-factor determination, low degree of predicting the domination of this factor or another one. The most important characteristics of situational comprehension of world are hence the mobility, fortuity, uncertainty, fuzziness of boundaries, factor equivalence, and poly-variance.

The situational approach assumes ever-growing significance in studies and researches of ecological, geographical, economical, political, psychological, and some other situations [4]. The special case of interest here may be seen in the prevention and control of abnormal, emergency, and nonstandard situations.

Between the situational approach and ecological problems exists a certain internal meaningful link. By the term «ecology» arising from the Greek word «oikos», one is meant (in a wide sense) as the «location» or «housing»; the notion «situation» originates from the Latin word «situs» and is translated as «position», «situated», «dwelling» and bears explicitly an ecological load. If we take account of the fact that the ecological science deals, in a wide sense, with interrelations between the chosen objects and their circumambience, the situational approach that considers factors forming a situation is very close to the ecological problems.

If we generalize the existing definitions, we can conclude that the notion "situation" includes a totality of elements (conditions, circumstances, positions, states, and the like), which necessitate the dynamics (changes, variations) of both the situation-forming elements and the objects placed in the situation given.

If the twentieth century was the "century of systems," thus manifesting the systems mentality, the twenty-first century is the "century of situationality" which necessitates the situational and situative thinking [2, 174 – 175].

In the paper "Manifesto of situational movement" (N.M.Solodukho, 2003) published initially in the journal «Field of being» (International Institute at Faierfield University (USA) under leadership of the director Lik Kuen Tong) one can read that the end of the XX century and the beginning of the XXI century are characterized in all spheres of being by the clearly marked situationalism. A state of these spheres can be adequately expressed by the notion "**situation**", having the below-indicated distinguishing features: the dynamism of successively changeable states, multi-factor determination, low degree of predicting the domination of this factor or another one. The most important characteristics of situational comprehension of world are hence the mobility, fortuity, uncertainty, fuzziness of boundaries, pluralism , factor equivalence, poly-variance, and "rhizomness" [1, 173].

The "control of situations" is the supreme task of the *situational approach*.

References:

1. N.M.Solodukho, Manifesto of Situational movement, Situational researches, issue no.1, Situational approach, Kazan, 2005.
2. N.M.Solodukho, Situational researches, issue no.1: Situational approach, Multi-author book, in: Proceedings of All-Russia seminar, Kazan, KSTU-KAI, 2005.
3. N.M.Solodukho, Situational researches, issue no.2: Typology of situations, Multi-author book, in: Proceedings of All-Russia seminar, Kazan, KSTU-KAI, 2006.
4. N.M.Solodukho, Urgent problems of Global ecology, in: Proceedings of International Seminar (CIS), Kazan, KSTU-KAI, 2007.

Ускова И.К. - КемГУ, вед. инженер, **Булгакова О.Н.** - к.п.н., доцент, КемГУ, зав. кафедрой аналитической химии,
Попова А.В. -КемГУ, студент

ВОЛЬТАМПЕРОМЕТРИЧЕСКОЕ ОПРЕДЕЛЕНИЯ ФЕНОЛА

В настоящее время наиболее остро стоит проблема мониторинга природных вод, которые испытывают значительную техногенную нагрузку. Опаснейшими токсикантами, попадающими в воды в результате деятельности человека, являются фенол, ПДК для которого в водоемах составляет 0,001 мг/дм^3 [1, 33], и его производные. Кроме того, в угольных регионах наблюдается повышенное содержание этих соединений за счет вымывания из угольных пластов.

Различные физико-химические методы (оптические после экстракции растворителями или предварительной перегонки определяемых веществ с водяным паром, методы определения и разделения на основе газовой, жидкостной и тонкослойной хроматографии, ИК-спектроскопические, люминесцентное определение с экстракционно-хроматографическим концентрированием и хроматомембранным отделением, экстракционно-спектрофотометрические) позволяют определять фенол [2, 9-10; 3, 18-21; 4, 81-89]. Перспективным для решения проблемы экспрессного и чувствительного определения фенола является метод вольтамперометрии, характеризующийся низким пределом обнаружения в сочетании с низкой стоимостью оборудования и быстротой проведения анализа. Проблема определения фенола вольтамперометрическими (ВА) методами заключается в загрязнении поверхности индикаторного электрода продуктами окисления фенола и невозможности получения его стабильного аналитического сигнала [5, 1117-1124; 6, 129-140; 7, 499-502], а также в необходимости разделения и концентрирования предварительной твердофазной экстракцией [8, 6-8], которая не нашла широкого применения. Расширению возможностей ВА метода способствует использование инертных электродов из углеродных материалов [9, 1-7], аналитическими характеристиками которых можно управлять путем предварительной модификации электродной поверхности, что позволит осуществлять определение фенола на уровне ПДК без предварительного разделения и концентрирования.

Для стеклоуглеродного электрода (СУЭ) чаще всего проводят механическую обработку (МО) полированием его поверхности водной суспензией окиси алюминия до зеркальной поверхности без сколов, царапин и трещин. Поверхность после МО имеет атомное отношение О/С 7-20% с различными функциональными кислородсодержащими группами (гидроксильными, карбоксильными, карбонильными, хиноидными и др.) и поверхностными загрязнениями [10, 3958-3965].

Электрохимическая обработка (модификация) (ЭХО) заключается в электрохимическом окислении поверхности с предпочтительным образованием функциональными кислородсодержащими группами одного вида (одной структуры), оптимальными для хемосорбции с последующим электроокислением органического соединения определенного класса.

В работе использовали трехэлектродную ячейку, состоящую из трех идентичных стержневых СУЭ. В качестве фонового электролита использовали 0,2 М водный раствор K_2HPO_4. Потенциал накопления $E_{нак}$ = -0,1 В, время накопления $\tau_{нак}$ = 60 с. Стандартные растворы фенола готовили из ГСО 7270-96 разбавлением этанолом. Электрохимическую обработку СУЭ проводили с помощью внешнего источника тока в водном растворе 0,2 М $(NH_4)_2SO_4$ с добавлением ацетона (19:1) [11, 53-57].

Введение стандартного раствора фенола в фоновый раствор приводит к появлению аналитического сигнала в виде отдельного пика на ВА-кривых (E_{Ph} = 0,486 ± 0,016) В, который возрастает с увеличением концентрации фенола и, возможно, связан с окислением фенола. Были получены градуировочные зависимости тока анодного пика фенола от его концентрации в фоновом растворе, оценена сходимость ВА-определения фенола. Расчеты показали, что свободные члены в уравнениях линейности отличаются незначимо от нуля. Ток пика фенола зависит от его концентрации в растворе в интервале $c(Ph) = (1-10) \cdot 10^{-8}$ М:
$$I = (0,017 \pm 0,003)c.$$

При введении стандартного раствора фенола в раствор на основе водопроводной воды наблюдается смещение аналитического сигнала фенола в анодную область (E_{Ph} = 0,486 ± 0,016) В. Изучена функциональная зависимость тока анодного пика фенола от его концентрации в интервале $c(Ph) = (1-10) \cdot 10^{-8}$ М в растворе, приготовленном на основе водопроводной воды:
$$I = (0,051 \pm 0,006)c.$$

Сходимость результатов не ниже 80% (n=9). Для оценки метрологических характеристик разработанной методики использовали метод "введено–найдено" (таблица 1).

Таблица 1.
Результаты ВА-определения фенола в фоновом растворе на основе водопроводной воды методом добавок (n=9, P=0,95)

$c(Ph) \cdot 10^8$, моль/дм³, «введено»	$c(Ph) \cdot 10^8$, моль/дм³, «найдено»	S_r, %
0,95	0,40	58
1,89	2,58	36,5
3,78	4,63	22,5
6,58	6,82	3,65

С использованием предлагаемой методики была проанализирована водопроводная вода. Пробоподготовку осуществляли согласно методике [8, 6-8]. В пробу водопроводной воды объемом 10 мл, добавляли навеску гидрофосфата калия до *pH* 9,2, затем центрифугировали. Центрифугат анализировали. В водопроводной воде фенол не обнаружен.

Список литературы:
1. СанПиН. 2.1.4.559-96, с. 33.
2. Коренман Я. И. Экстракционное концентрирование и потенциометрическое определение фенолов в водах/ Я. И. Коренман, Т. А. Кумченко // Зав. лаб., № 9, с 9-10.
3. Булатов А.В., Михайлова Е.А., Тимофеева И.И., Москвин А.Л., Москвин Л.Н. Определение «фенольного индекса» в воде методом циклического инжекционного анализа с автономным экстракционно-хроматографическим концентрированием. // Журнал аналитической химии.- 2013. – Т. 68, № 1. – С. 18-21.
4. Зиятдинова Г.К., Хузина А.А., Будников Г.К. Реакции фенольных антиоксидантов с электрогенерированными гексацианоферрат(III)-ионами и их применение в анализе растительных масел. // Журнал аналитической химии.- 2013. – Т. 68, № 1. – С. 81-89.
5. Ezerskis Z. and Jusys Z. Electropolymerization of chlorinated phenols on a Pt electrode in alkaline solution Part I: A cyclic voltammetry study // Journal of applied electrochemistry. 2001. V. 31. P. 1117-1124.
6. Wang J., Martinez. T. Scanning tunneling microscopic investigation of surface fouling of glassy carbon surfaces due to phenol oxidation // J. Electroanal. Chem. 1991. V. 313. P. 129-140.
7. Wang J., M.S. Lin In situ electrochemical renewal of glassy carbon electrodes // Anal. Chem. 1988. V. 60. P. 499-502.
8. Анисимова, Л.С. Инверсионный вольтамперометрический анализ воды на содержание анилина и фенола. [Текст] / Л.С. Анисимова, Ю.А. Акенеев, В.Ф. Слипченко, Т.И. Щукина, Н.П. Пикула, М.П. Цюрупа. // Зав. лаб. Диагностика материалов. 1999. – Т. 65. – № 2. – С. 6-8.
9. Будников, Г.К. Обновляемый электрод в вольтамперометрии [Текст] / Г.К. Будников. // Заводская лаборатория. 1997. – Т.63. – № 4. – С. 1-7.
10. Peihong Chen and Richard L. McCreery. Control of Electron Transfer Kinetics at Glassy Carbon Electrodes by Specific Surface Modification. / Anal. Chem. 1996. – V. 68. P. 3958-3965.
11. Ускова, И.К. Изучение условий ВА определения фенола на уровне ПДК [Текст] / И.К. Ускова, О.Н. Булгакова, А.Н. Кравченко. Международная молодежная конференция «Экология России и сопредельных территорий» материалы конференции 20-22 июня 2012 г. / под общ. Ред. В.П. Юстратова; ФГБОУ ВПО «Кемеровский технологический институт пищевой промышленности». Кемерово, 2012. С. 53-57.

Каюкова Г.П.
доктор химических наук, Институт органической и физической химии им.
А. Е. Арбузова Казанского научного центра РАН, E-mail:kayukova@iopc.ru
Абдрафикова И.М.
аспирант, Казанский национальный исследовательский технологический университет
Успенский Б.В.
профессор, доктор геолого-минералогических наук, Казанский (приволжский) федеральный университет

ГЕОХИМИЧЕСКИЕ АСПЕКТЫ ФОРМИРОВАНИЯ УГЛЕВОДОРОДНОГО СОСТАВА АСФАЛЬТИТОВ: СПИРИДОНОВСКОГО МЕСТОРОЖДЕНИЯ (ТАТАРСТАН) И БИТУМНОГО ОЗЕРА ПИЧ-ЛЕЙК (ТРИНИДАД И ТОБАГО)

В пермских отложениях на территории Татарстана, наряду с месторождениями тяжелых высоковязких нефтей, широко развиты залежи битуминозных пород, в отдельных районах, имеющие выход на дневную поверхность, содержащие вязкие, полувязкие и твердые битумы – асфальты и асфальтиты [1,43]. В районах выходов битуминозных пород на поверхность или вблизи их был открыт ряд промышленных залежей и месторождений нефтей в нижележащих каменноугольных и девонских отложениях. В настоящее время наиболее распространенной является точка зрения о том, что залежи битумов в пермской системе на территории Татарстана представляют собой разрушенные нефтяные и процессы их образования были тесно связаны с генерацией нефтей в более древних толщах палеозоя [1,245]. Под влиянием тектонических перестроек структурных планов кристаллического фундамента и осадочного чехла разломные зоны пород служили путями миграции углеводородов из глубоких горизонтов палеозоя, где они находились под большим давлением, в поверхностные отложения осадочной толщи. В процессе геологической истории под воздействием вторичных процессов залежи нефти разрушались с образованием битумов различных по составу и фазовому состоянию, что затушевывало их генетическую связь с первичными источниками генерации и дало основание в ряде случаев полагать об их первичном залегании в тех или иных отложениях. Поэтому выяснение природных факторов и процессов, приводящих к формированию битумных скоплений в поверхностных отложениях осадочной толщи, представляется важной и актуальной фундаментальной задачей, от решения которой зависит оценка перспектив нефтеносности осадочных и глубинных толщ данной территории. Кроме того, снижение прироста запасов легкой нефти во многих нефтедобывающих регионах мира, в том числе и в России, вызывает необходимость вовлечения в хозяйственный оборот альтернативных источников углеводородного сырья, к которым, в первую очередь, относят тяжелые нефти и природные битумы [2,14].

На территории Татарстана залежи тяжелых высоковязких нефтей залегают в хорошо изученных горизонтах уфимских и нижнепермских отложений [2,45]. Горизонты с основным содержанием природных битумов изучены в меньшей степени, в основном, по причине большей их вязкости, меньшей текучести и меньшей продуктивности.

В плане изучение природы твердых асфальтитов, залегающих в верхней осадочной толще, в данной работе представлены результаты сравнительных исследований углеводородного состава природных битумов - асфальтитов из Спиридоновского месторождения Республики Татарстан [1,61] и битумного озера Пич-Лейк (Тринидад и Тобаго) [3], происхождение которого связано с глубинным источником.

Битуминозные породы Спиридоновского месторождения с битумонасыщением от 1,4 до 8,4%, по усредненным данным – 4,5%, залегают на глубинах до 30 м в приповерхностных отложениях нижней части нижнеказанского подъяруса пермской системы [2,43]. Основную часть продуктивной толщи слагают песчаники, мощность которых изменяется от 4,5 до 15,2 м, составляя в среднем 8,9 м. На данном месторождении проводилась опытная карьерная разработка с извлечением битуминозного песка, используемого в основном в дорожном строительстве. Нами показано [4], что асфальтит Спиридоновского месторождения, представляющий собой практически концентрат асфальтенов, стабилизированный в течение многих миллионов лет, в качестве дисперсного наполнителя улучшает свойства дорожных битумов и позволяет структурировать остатки тяжелых нефтей до товарных битумов требуемых марок.

Для производства дорожных битумов в Калифорнии (США) широко используется асфальтит, извлекаемый из естественного крупнейшего в мире битумного озера Пич-Лейк (*Pitch Lake – битумное озеро*) [3]. Это уникальное месторождение, состоящее из высококачественного природного асфальта, имеющего выход на дневную поверхность, расположенное на территории островного государства Тринидад и Тобаго в южной части Карибского моря недалеко от побережья Венесуэлы. Битумное озеро имеет площадь около 40 га и глубину около 80 м, запасы которого оцениваются в млн. тонн, десятки тысяч из которых добываются каждый год. При текущем уровне добычи озеро будет являться возобновляемым источником асфальта на протяжении 400 лет. Относительно его происхождения известно [3], что впадина, на которой и образовалось озеро, некогда было кратером вулкана и до сих пор соединена с его жерлом. Именно оттуда на поверхность поднимается нефть, которая по мере своего продвижения вверх теряет часть своих летучих веществ, постепенно превращаясь в жидкий асфальт.

Образцы битуминозных пород экстрагировали в аппарате Сокслета смесью растворителей: бензол – изопропиловый спирт – хлороформ, взятых в равных долях. Выход битума из пород Спиридоновского месторождения составлял 2,64%, а из пород битумного озера Пич-Лейк – 61,04%.

Исследованные битумы отличаются компонентным составом (рис. 1). Спиридоновский битум с плотностью 0,9981 г/см^3 и содержанием серы 4,85% из-за низкого содержания масел (8,7%) и высокого содержания асфальтенов (60,7%) относится к классу твердых асфальтитов и представляет собой хрупкий аморфный материал черного цвета. Содержание спирто-бензольных смол в асфальтите в восемь раз больше содержания смол бензольных (27,3 против 3,3%), содержание последних крайне низкое.

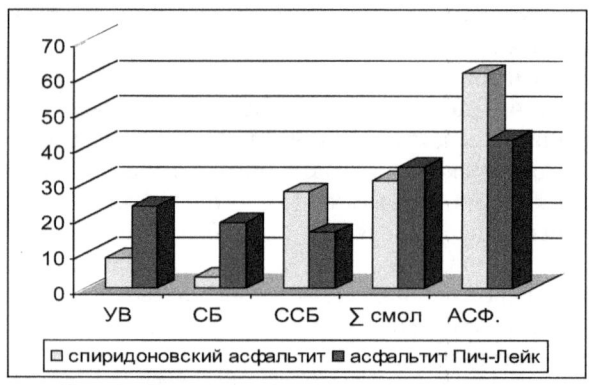

Рис. 1. Диаграмма распределения компонентов в составе исследованных битумов

В асфальтите из озера Пич-Лейк содержание масел более чем в два раза выше (23,57%) и, следовательно, ниже содержание смолисто-асфальтеновых компонентов. Суммарное содержание смол близко к их содержанию в спиридоновском асфальтите, но в отличие от него, смолы бензольные (18,61%) преобладают над смолами спирто-бензольными (15,88%), что характерно для легких нефтей терригенно-карбонатных фаций глубинных горизонтов. Содержание асфальтенов достаточно высокое - 42,18%. Следует отметить, что по компонентному составу исследованный образец битума также относится к классу асфальтитов [2,27].

По данным ГХ-MS анализа наблюдаются специфические различия и в углеводородном составе исследованных битумов (рис. 2).

Хроматограмма углеводородной фракции (масел) асфальтита Пич-Лейк по общему ионному току в области элюирования н-алканов средней молекулярной массы представляет высокий «нафтеновый горб» (рис. 2а),

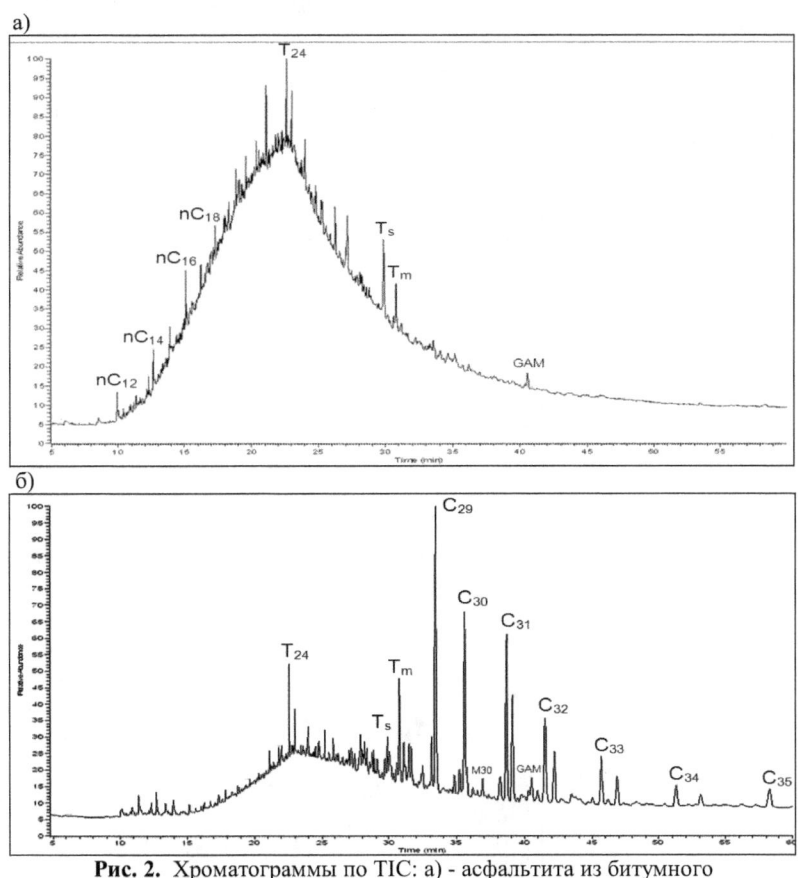

Рис. 2. Хроматограммы по TIC: а) - асфальтита из битумного озера Пич-Лейк; б) - спиридоновского асфальтита

что указывает на содержание изомерных нафтеновых структур в его составе. Такая картина соответствует биодеградированному типу нефтей стадий $Б^2$ и $Б^1$, когда значительное количество н-алканов разрушено в процессе микробной деструкции [1,79]. В спиридоновском асфальтите в аналогичной области хроматограммы (рис. 2а) также присутствуют невысокие пики плохо идентифицируемых углеводородов. Однако, в отличие от Пич-Лейк, в высокомолекулярной области (выше C_{28}) видны четкие высокие пики пентациклических тритерпанов - гопанов состава C_{27}-C_{35} (рис. 2б). Обогащенность нефтей и битумов тритерпанами связывают с активными бактериальными процессами при отложении осадочного материала [5]. Специфические различия в составе и распределении биомаркеров исследованных асфальтитов более наглядно выявляются из масс-фрагментограмм, прописанных по характерным ионам: m/z 71 (алканы), m/z 217 (стераны) и 191 (тритерпаны) (рис. 3-5).

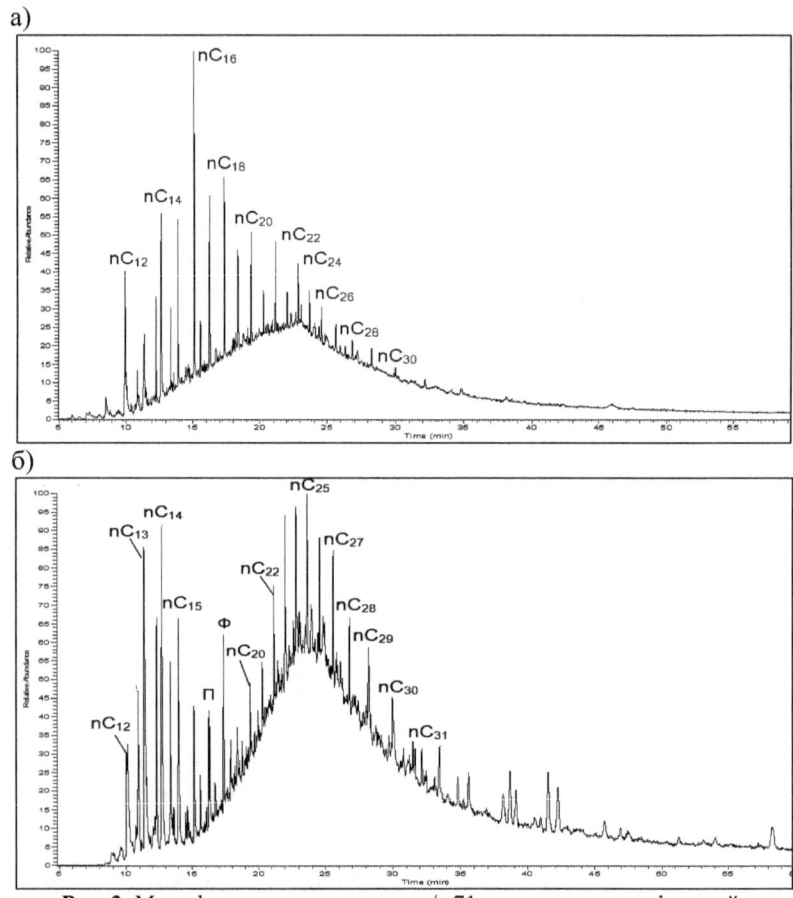

Рис. 3. Масс-фрагментограммы по m/z 71 углеводородных фракций:
а) - асфальтита из битумного озера Пич-Лейк; б) - Спиридоновского асфальтита

Специфической особенностью молекулярно-массового распределения н-алканов в составе битума Пич-Лейк является преобладание гомологов с четным числом атомов углерода (рис. 3а). Низкие значения отношения пристан/фитан (менее 0,83), преобладание четных гомологов во всех интервалах молекулярно-массового распределения н-алканов могут отражать резко восстановительные условия накопления органического материала морского генезиса карбонатных фаций и незрелость битума [6]. С другой стороны, имеются данные [7], что в органическом веществе гидротермальных пород и флюидов в распределении н-алканов ярко выражены максимумы четных низкомолекулярных алканов состава C_{12}-C_{16}, подобно тому, как это имеет место в составе битума Пич-Лейк. По мнению авторов вышеуказанной работы, преобладание четных н-алканов обусловлено микробиологической природой органического вещества, являющегося продуктом метаболизма сообщества термофильных микроорганизмов, предположительно из группы архебактерий, наличие которых характерно для гидротермальных полей в океане. При этом отсутствие высокомолекулярных н-алканов не исключает возможность их преобразования в условиях низкотемпературного катализа в подповерхностных условиях. По мнению автора работы [8], образование легколетучей углеводородной составляющей нефти за счет деструкции высокомолекулярных компонентов происходит не только в диа- и катагенезе, но и в потоке глубинных сверхкритических флюидов, основными компонентами которых являются метан, углекислый газ, вода, водород. Учитывая историю формирования битумного озера Пич-Лейк, имеются веские основания полагать о влиянии на его состав глубинных сверхкритических флюидов.

Для спиридоновского асфальтита характерен бимодальный характер распределения н-алканов (рис. 3б) с двумя максимумами: один максимум - при C_{14} в области элюирования н-алканов состава C_{12}-C_{20}, другой - при C_{25} сдвинут в высокомолекулярную область. Это может быть результатом: либо более позднего подтока легких углеводородных флюидов в уже сформировавшуюся битумную залежь, либо результатом сохранения легких углеводородов исходной нефти в процессе формирования и запечатывании битумной залежи. Тем не менее, прослеживается связь углеводородного состава спиридоновского битума, как и битума Пич-Лейк, с глубинными углеводородными флюидными системами. Значения отношения пристан/фитан в том и другом битуме менее 1, что характеризует сходные окислительно-восстановительные фациальные условия формирования их углеводородного состава, характеризующиеся восстановительными обстановками. Спиридонровский битум, по-видимому, не подвергался в своей истории высокотемпературным воздействиям. Это подтверждается составом продуктов гидротермальных превращений, полученных в условиях лабораторных экспериментов при температуре 360^0C в присутствии водной фазы в восстановительной среде [9;10]. В отличие от исходного битума, в продуктах его конверсии присутствуют н-алканы и н-алкены с преобладающим содержанием гомологов с четным числом атомов углерода.

Химические науки

Отличительные генетические особенности исследованных битумов наиболее ярко проявляются в составе высших биомаркеров – стеранов и терпанов. Так, высокое содержание в спиридоновском асфальтите биомаркеров - стеранов регулярного строения состава C_{27}-C_{29} (m/z 217) и гомогопанов состава C_{31}-C_{35} относительно гопана C_{30} (m/z 191) свидетельствует о морском генезисе данного битума и о значительном вкладе в его состав бактериального материала [6], но в отличие от битума Пич-Лейк, другого видового состава. В асфальтите Пич-Лейк стераны регулярного строения состава C_{27}-C_{29} и углеводороды ряда гопана состава C_{29}-C_{35} практически отсутствуют (рис. 4 и 5). Среди стеранов в основном преобладают прегнаны, а среди терпанов – трициклические терпаны (хейлантаны) состава C_{19}-C_{26}, что также характерно для термально преобразованных систем [8].

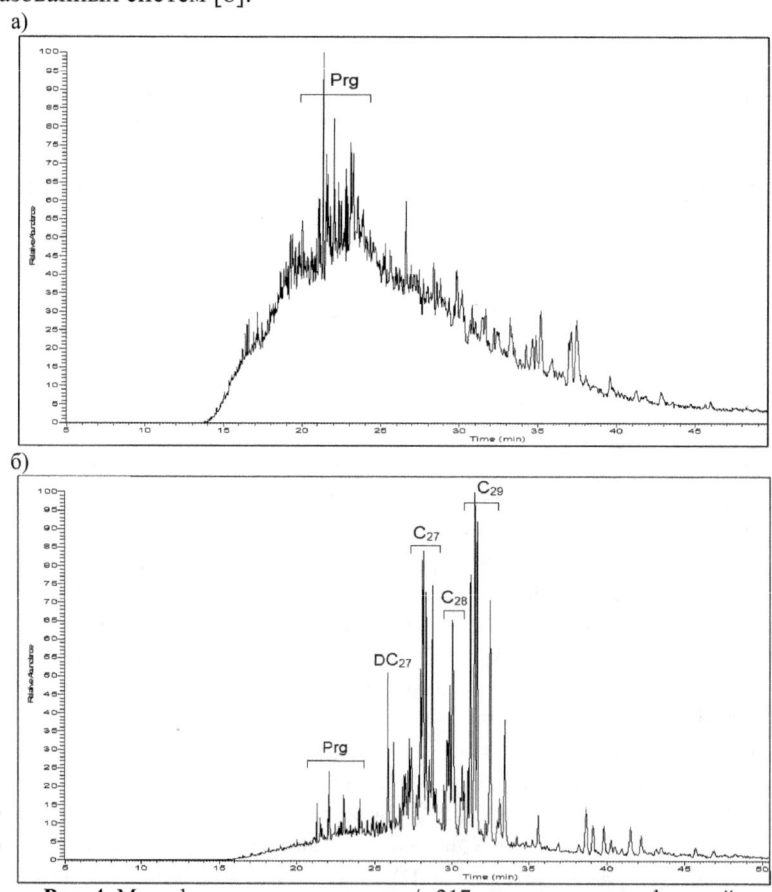

Рис. 4. Масс-фрагментограммы по m/z 217 углеводородных фракций: а) - асфальтита из битумного озера Пич-Лейк; б) - Спиридоновского асфальтита

При этом, в том и другом битуме присутствует трисноргопан C_{27} в виде двух изомеров. Для битума Пич-Лейк характерно более высокое значение отношения наиболее стабильного C_{27} 18α(R)–трисноргопана (T_s) к менее стабильному C_{27} 17α(H)–трисноргопану (T_m) (0,48 против 0,29), что указывает на большую степень катагенетической преобразованности его состава. Следует отметить наличие в составе асфальтита Пич-Лейк в небольших концентрациях стеранов состава C_{30} и, возможно, выше, а также гаммацерана (GAM), являющегося характерным признаком связи его состава с органическим веществом морского генезиса из бассейна осадконакопления с повышенной соленостью вод.

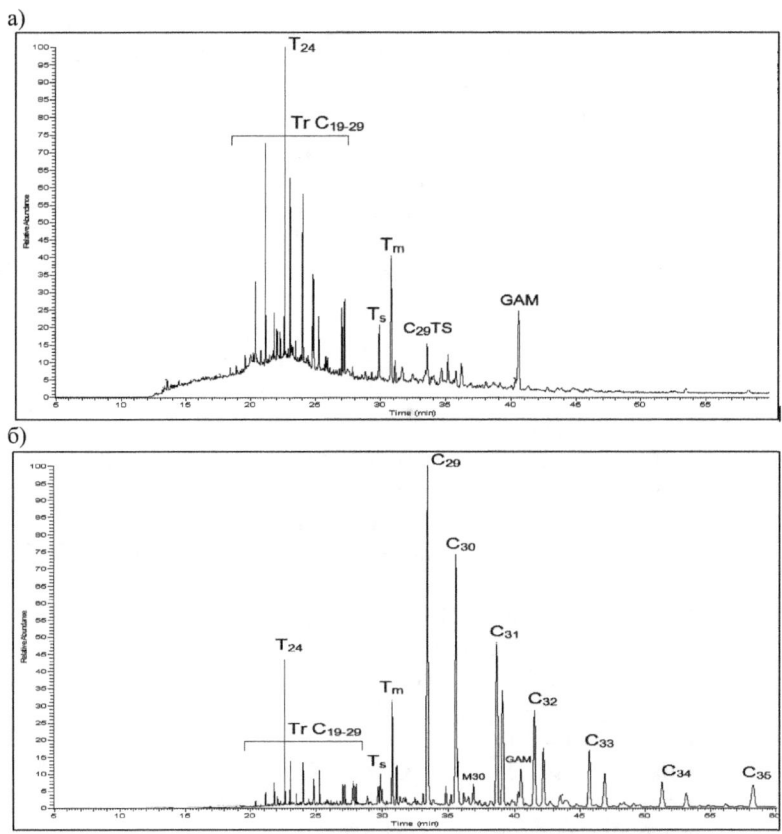

Рис. 5. Масс-фрагментограммы по m/z 191 углеводородных фракций: а) - асфальтита из битумного озера Пич-Лейк; б) - Спиридоновского асфальтита

Поверхностные условия залегания данного асфальтита, так же как и битума Спиридоновского месторождения, не исключают возможность накоплению в их составе органических компонентов и в настоящее время.

Так, асфальтит Спиридоновского месторождения, в отличие от Пич-Лейк, находится в рассеянном состоянии в породах, имеющих выход на дневную поверхность, где он подвергается интенсивному химическому и биохимическому окислению под воздействием природных и климатических факторов. Несмотря на то, что асфальтит Пич-Лейк находится в более концентрированной форме в виде пластовой залежи, на его поверхности идут интенсивные процессы жизнедеятельности человека, связанные с его проживанием и добычей битума, а также с проживанием животного мира [3].

Таким образом, в результате проведенных исследований двух битумов – асфальтитов из поверхностных отложений различных нефтегазоносных территорий показано, что их генезис связан с первичной природой исходных миграционных парафиновых нефтей, а также с различным влиянием на их состав высокотемпературных гидротермальных процессов. При этом отличительные генетические особенности состава битумов обусловлены специфичностью бактериального материала, внесшего определенный вклад в формирование их углеводородного состава, как в глубинных, так и в поверхностных толщах.

Работа выполнена при поддержке гранта РФФИ № 12-05097027 «Поволжье»

Литература

1. Химия и геохимия пермских битумов Татарстан / Г.П.Каюкова, Г.В.Романов, Р.Х.Муслимов и др. - М.: Наука. – 304 с.
2. Комплексное освоение тяжелых нефтей и природных битумов пермской системы Республики Татарстан / Р.Х.Муслимов, Г.В.Романов, Г.П.Каюкова и др. – Казань: «Фэн» АН РТ, 2012. - 396с.
3. Chaitan W.B., Graterol V.R. A Gravity Investigation of the Pitch Lake of Trinidad and Tobago // Geological Society of Trinidad & Tobago. – *[Электронный ресурс]. – Режим доступа:* http://www.gstt.org/geology/pitch%20lake.htm (дата размещения статьи: 17.04.2011).
4. Сираев Р.Ф., Петров С.М., Каюкова Г.П. и др. Получение модифицированного битума на основе вакуумного остатка высоковязкой нефти Ашальчинского месторождения // Вестник КТУ. 2011. № 9. С. 196-200.
5. Seifert W.K. and Moldowan J.M. Aplications of steranes, terpanes and monoaromatics to the maturation, migration and source of crude oils // Geochimica et Cosmochimica Acta. 1979. Vol. 43. P. 111-126.

6. Пунанова С.А., Виноградова Т.Л. Незрелые нефти морских глубоководных фаций: физико-химические свойства, углеводородный и микроэлементный состав // Геохимия. 2010. № 11. С. 1214-1223.
7. Леин А.Ю., Богданов Ю.А., Сагалевич А.М., Пересыпкин В.И., Дулов Л.Е. Белые столбы Покинутого города // Природа. 2002. № 12. С. 40-46.
8. Лившиц С.Х. Механизм образования нефти в сверхкритическом потоке глубинных флюидов // Известия Российской академии наук. 2009. Т. 70. № 3. С. 261-265.
9. Киямова А.М., Каюкова Г.П., Романов Г.В. Состав высокомолекулярных компонентов нефте- и битумсодержащих пород и продуктов их гидротермальных превращений // Нефтехимия. 2011. № 4. С. 243-253.
10. Каюкова Г.П., Киямова А.М., Романов Г.В. Гидротермальные превращения асфальтенов // Нефтехимия. 2012. Т. 52. С. 7-16.

Фадеева И.С.
доцент, к.э.н., Россия, Сибирский государственный аэрокосмический университет им. Акад. М.Ф. Решетнева
Fadeeva_is@mail.ru

ПОЛОЖИТЕЛЬНЫЕ ЭФФЕКТЫ НЕКОТОРЫХ ФОРМ ТЕРРИТОРИАЛЬНОЙ ОРГАНИЗАЦИИ ПРОМЫШЛЕННОГО ПРОИЗВОДСТВА

В мировой экономике существуют различные формы территориальной организации промышленности. Одни из них характерны для плановой экономики, другие для рыночной. В настоящее время распространены последние.

Сущность каждой из форм описана во многих источниках, однако до сих пор нет единого подхода к трактовке данных понятий. Поэтому актуальным является разработка универсальных подходов к их определению. Исследование различных трактовок приведенных форм территориальной организации промышленного производства, результатов их практического внедрения и деятельности в их рамках позволило сформулировать более обобщенное определение и преимущества каждой из данных форм. Таким образом, целью статьи является рассмотрение сущности и преимуществ описанных видов форм промышленного развития.

В рамках промышленного развития в плановой экономике наиболее существенную роль играли территориально-производственные комплексы (ТПК), которые представляют собой совокупность устойчиво взаимосвязанных, взаимообусловленных, пропорционально развивающихся производств, сосредоточенных на ограниченной территории и эффективно использующих единую инфраструктуру и ресурсы.

Положительные эффекты: планомерное формирование ТПК давало возможность получать значительный экономический эффект, в отличие от локально размещенных производств.

Территориально-производственные комплексы (ТПК) объединяют такие виды пространственной организации промышленности как промышленные районы, промышленные центры и промышленные узлы [1].

Промышленный центр представляет собой концентрацию в пределах одного населенного пункта нескольких промышленных предприятий различных отраслей.

Положительными эффектами промышленного центра являются: развитие одной или нескольких отраслей промышленности; создание условий для эффективного функционирования отдельных предприятий отраслей специализации на единой территории.

Промышленный узел (ПУ) является совокупностью предприятий разных отраслей промышленности, а так же других объектов производственного назначения, сосредоточенных на одной или соседних территориях (в одном или нескольких близлежащих пунктах (городах, поселках городского типа и др.) или на одной промышленной площадке (части территории промышленного района города), углубляющих и расширяющих производственно-экономические и технологические связи между собой на последовательных стадиях развития, объединенных совместным использованием единой производственной и социальной инфраструктуры, строительной базы, транспортных и инженерных коммуникаций, природных, трудовых, сырьевых и других ресурсов.

К положительным эффектам ПУ относятся: постоянное расширение и углубление внешних и внутренних экономических связей; расширение и развитие производственного комплекса и территории, на которой расположен.

Промышленный район (ПР) - тип административно-территориальных единиц, промышленные предприятия, стройки и организации, расположенные на территории крупного промышленного центра (города) и тяготеющие к нему по транспортно-производственным связям, охватывающие значительные части территории страны, имеющие значительные масштабы производства и более широкий охват отраслями всестрановой специализации.

Положительные эффекты: развитие промышленного центра (города); развитие широкого круга отраслей и предприятий соответствующей отраслевой организации; интенсификация производства на территории размещения.

Промышленным округом (ПО) называют часть территории региона, предназначенная для размещения и функционирования различных производств и сопутствующих им сервисов, обустроенная по единому проекту планировки с необходимой инфраструктурой.

Главным положительным эффектом ПО можно считать поддержку участников соответствующей Программы Правительства региона по созданию ПО.

Еще одним механизмом промышленного развития территории, обеспечивающим эффективное прохождение всего экономического цикла в рамках определенной отрасли является территориально-отраслевой комплекс (ТОК).

Территориально-отраслевой комплекс (ТОК) – механизм промышленного развития территории, который обеспечивает эффективное прохождение всего экономического цикла в рамках определенной отрасли, осуществляет превращение ресурсов и стартовых позиций территории в новые виды высокорентабельной продукции в целях развития отрасли [2].

Положительные эффекты ТОК: активизация социально-экономического развития региона; развитие основных отраслей промышленности региона; повышение эффективности экономического цикла в рамках определенной отрасли (отраслей).

В зарубежной практике и теории модель взаимодействия отраслевых производственных комплексов и территорий их присутствия получила название теории кластеров.

Кластер представляет собой упорядоченную, устойчивую, территориально сконцентрированную группу заинтересованных в совместной деятельности независимых компаний, элементов инфраструктуры, связанных с ними организаций и потребителей, имеющих «ядро», ориентированных на рыночный спрос по определенным типам продуктов и услуг, и действующих в определенной сфере на принципах взаимосвязанности технологической цепочкой, взаимодополнения едиными материальными, финансовыми и информационными потоками, внутренней конкуренции и кооперации, инновационности, с целью повышения конкурентоспособности участников, создания единой цепочки добавочной стоимости и получения эффекта экономии на масштабе производства. Положительные эффекты при эффективном функционировании кластера: положительный синергетический эффект региональной агломерации, т.е. близости потребителя и производителя; сетевые эффекты и диффузии знаний и умений; развитие эффективных коммуникаций между участниками; повышение частоты и силы взаимодействия предприятий; усиление конкурентных преимуществ отдельных компаний и кластера в целом; рост деловой активности; улучшение инвестиционного климата в регионе; интенсивное развитие предпринимательства; повышение инвестиционной привлекательности территории; стимулирование развития социальных, экономических, информационных и интеграционных систем; выполняют роль точек роста внутреннего рынка страны.

В литературе отмечают такие виды кластеров как производственный и инновационный. Однако современные условия развития экономики стимулируют создание смешанных форм для достижения большего эффекта от деятельности.

Производственный кластер - сеть поставщиков и потребителей, связанная цепочкой формирования добавленной стоимости и локализованная на определенной территории. Положительные эффекты от деятельности в рамках производственного кластера: получение добавленной стоимости; развитие производства и производственных связей; получение ряда производственных преимуществ предприятиями-участниками и территориями их размещения.

Инновационный кластер - это упорядоченная, устойчивая, территориально сконцентрированная группа заинтересованных в совместной инновационной деятельности независимых компаний, связанных с ними организаций и потребителей, имеющих «ядро» в виде объектов инновационной инфраструктуры, поддерживающих организаций, участвующих в совместной инновационной деятельности по выпуску продукции с долгосрочными конкурентными преимуществами на перспективных рынках или формирует новые рынки сбыта, и действующих в определенной сфере на принципах взаимосвязанности технологической цепочкой, взаимодополнения едиными материальными, финансовыми и информационными потоками, внутренней конкуренции и кооперации, инновационности, с целью повышения конкурентоспособности участников и более быстрого и эффективного распределения новых знаний, научных открытий и изобретений. В рамках инновационного кластера существуют следующие преимущества: возможность более быстро и эффективно распределять новые знания, научные открытия и изобретения; инновационная деятельность по выпуску продукции с долгосрочными конкурентными преимуществами на перспективных и новых рынках сбыта; взаимодополнение едиными материальными, финансовыми и информационными потоками; позволяет предприятиям МБ противостоять в конкурентной борьбе большим компаниям и повысить их общую конкурентоспособность.

Таким образом, кластеры, сочетающие как производственную, так и инновационную составляющую получают удвоенный положительный эффект.

Технопарк можно определить как юридическое лицо, представленное в виде имущественного научно-производственного комплекса, общей площадью не менее 5000 кв. м., в котором создана материально-технической, социально-культурной, сервисной, финансовой и иная база, обеспечивающего высококачественными площадями своих резидентов (малые и средние предприятия, научные организации, проектно-конструкторские бюро, учебные заведения, организации инновационной инфраструктуры, производственные предприятия или их подразделения, научно-исследовательские центры, бизнес-инкубаторы и иные объекты инфраструктуры поддержки субъектов малого и среднего предпринимательства), объединяющее специалистов общего профиля в сфере высоких технологий на единой территории, взаимодействующих между собой, с органами государственной власти и местного самоуправления, деятельность которого направлена на внедрение перспективных технологий, доводя их до «товарного вида» и опытных образцов, формирования современной технологической и организационной среды, стимулирование и управление потоками знаний и технологий между университетами, научно-исследовательскими институтами, компаниями и рынками для развития инновационного предпринимательства и реализации венчурных проектов. Положительными эффектами технопарка являются: обогащение научной и/или технической культуры; создание рабочих мест и добавленной стоимости; упрощение и ускорение внедрения перспективных технологий; поддержка инновационного предпринимательства; ускорение разработки и более адекватное использование научных и технологических ресурсов; улучшение экономической базы региона; стимулирование и управление потоками знаний и технологий между университетами, научно-исследовательскими институтами, компаниями и рынками; упрощение создания и роста инновационных компаний; стимулирование экономического роста региона; диверсификация местной экономики, что делает ее более устойчивой; развитие успешных компаний малого и среднего бизнеса; увеличение доходов местного бюджета.

Бизнес-инкубатором является организация, поддерживаемая со стороны региональных органов управления и с непосредственным участием местных спонсоров, оказывающая помощь в решении задачи, ограниченных проблемами поддержки своих резидентов-стартаперов (малых, вновь созданных предприятий и начинающих предпринимателей – инновационные фирмы, производители новой техники, консалтинговые фирмы, которые хотят, но не имеют возможности начать свое дело) на всех этапах развития: от разработки идеи до её коммерциализации, путем сдачи в аренду резидентам помещений, подготовленных для ведения их инновационной, производственной и коммерческой деятельности, осуществления обучения их персонала и оказания различных услуг (секретарские, информационные, консалтинговые, юридические, поиск инвестиций и т.п.), связанных с оказанием им помощи в создании жизнеспособных коммерчески выгодных продуктов и эффективных производств на базе их идей. К основным положительным эффектам инкубатора можно отнести: полную концентрацию резидентов на предпринимательских задачах и снижение расходов на управленческий аппарат; предоставление всего комплекса услуг для выполнения работ по становлению и развитию малых, вновь созданных и находящихся на ранней стадии развития фирм.

Научный / исследовательский парк - структура, расположенная на достаточно большой географически ограниченной территории, как правило, в благоприятных природно-климатических условиях, в близи от университета, других высших учебных заведений или ведущего научно-исследовательского центра, сотрудничая с ними на контрактной основе или в неформальном рабочем режиме, размещающая на своих площадях на условиях аренды небольшие наукоёмкие фирмы разных размеров и стадий развития, группы производственных наукоемких фирм или исследовательских организаций, а также сервисные службы различных областей деятельности, концентрирующая научные, производственные и финансовые ресурсы, и обладающая возможностями для организации новых наукоемких фирм и их последующего развития, передачи научных и технических знаний и управленческих навыков фирмам-клиентам, производства новой, обладающей более высокими потребительскими свойствами и ценностями, продукции.

Основные положительные эффекты парков включают: создание условий, благоприятных для организации новых наукоемких фирм и их последующего развития; передача научных и технических знаний и управленческих навыков фирмам-клиентам.

Отметим, что научные / исследовательские парки имеют более тесные, чем у технопарков, связи с университетами и в них концентрируются высокообразованные кадры и большие объемы наукоемких исследований.

Технополис - это специально созданный научно-производственный город, городок-спутник промышленного или научного центра, представляющий собой межотраслевой научно-технологический комплекс, интегрирующий науку, высокоразвитые производства и образование, с развитой инфраструктурой обслуживания, высоким уровнем качества жизни, пользующийся поддержкой государства, и включающий комплекс исследовательских лабораторий, венчурных, внедренческих, посреднических и других фирм, университетов, исследовательских центров, технопарков, инкубаторов бизнеса, промышленных и иных предприятий города, занимающихся разработкой, внедрением и производством современной продукции и сгруппированных вокруг «ядра» в виде крупного университета или исследовательского центра для разработки и производственного освоения продукции высокого технического уровня, формирования и осуществления проектов фундаментальных и прикладных исследований с последующим продвижением их результатов в производство.

Наиболее значимым положительным эффектом технополиса является «цепное» повышение научной и деловой активности, порождаемой «критической массой» образования, науки и техники, наукоемкого бизнеса и венчурного капитала.

Наукоград Российской Федерации - муниципальное образование со статусом городского округа, имеющее высокий научно-технический потенциал, с градообразующим научно-производственным комплексом, осуществляющих научную, научно-техническую, инновационную деятельность, экспериментальные разработки, испытания, подготовку кадров в соответствии с государственными приоритетными направлениями развития науки, технологий и техники Российской Федерации

Технологический ареал (пояс) – обширная территория, расположенная в одном географическом регионе и образующую целую агломерацию, с развитым научно-производственным комплексом, в который входят взаимозависимые предприятия, работающие в общей и / или связанных отраслях, и делят общую инфраструктуру, рынок труда и услуг и имеют дело со схожими возможностями и угрозами.

Промышленная зона - часть территории города в пределах установленных границ, сформированная в соответствии с нормативными правовыми актами города о порядке формирования границ промышленных зон, правилами землепользования и застройки города

Особая экономическая зона (ОЭЗ) – часть территории Российской Федерации, на которой действует особый режим осуществления предпринимательской деятельности. ОЭЗ дополняют эффекты промышленных площадок, узлов и районов особыми институциональными условиями функционирования (снижение налоговых, таможенных, административных и иных издержек).

Наиболее новой формой промышленного развития на территории Российской Федерации являются технологические платформы - коммуникативные формы взаимодействия, сформированные в наиболее передовых технологических сферах для объединения всех заинтересованных в инновационном развитии хозяйствующих субъектов [3]. Пока еще рано говорить о практических положительных эффектах от их внедрения. Стоит только сказать, что они направлены на развитие конкретных отраслей промышленности и связанных с ними экономических субъектов, наиболее востребованных экономикой страны по оценкам специалистов.

Литература:

1. Методические рекомендации по планированию Территориально-производственных комплексов (Основные положения). Москва 1979.
2. Trofimova O.M. On the problem of innovative clusters development in the regional economy // Научный вестник Уральской академии государственной службы: политология, экономика, социология, право 02.10.2010.
3. Шматко А.Д. Развитие инфраструктурного обеспечения малого предпринимательства высшей школы в условиях инновационной экономики Автореф.на соисканеи уч. степени д.э.н., 2012 г.

Полтарыхин А.Л., Полтарыхина Г.Б.
д.э.н., профессор, Алтайский государственный технический университет им. И.И. Ползунова; ст. преподаватель Московской академии предпринимательства при правительстве Москвы (Барнаульского филиала)

ОСНОВНЫЕ АСПЕКТЫ ФОРМИРОВАНИЯ ПРОДУКТОВОГО КЛАСТЕРА

Мировой финансовый кризис по праву можно считать наиболее глубоким и драматичным за последние несколько десятилетий развития глобальной экономики. Основная причина кризиса заключается в особенности циклического развития мировой экономики. Большинство экономически развитых стран, в первую очередь США и страны Западной Европы, после пика технологического и экономического развития в конце XX в. входят в новый цикл - в цикл снижения темпов экономического роста, а по мнению многих экспертов, даже в рецессию.

Мировой финансовый кризис нашел свое отражение в России, и особенно в агропромышленном комплексе. В результате снижения покупательской способности населения на продукты питания упала закупочная цена торговых сетей, а в условиях роста цен на продукцию и услуги естественных монополий увеличилась себестоимость продукции, что, конечно же, сказалось на эффективности деятельности предприятий АПК.

Как показывает отечественная и зарубежная практика, для создания и эффективного функционирования агропромышленного формирования необходимо соблюдение следующих основных принципов: добровольность выбора партнера и экономическая целесообразность, что позволяет оптимизировать состав интегрированных формирований; интеграция снизу, то есть объединение по инициативе самих хозяйствующих субъектов без давления со стороны управленческих структур; воздействие государства на интеграционный процесс только путем создания экономических условий, обеспечивающих его эффективность, или на основе участия государственного органа в качестве равноправного партнера объединений; организационная целостность интегрированных структур при единых стратегии, тактике, целях и задачах развития; выделение ведущего звена и приоритетных направлений совершенствования интегрированного формирования; равные экономические условия для всех участников интегрированных формирований как при их создании, так и при функционировании; объединение не только организационно-хозяйственных структур, но и при определенных условиях их капиталов; коллективное управление собственностью, что повышает при совместной деятельности заинтересованность и ответственность каждого партнера, вовлекает в процесс агропромышленной интеграции торговый капитал, обеспечивает приток инвестиций в аграрную сферу [1,82].

В настоящее время без дополнительных ресурсов и мероприятий по инновационному развитию невозможно сформировать сбалансированную систему материально-технического обеспечения.

Для формирования и развития конкурентоспособных продуктовых кластеров в Алтайском крае необходимы следующие условия:

1. Развитая конкурентная среда, способствующая заинтересованности предприятий в снижении издержек производства.

2. Наличие общих экономических интересов участников кластера.

3. Общая корпоративная культура, обеспечивающая на долгосрочной основе взаимодействие участников кластера.

4. Формирование участников кластера, включающего предприятия по производству продукции с высокой добавленной стоимостью и максимальной комплексностью переработки сырья.

5. Законодательное обеспечение интересов государства по производству продукции с высоким рыночным потенциалом.

С учетом изложенных условий формирования кластера мы рекомендуем схему взаимодействия агропромышленных предприятий в кластерной структуре. Следует отметить отсутствие однозначного варианта кластерной структуры, ее содержание зависит от размещения и формирования продуктовой направленности кластера, транспортной инфраструктуры и других факторов. Кроме того, функционирование конкурентоспособного продуктового кластера включает четыре последовательных этапа.

Первый - анализ и диагностика условий формирования кластера на основе маркетинговых исследований, мотивации потенциальных участников, состояния их капитала и ресурсов, оценки перспектив дальнейшего развития предприятий-участников. Здесь оцениваются возможность формирования кластера и наличие заинтересованных его участников.

Второй этап - разработка механизма формирования кластерной структуры, включает следующие условия:

1. Выявление участников интеграционных процессов;

2. Определение принципов функционирования кластера на основе юридической независимости;

3. Разработка положений и правил функционирования кластера;

4. Разработка положений о взаимосвязи и взаимозависимости участников;

5. Выявление кадрового потенциала участников.

Третий этап - функционирование кластерной структуры, предполагает:

1. Организацию структуры управления в виде координационного совета;

2. Организацию хозяйственной структуры - распределение производственных функций, создание недостающих производств.

3. Определение масштабов совместной деятельности предприятий кластера (взаимные поставки, номенклатура продукции, научно-исследовательская работа, и пр.) на основе минимизации издержек.

4. Формирование норм и правил взаимодействия между участниками кластера (время, сроки, количество и объемы поставок, возможность изменения этих параметров без согласования друг с другом). Предусматриваются: единые технологические стандарты; единый подход к производственной структуре; система управления качеством.

5. Анализ сформированности кадров на предприятиях кластера. Включает: качество кадрового обеспечения (уровень квалификации кадров и их стабильность, укомплектованность кадрами и возможность обучения работников предприятий кластера, трудоемкость основных видов работ), уровень взаимодействия между предприятиями и образовательными учреждениями, прогноз кадровой потребности и способов привлечения специалистов [2,68].

Четвертый шаг - оценка социально-экономической эффективности и дальнейшее стратегическое развитие кластера, определяет результативные показатели экономической деятельности участников кластера, доли увеличения количества предприятий и организаций в кластере, увеличения продукции в кластере с высокой добавленной стоимостью, увеличения доли малых и средних предприятий, кадрового обеспечения, объема привлеченных инвестиций в кластер, объема производства продукции кластера.

Таким образом, задача агропромышленного кластера, создаваемого в рамках продуктовых подкомплексов, состоит в том, чтобы придать производству сельскохозяйственных продуктов законченную форму организации и управления с рациональным решением технических, технологических, экономических вопросов, связанных с получением сырья, заготовкой, транспортировкой, переработкой, хранением и реализацией готовой продукции.

Источники:

1. Полтарыхин А.Л. Региональная продуктовая модель основа преодоления кризиса / А.Л. Полтарыхин // Труды Кубанского государственного аграрного университета. – 2010. - №3

2. Михайлушкин П.В. Модернизация – основы реализации инновационных процессор в АПК (монография) / П.В. Михайлушкин, Г.Б. Полтарыхина. – Краснодар: Просвещение-Юг, 2012. – 231 с.

Буравчиков Г.Н.
к.э.н., г. Пермь, «Пермский национальный исследовательский политехнический университет»

ПРОБЛЕМЫ СИСТЕМНОГО ПОДХОДА В МЕНЕДЖМЕНТЕ

Тенденции развития науки, как отмечают многие исследователи, все чаще подводят их к необходимости разработки системного подхода на диалектической основе как единой общенаучной методологии, открывающей действительно новые возможности. Системный подход в менеджменте, по мнению большинства исследователей проблем управления, является наиболее перспективным и многообещающим. Преимущество данного подхода также состоит в том, что он позволяет интегрировать вклады всех школ, которые в разное время доминировали в теории и практике управления, а сегодня разъединены и конкурируют друг с другом. Согласно этому подходу, предприятие представляет собой открытую, динамическую, организационную систему, взаимодействующую с внешней средой. В результате динамического взаимодействия элементов (подсистем) социально - экономической системы возникает синергетический эффект, который является ее атрибутом.

Впервые подход к общей теории систем был предложен Джерардом [2,], он основан на идее создания единой концепции „организма". По его мнению, целостный организм определяется тремя аспектами: *структурой, функцией и эволюцией*.

Структура - это описание пространственных и функциональных связей между составляющими частями или подсистемами описываемой системы, которые сами могут быть системами.

Функция проявляется во взаимодействии с внешней средой и в кратковременных обратимых изменениях состояния системы в целях сохранения ее целостности.

Эволюция или развитие системы - это длительные и обычно необратимые изменения.

Как пишет Н. Морозов: «Парадокс природы заключается в том, что, будучи бесконечно разнообразной, в своем однообразии, она одновременно бесконечно однообразна в своем многообразии, поэтому можно смело утверждать, что государство подчиняется тем же законам природы, что и все остальное во Вселенной. Трудность заключается лишь в том, чтобы зафиксировать начальную точку отсчета»[1].

Опираясь на приведенные выше высказывания, можно было бы попытаться использовать при построении общей теории аналогию, хотя всякая аналогия условна, с постулатами теоретической физики. В основе теоретической физики, как известно, лежат три основополагающих понятия: *объект, взаимодействия и уравнения движения.*

Нам представляется, что дальнейшие исследования следует развивать по трем направлениям.

Во-первых, необходимо определить переменные, однозначно характеризующие внутреннее состояние объекта, его структуру, как совокупность связей объекта, обеспечивающих его целостность и тождественность самому себе, т.е. сохранение основных свойств при различных внешних и внутренних изменениях. Конечной целью таких исследований должна стать, на наш взгляд, функция распределения вероятностей состояния системы, которое определяется совокупностью состояний всех элементов (подсистем), составляющих систему. В состоянии равновесия построение такой функции сродни построению стратегического *балансового отчета организации*, в котором сильные стороны – *конкурентные активы*, а слабые – *конкурентные обязательства.*

Во-вторых, разработать систему переменных, адекватно отражающую на микро - и макроуровне внешние взаимодействия, а не сводить все к примитивному факторному анализу. При этом следует различать внешние взаимодействия, которые являются кратковременными и обратимыми и не выводят систему из состояния равновесия, когда наблюдается *достаточно полное соответствие внутренних возможностей компании* (ее сильных и слабых сторон) *внешней ситуации* (возможностям и угрозам), в которой она находится. К необратимым внешним взаимодействиям относятся взаимодействия способные нарушить данное равновесие. Внешние взаимодействия можно рассматривать как ограничения, накладываемые на систему при выборе альтернативных путей развития. Кроме того, внешние переменные должны учитывать структуру экономики. Если на микроуровне - это отношения, которые складываются у организации с различными рынками (товарный, финансовый, труда и недвижимости) и посредниками, то на макроуровне - это отношения с государственными органами и другими общественными институтами, определяющими правила игры.

Конкретный набор переменных находит разную интерпретацию у разных авторов[6]. Одной из попыток реализации такого подхода стала теория «7 - S» предложенная Томом Питерсом и Робертом Уотерманом. Они пришли к выводу, что эффективная организация формируется на базе семи взаимосвязанных составляющих, изменение каждой из которых с необходимостью требует соответствующего изменения остальных шести. К этим элементам относятся: структура, стратегия, системы и процедуры, сумма навыков, стиль, состав персонала, совместно разделяемые ценности. Хотя интерес к ней, особенно консалтинговых фирм, не утрачен до сих пор, нельзя не отметить эклектизм, предлагаемых элементов управления. Авторы теории справедливо отмечают взаимосвязь всех элементов, но не дают конкретного ответа на вопрос о характере этой взаимосвязи.

Ситуация сложившаяся при описании экономического объекта напоминает притчу о слепых и слоне. Каждая переменная характеризует объект, с какой либо одной стороны, но все вместе они не дают целостной оценки предприятия как сложной экономической системы. К тому же они не обладают свойством аддитивности, что не позволяет использовать агрегированные показатели. Учитывая сложность объекта, выбор переменных при таком подходе можно продолжать до бесконечности.

Наиболее интересным, как нам представляется, является, получивший в последнее время свое развитие, синергетический подход, которому экономисты уделяют все больше внимания. Как образно заметил М. Сапронов: «Признак бродит по коридорам гуманитарной науки - призрак синергетики» [4,158.]. Если индуктивный метод, от частного к общему, не дает положительного результата, то может быть дедуктивный метод, от общего к частному, основанный на синергетическом свойстве системы, позволит нам в будущем разработать новый более эффективный набор переменных, адекватно оценивающих систему.

Для решения данной проблемы можно было бы предложить в качестве внутренних и внешних переменных использовать обобщающие, в том числе и стоимостные показатели (например, стоимость предприятия, вновь созданную стоимость, стоимость рабочей силы, доля рынка, доля инновационной продукции в общем объеме производства и т. д.)

В-третьих, следует попытаться формализовать стратегию, т.е. построить математическую модель развития предприятия (уравнение движения для функции состояния системы). Как отмечает Игорь Ансофф [3,177] стратегию нельзя сводить к соответствию предприятия и его среды, стратегию следует рассматривать как правила принятия решений в условиях неполноты информации. Такая модель позволила бы перевести объект, с помощью организационных изменений, из текущего равновесного состояния в другое более предпочтительное равновесное состояние, что и является целью предприятия, в соответствии с изменившимися условиями и принятой стратегией развития.

Литература

1. Морозов Н.Д. Глобальный цикл прецессии и будущее человечества: история глазами математика. - М.: Амрита - Русь: Белые альвы, 2005.

2. R.W. Gerard Concepts and Principles of Biology, Behavioral Science, vol. 3. 1958.

3. Игорь Ансофф. Новая корпоративная стратегия, Санкт-Петербург, Питер, 1999.

4. Сапронов М.В. Синергетический подход в исторических исследованиях: новые возможности и трудности применения. Общественные науки. 2002,№4.

5. М.Мескон, М.Альберт, Ф. Хедоури. Основы менеджмента. М., Дело,2001.

Захарян О.А.
доцент, к.ю.н., Северо-Кавказский Федеральный Университет филиал
в г. Пятигорск
olg-zakharya@yandex.ru

ПРОФИЛАКТИКА ЭКОНОМИЧЕСКОЙ ПРЕСТУПНОСТИ

Криминологи считают, что любые экономические отношения, их противоречивость рождают преступность, однако характер последствий в зависимости от той или иной экономической системы будет различным.

Актуальность проблемы профилактики девиантного поведения обусловлена тем, что показатели состояния, динамики, структуры, факторные комплексы, детерминирующие данное социально-правовое явление вызывают тревогу и требуют выработки эффективных мер противодействия противоправному поведению в сфере предпринимательства.

Ведущее место в данной системе мер должны занимать те из них, которые обеспечивают предупреждение преступлений и иных форм отклоняющегося поведения в данной сфере.

Сам процесс профилактической работы в сфере предпринимательства будет отличаться спецификой, так как факторные комплексы, соответствующие разновидности противоправного поведения имеют существенные особенности. Важное место в общепрофилактической деятельности принадлежит практическим мерам. Это наиболее уязвимое место для современной России, так как попытка изменить и политическое устройство СССР, и его экономику привела к распаду страны. Данная проблема – объект самостоятельных научных исследований. В контексте данной же статьи важно то, что политические меры, реализуемые государством в течение последних десятилетий приводили, прежде всего, к негативным последствиям, связанным с искажением федерального устройства государства. Это, в свою очередь, отрицательно влияло и на линию поведения хозяйствующих субъектов, расположенных в различных регионах России [4, С. 325].

В этом плане общепрофилактическое значение имеют меры, связанные с укреплением вертикали власти. Субъектом общей профилактики экономической преступности призваны выступить межрегиональные налоговые инспекции по Федеральным округам, которые должны обеспечить разрешение следующих задач:

- контролировать соблюдение на территории соответствующего Федерального округа налогового законодательства и принятых в соответствии с ним нормативно-правовых актов;
- организовать и осуществлять комплексные проверки деятельности территориальных органов МНС РФ в соответствующем Федеральном округе;

- обеспечить проведение и проводить камеральные и выездные налоговые проверки и перепроверки коммерческих организаций по соблюдению налогового законодательства в соответствующем Федеральном округе;
- обеспечивать и организовывать взаимодействие МНС РФ с полномочным представителем Президента РФ в соответствующем Федеральном округе по вопросам, отнесенным к его компетенции и органам исполнительной и представительной власти субъектов РФ, входящих в состав соответствующего Федерального округа.

Для России в историческом плане характерен феномен политической борьбы. Неустойчивость политического положения в России стимулирует отток капитала за рубеж и концентрацию его там. Поэтому общепрофилактическое значение может иметь снижение политического напряжения в стране, сохранение последовательной линии на развитии частнопредпринимательской деятельности.

Общепрофилактическое значение экономической преступности наряду с политическими имеют и экономические меры.

Требуется создание разумной и долгосрочной системы кредитования предприятия, формирование нормальных условий для развития в Российской Федерации производства за счет подготовки и осуществления экономических программ, направленных на поддержку отечественных производителей. В конкретных случаях это может при положительном развитии ситуации предупредить экономическую преступность, а при негативном – детерминировать ее [2, С. 216].

По поводу институтов ответственности за экономические преступления следует вместе с тем признать, что Российский законодатель пока не в полной мере воспользовался имеющимся в этой области зарубежным опытом, так как существуют законодательные акты ряда стран, где материально – правовые нормы соответствующим образом упорядочены и играют общепревинтивную роль в борьбе с противоправным поведением в сфере предпринимательства. Кроме того, когда речь идет об общепрофилактической роли уголовно-правовых норм, нельзя упускать из виду и проблему уголовной ответственности юридических лиц в сфере экономической деятельности.

Рыночные отношения и так предопределяют противоречивость государственных и частных интересов, а экономическая политика государства, детерминируя экономическую преступность, придает ему как бы окраску «необходимой обороны», когда надо «выживать» и за счет противоправного поведения.

Все это породило феномен недоверия и отчуждения людей от государства. Действия этого фактора не ослабевает, так как экономические реформы глобальных положительных результатов не принесли. Поэтому когда отдельные авторы [1, С. 18] отмечают необходимость формирования единой государственной идеологии, ориентированной на правомерное решение проблем, связанных с легальным приобретением собственности, вытеснения культа обогащения незаконным путем, противодействия правовому нигилизму, то следует сразу же делать оговорку, что без провидения общепрофилактических мер, оздоравливающих обстановку в обществе, сами по себе индивидуально-профилактические меры изменить общественное сознание в сторону положительного восприятия новой экономической системы не могут.

Не редко молодые предприниматели перед вхождением в коммерческую деятельность имеют перед глазами примеры систематического извлечения прибыли с нарушением налогового, гражданского, уголовного законодательства. Они автоматически перенимают этот негативный опыт и рассматривают его как естественный в российских условиях и стремятся к криминальному профессионализму при создании коммерческих организаций [3, С. 261].

Поэтому возникает необходимость в осуществлении целенаправленного профилактического воздействия на лиц, которые, например, обучаются в экономических вузах. Именно эта категория граждан в нынешних условиях может быть предрасположена к противоправному поведению в сфере предпринимательства, поскольку они неизбежно окажутся в условиях, детерминирующей противоправное поведение. Поэтому студенты данных вузов должны под воздействием целенаправленных программ привития правовой культуры приобретать иммунитет к девиантному поведению в сфере предпринимательства.

Все преобразования, которые проводились в России, актуализировали проблему комплексного применения и общепрофилактических и индивидуально-предупредительных мер экономической преступности. Однако, современная обстановка такова, что только их для борьбы с экономической преступность явно недостаточно. Требуется и проведение системы мер, направленных на пресечение экономических преступлений.

Список литературы:
1. Бембетов, А.П. Предупреждение налоговых преступлений. Автореф. дис. ... канд. юрид. наук. МВД РФ / А.П. Бембетов. – М., 2000. - С.18
1. Долгова, А.И. Криминология. Учебник / А.И. Долгова. – М .: Норма, 2008. – 352с.
2. Криминология: Учебник для вузов / В. Бурлаков - СПб: Питер, 2002. - 432 с.
3. Криминология: Учебник для вузов / под ред. В.Д. Малкова. – М., 2004. – 528с.
4. Кузнецова, Н.Ф. Проблемы криминологической детерминации / Н.Ф. Кузнецова. - М.: Изд-во Московского ун-та, 1984. - С. 62-76.

Пастушкова Л.Н.
доцент, кандидат экономических наук, заведующий кафедры гражданско-правовых дисциплин ФГБОУ ВПО «Воронежский государственный аграрный университет имени императора Петра I»

РЕАЛИЗАЦИЯ ПРИНЦИПА ПРЕЗУМЦИИ НЕВИНОВНОСТИ ПРИ РАССЛЕДОВАНИИ НАЛОГОВЫХ ПЕРСТУПЛЕНИЙ

Расследование налоговых преступлений как деятельность, которую осуществляют компетентные органы, подчиняется основополагающим началам, общим предписаниям, которые конкретизируются в виде правил, регламентирующих конкретные действия, предпринимаемые в ходе расследования преступления – принципам расследования.

Глава 2 Уголовно-процессуального кодекса Российской Федерации (далее – УПК РФ) закрепляет принципы уголовного судопроизводства, распространяемые на все стадии, в том числе и предварительного расследования. Конкретизируясь в виде правовых норм, они становятся регуляторами процессуальных действий лиц, вовлеченных в сферу уголовного процесса. Соблюдение таких норм является необходимой предпосылкой достижения общего назначения уголовного судопроизводства.

Принципы расследования налоговых преступлений можно рассматривать как стадийный уровень в системе общих принципов уголовного судопроизводства (наряду с принципами доказывания). Это не самостоятельные, а общие предписания, которые реализуются посредством соответствующих норм именно в данной стадии.

Презумпция невиновности (ст. 49 Конституции РФ, ст. 14 УПК РФ) является тем важнейшим руководящим началом, которое, конкретизируясь во множестве уголовно-процессуальных норм, обеспечивает соблюдение прав и законных интересов личности, вовлеченной в сферу уголовного судопроизводство в качестве подозреваемого, обвиняемого или подсудимого. Согласно п. 1 ст. 14 УПК РФ, обвиняемый считается невиновным, пока его виновность в совершении преступления не будет доказана в предусмотренном УПК РФ порядке и установлена вступившим в законную силу приговором суда [3].

Презумпция невиновности, пожалуй, является одним из самых обсуждаемых принципов уголовного судопроизводства, вызывающих дискуссии ученых по поводу его содержательного начала. Профессор М.А. Чельцов в свое время отрицал саму допустимость использования данного принципа, утверждая, что правильнее говорить о допущении невиновности в отношении привлеченного к ответственности обвиняемого вплоть до момента его осуждения [6,182]. Данная идея основывалась на наблюдаемом М.А. Чельцовым расхождении презумпции невиновности с существующими процессуальными институтами, а сама такая презумпция является общеправовой, а не уголовно-процессуальной в узком смысле [6,182].

Оппонентом обозначенного выше мнения относительно данного принципа выступил М.С. Строгович. В своем классическом труде «Уголовный процесс» ученый приводит следующее определение презумпции невиновности: «Всякий гражданин считается невиновным, пока его виновность не будет доказана в установленном законом порядке» [5,158]. Однако в последствии ученый изменил свой взгляд на презумпцию невиновности, рассматривая ее не как утверждение в невиновности лица в совершении преступления, а как предположение в том, пока его вина не будет доказана [5,231-235].

Конституция РФ, принятая 12 декабря 1993 года, сформулировала принцип презумпции невиновности в ст. 49: «Каждый обвиняемый в совершении преступления считается невиновным, пока его виновность не будет доказана в предусмотренном федеральным законом порядке и установлена вступившим в законную силу приговором суда». Следует особо отметить, что основной закон государства говорит именно о том, что лицо считается невиновным, а не имеет права считаться невиновным, и это, на наш взгляд, является очевидным достоинством правопорядка. Ведь эти два варианта формулирования презумпции различаются друг от друга так, как различается намерение от фактически реализованного.

Работники Следственного комитета России, осуществляя в отношении конкретного лица уголовное преследование по делам о налоговых преступлениях, зачастую считают такое лицо виновным. Иначе можно было бы объяснить совершение правоограничительных действий в отношении лица, в виновности которого у органов следствия существуют сомнения, только незаконностью мотивов к таким действиям соответствующих лиц. Поэтому то, что следствие считает виновным конкретное лицо, в отношении которого осуществляет уголовное преследование, является абсолютно допустимым и соответствующим презумпции невиновности. Признание виновным лица в таком случае осуществляется не от имени государства и не влечет тех юридических последствий, которые наступают при признании лица виновным приговором суда, постановляемым именем Российской Федерации. Об обоснованном и законном осуществлении уголовного преследования в отношении конкретного лица можно говорить только тогда, когда следователь внутренне убежден в виновности лица в совершении преступления, хотя, несомненной, степень такой убежденности на протяжении всего этапа расследования преступления неодинакова: если в момент возбуждения уголовного дела в отношении лица следователь располагает наличием данных, свидетельствующих о совершении им преступления, то на момент предъявления обвинения виновность лица уже подтверждается всей совокупностью собранных по делу доказательств.

П.С. Ефимичев полагает, что формулировка презумпции невиновности Конституции РФ и УПК РФ говорит о том, что презумпция является не предположением о невиновности, а объективным положением, действующем постоянно [4,138].

Таким образом, исходя из понимания презумпции невиновности в соотношении ее действия с уголовным преследованием, полностью присоединяемся к позиции П.С. Ефимичева о том, что арест, задержание, привлечение в качестве обвиняемого, составление обвинительного заключения, осуществление судебного разбирательства возможно в отношении лиц, предварительно признанных виновными органами, осуществляющими уголовное преследование.

Литература:

1. Конституция Российской Федерации (принята на всенародном голосовании 12 декабря 1993 года) // Рос. газ. – 1993. – 25 декабря.

2. Уголовно-процессуальный кодекс Российской Федерации от 18 декабря 2001 г. №174-ФЗ: принят Гос. Думой Федер. Собр. Рос. Федерации 22 ноября 2001 г.: одобр. Советом Федерации Федер. Собр. Рос. Федерации 5 декабря 2001 г.// Рос. газ. – 2001. – 22 декабря. – №249. СЗ РФ. – 2001. – №52(ч.1). – Ст. 4921.

3. Собрание законодательства Российской Федерации. – 2001. – № 52 (ч. I). – Ст. 4921.

4. Ефимичев П.С. Предварительное расследование дел о налоговых преступлениях и обеспечение прав личности: теория, практика, обеспечение прав личности / П.С. Ефимичев. – М.: Экзамен, 2004. – 203 с.

5. Строгович М.С. Учение о материальной истине в уголовном процессе / М.С. Строгович. – М.: Изд-во АН СССР, 1947. – 276 с.

6. Чельцов М.А. Уголовный процесс / М.А. Чельцов. – М.: Юридическая литература, 1957. – 624 с.

Егизарова С.В.
кандидат юридических наук, доцент Филиала Северо-Кавказского федерального университета в г. Пятигорске
egizarova2010@mail.ru

ПРОБЛЕМЫ КОМПЕНСАЦИИ МОРАЛЬНОГО ВРЕДА В СЛУЧАЯХ НЕНАДЛЕЖАЩЕГО ОКАЗАНИЯ МЕДИЦИНСКИХ УСЛУГ

В настоящее время достаточно сложным является правовое регулирование отношений, связанных с оказанием гражданам медицинской помощи, в связи, с чем весьма не просто разобраться в вопросах компенсации морального вреда за вред, причиненный здоровью граждан. Это обусловлено тем, что:

Во–первых, медицинские работники недостаточно знают и понимают содержание норм, посвященных правам граждан в области охраны здоровья: право на согласие и отказ от медицинского вмешательства, право на информацию о состоянии здоровья, право на сохранение врачебной тайны и т.д., что и является предпосылкой ненадлежащего оказания медицинской помощи.

Во-вторых, медицинская услуга специфична, ведь граждане не обладают медицинскими знаниями и не могут судить о правильности назначенного лечения. Данную оценку может дать только комиссионная судебно-медицинская экспертиза, когда уже причинен вред здоровью граждан.

Нарушение медицинским персоналом некоторых обязанностей по осуществлению лечебной деятельности иногда прямо не приводит к повреждению здоровья, следовательно, к причинению связанного с этим имущественного вреда, но причиняет пациенту физические и нравственные страдания: сильную боль, ожоги и т.п. То, что в подобных случаях медицинские организации обязаны возмещать моральный вред, сомнений не вызывает. Вопрос лишь в том, какие нормы следует применять при взыскании морального вреда, если имущественный вред, вызванный повреждением здоровья, отсутствует. В таких ситуациях правовым основанием компенсации морального вреда являются ст.151 ГК РФ и нормы, регламентирующие отношения по оказанию медицинских услуг, если физические или нравственные страдания были прямо связаны с осуществлением лечебной деятельности.[1]

Несмотря на то, что прошло несколько лет с тех пор, как российские граждане могут в судебном порядке требовать компенсации нарушенных нематериальных благ, нет никакой гарантии, что их требования будут удовлетворены, так как правоприменительная практика не урегулирована и имеется ряд проблем, которые не позволяют считать вопрос о компенсации морального вреда при ненадлежащем оказании медицинской помощи решенным. Остановимся на некоторых из них:

1) неточность определения «моральный вред»;

При определении морального вреда законодатель делает акцент на слове «страдания», что с необходимостью определяет обязательное отражение действий причинителя морального вреда в сознании потерпевшего и вызов определенной психической реакции. При этом вредоносные изменения в охраняемых благах находят отражение в форме ощущений (физические страдания) и представлений (нравственные страдания). Наиболее близкими к понятию «нравственные страдания» следует считать понятие «переживания».

Согласно разработанному российскими психологами определению, «переживание - это преодоление некоторого «разрыва» жизни, это некая восстановительная работа, как бы перпендикулярная линии реализации жизни», т.е. «преодоление критической ситуации как ситуации «невозможности», невозможности жить, реализовывать внутренние необходимости своей жизни, особая работа по перестройке психологического мира, направленная на установление смыслового соответствия между сознанием и бытием, общей целью которой является повышение осмысленности жизни.» [2]

Лингвистический анализ понятия «моральный вред» не оставляет сомнений в том, что в его основе лежит вред, причиненный *морали,* т.е. общепринятым и закрепленным культурной традицией данного общества правилам поведения. Что существенно расходится с тем содержанием, которое вкладывает в это понятие законодатель в ст. 151 ГК РФ и Пленум Верховного Суда Российской Федерации в абз.1 п.2 Постановления от 20 декабря 1994 года № 10 «Некоторые вопросы применения законодательства о компенсации морального вреда»: нравственные или физические страдания. Акцент который ставится законодателем и Верховным Судом на физические страдания, вызван по всей видимости теми затруднениями, которые вызываются определением степени и оценкой нравственных страданий.

Замена термина «моральный» на «психический» вред снимет эти затруднения и на базе понятийного аппарата психологии, даст возможность объективной оценки не общества в целом, как в понятии «морали», а конкретной отдельно взятой пострадавшей личности, чьи личные неимущественные права или блага были нарушены.

Также для быстрого и справедливого разрешения судами гражданских дел о компенсации морального вреда, причиненного ненадлежащим оказанием медицинской услуги необходимо закрепить в ГПК РФ обязательное назначение психологической экспертизы.

2) порядок взыскания с наследников лица, причинившего моральный вред по иску родственников погибшего гражданина, смерть которого наступила по вине наследодателя – причинителя вреда;

Если гражданину причинен моральный вред (физические или нравственные страдания), то в соответствии с п. 1 ст.151 ГК РФ на причинителя вреда судом может быть возложена обязанность по выплате денежной компенсации указанного вреда. Согласно действующему законодательству в порядке наследования переходят как права, так и обязанности наследодателя. Поэтому если причинитель морального вреда, обязанный компенсировать упомянутый вред в денежной форме умер, то его обязанность по выплате денежной компенсации за причиненный моральный вред, как имущественная обязанность, переходит к его наследникам. Наследники должны выплатить данную компенсацию в пределах действительной стоимости перешедшего к ним наследственного имущества (ст.1175 ГК РФ).

Если же гражданин, предъявивший требование о взыскании компенсации морального вреда, умер до вынесения судом решения, производство по делу подлежит прекращению (ст.220 ГПК РФ).

Но в том случае, когда истцу присуждена компенсация морального вреда, но он умер, не успев получить её, взысканная сумма входит в состав наследства.

3) противоречия в правовом регулировании вопросов ответственности медицинских работников при ненадлежащем оказании медицинской помощи;

В соответствии с гражданским законодательством организации, предприятия, учреждения отвечают за вред, причиненный их работниками при исполнении ими трудовых обязанностей (ст. 1064, 1068 ГК РФ). В тоже время статьями 66, 68 Основ законодательства РФ об охране здоровья граждан предусматривается ответственность лиц, непосредственно виновных в причинении вреда здоровью граждан.

4) определение размера компенсации «морального вреда»;

В ст. 151 ГК РФ законодатель установил ряд критериев, которые должны учитываться при определении размера компенсации морального вреда, одним из которых является степень вины нарушителя.

Достаточно распространенным заблуждением руководителей медицинских организаций является мнение о том, что если уголовное дело против конкретного работника прекращено за не доказанностью его вины, в частности при невозможности установить прямую причинную связь между его действиями и наступившим вредом, то это должно иметь преюдициальное значение для суда, рассматривающего гражданское дело по иску пациента, а следовательно, медицинское учреждение также должно быть освобождено от ответственности за отсутствием его вины. Однако гражданское и уголовное правонарушения не тождественны.

Установление причинной связи между деятельностью и вредным результатом при оказании медицинской помощи вообще устанавливать очень трудно:

во-первых, потому, что вредный результат проявляется не сразу;

во-вторых, потому, что он является чаще всего следствием нескольких вредоносных действий, каждое из которых само по себе и в совокупности с другими может привести к вредным последствиям.

В этой связи интересными представляются данные Ю.Д. Сергеева и С.В. Ерофеева о внедрении мониторинга судебно-медицинских экспертиз неблагоприятных исходов медицинской помощи. [3]

При решении споров неблагоприятного исхода оказанной медицинской помощи назначается проведение комиссионной судебно-медицинской экспертизы. Основная задача этой экспертизы заключается в профессиональной оценке осложнений и ущерба для здоровья пациента. Возникает необходимость определить следующее:

-насколько осложнение находится в причинно-следственной связи с причинением ущерба здоровью или даже смертью пациента;

-развились ли осложнения объективно независимо от высокого качества оказания медицинской помощи (индивидуальное состояние, особый медицинский статус больного, например, серьезные анатомические аномалии, побочные действия лекарственных или медицинских средств);

-вызваны ли осложнения врачебными ошибками;

-находятся ли осложнения, ущерб здоровью или наступление смерти гражданина в прямой причинно-следственной связи с халатностью, преступной небрежностью, заведомо неправильными врачебными действиями, в основе которых лежит профессиональное, преступное невежество.

Новые особенности оценки качества медицинской помощи, взаимоотношений лечебно-профилактического учреждения и пациента, проблемы ответственности медицинского персонала концентрируются и фиксируются в материалах комиссионных экспертиз «медицинских происшествий».

Создание базы данных о реальных случаях неблагоприятных исходов может быть востребовано для оценки размера морального вреда при ненадлежащем оказании медицинской помощи граждан.

Одним из способов разрешения проблемы определения размера морального вреда может служить разработанная Эрделевским А.М. [4] формула, которая была отрицательно воспринята судейским корпусом и не применяется в практической деятельности судов. Однако главная функция судей – это осуществление правосудия: суд должен выносить решения, основываясь на всестороннем, полном, объективном и непосредственном исследовании имеющихся доказательств (ст.67 ГПК РФ).

Правовой основой предлагаемой теории является положение ст. 11 ГПК РФ, согласно которой предусмотрено право суда при разрешении дел исходить из общих начал и смысла законодательства, если отсутствует материальный закон, регулирующий спорное или сходное с ним правоотношение. При возмещении имущественного вреда гражданское законодательство применяет принцип эквивалентности (равенства) размера возмещения размеру причиненного вреда. Однако, в случае компенсации морального вреда принцип эквивалентности неприменим в силу специфики морального вреда. Но из смысла гражданского законодательства следует, что к компенсации морального вреда может и должен применяться принцип более «низкого» уровня - принцип адекватности (соответствия). Действительно, если размер компенсации не может быть равен размеру вреда, то должен хотя бы соответствовать ему.

Моральный вред возникает вследствие противоправного умаления благ и ущемления прав личности, защита, которых является обязанностью государства и охраняется различными отраслями права. Наиболее жесткой мерой ответственности, применяемой государством за совершение правонарушения, является уголовное наказание. Поэтому разумно предположить, что соотношение максимальных санкций норм Уголовного кодекса наиболее объективно отражает общественную значимость охраняемых благ и целесообразно использовать эти соотношения для определения размера возмещения презюмируемого морального вреда. Именно такой подход позволяет учесть те требования разумности и справедливости, о которых говорит ст. 1101 ГК РФ.

Являясь карой за совершенное преступление, в интересующем нас аспекте преступления против личности, наказание за такое преступление отражает значимость прав и свобод личности, общественную опасность их противоправного умаления. Конечно, такое соотношение будет иметь достаточно условный характер, равно как условны соотношения санкций норм Уголовного кодекса для различных видов преступлений. Однако использование именно таких критериев представляется наиболее подходящим для выработки шкалы размеров презюмируемого морального вреда.

Презюмируемый моральный вред - это страдания, которые должен испытывать некий «средний», «нормально» реагирующий на совершаемые в отношении него неправомерные действия человек. При рассмотрении конкретного дела размер компенсации презюмируемого морального вреда может меняться как в большую, так и в меньшую сторону, в зависимости от конкретных обстоятельств. Определенная таким образом денежная сумма составит размер компенсации действительного морального вреда, причиненного ненадлежащим оказанием медицинской помощи.

Список литературы:

[1] Рабец А.М. Обязательства по возмещению вреда, причиненного жизни и здоровью. - М.: Федеральный фонд ОМС, 1998. С.227.

[2] Василюк Ф.Е. Психология переживания. Анализ преодоления критических ситуаций. - М. ; Изд. МГУ. 1984.С. 25, 30.

[3] Сергеев Ю.Д., Ерофеев С.В. Неблагоприятный исход оказания медицинской помощи. Москва – Иваново, 2001. С.251.

[4] Эрделевский А. М. Моральный вред и компенсация за страдания. Научно-практическое пособие. - М.: Изд. БЕК.1998. С.60-61.

www.ingramcontent.com/pod-product-compliance
Lightning Source LLC
Chambersburg PA
CBHW051640170526
45167CB00001B/264